短距离无线通信详解
——基于单片机控制

喻金钱　喻　斌　编著

北京航空航天大学出版社

内 容 简 介

从实际应用需求和开发过程中所遇到的问题出发,介绍了无线芯片 CYWM6935 的结构、功能,以及如何用单片机来控制无线芯片,实现数据的无线传输。

本书没有涉及一些无线的理论知识,而从最基本的无线芯片的初始化到无线数据简单的收发,进而到双向无线数据的传输,讲述了无线绑定的方法和实现。重点讲述了无线可靠性传输的实现以及无线模块设计的要点。本书注重实际操作和开发中的细节,为有单片机和 C 语言基础的读者打开了通向无线世界的大门。

本书可作为单片机爱好者学习无线通信的自学用书,也可作为无线应用工程技术人员的学习和参考用书。

图书在版编目(CIP)数据

短距离无线通信详解:基于单片机控制/喻金钱,喻斌编著. —北京:北京航空航天大学出版社,2009.4
ISBN 978-7-81124-481-6

Ⅰ. 短… Ⅱ. ①喻…②喻… Ⅲ. 无线电通信-研究 Ⅳ. TN92

中国版本图书馆 CIP 数据核字(2009)第 032984 号

短距离无线通信详解
——基于单片机控制

喻金钱 喻 斌 编著

责任编辑 王慕冰 王平豪 朱胜军

*

北京航空航天大学出版社出版发行

北京市海淀区学院路 37 号(100191) 发行部电话:010-82317024 传真:010-82328026
http://www.buaapress.com.cn E-mail:bhpress@263.net
北京市松源印刷有限公司印装 各地书店经销

开本:787×960 1/16 印张:18.75 字数:420 千字
2009 年 4 月第 1 版 2009 年 4 月第 1 次印刷 印数:4 000 册
ISBN 978-7-81124-481-6 定价:32.00 元

前　言

　　有感于当年学习无线时,在遇到问题和困难时不知如何去解决,没有相关的书籍和参考资料可供学习和借鉴,那种无助和迷茫,那种在黑暗中摸索的困难,于是萌发把自己这些年在实践中领悟到的一些知识、技能与大家一起分享,为那些有志于无线的执着者抛砖引玉的想法。

　　随着技术的发展,无线已经渗透到我们生活的各个方面,从最开始人们接触的传呼机、无绳电话、手机到无线网卡、蓝牙耳机,以及现在热门的超宽带和 ZigBee 技术,可以说无线无处不在,无线给我们的生活带来了无比的便利。

　　对于许多工程师来说,一谈到无线,就让其感觉到高不可攀,也无从下手。本书以实际的应用为基础,不涉及高深的无线理论,以具体的实例来讲解如何实现这些功能。以单片机为基础,用 C 语言来介绍控制无线芯片的方法和技能,以实现无线数据的传输。只要读者有单片机基础,了解 C 语言,那么通过这本书的学习,就能很好地实现所需要的无线功能。

本书主要内容

　　本书以具体的功能实例为基础,引导读者如何分析实例,如何去实现这些功能。在开发调试中,如何一步一步地解决问题,一步一步地实现功能。把一个复杂的问题,如何划分成一个个好解决的小问题,一个一个地解决,最后整个功能也就实现了。在这本书中,作者着力介绍一种解决问题的方法。

　　这是一本不同于其他介绍无线系统的书,沿着书中介绍的轨迹,会发现每一步的实现都是如此的简单,可当走过一段,再回头一看时,便会发现,经过这些并不是很难的过程后,我们已经实现了很复杂的功能。

　　在这里,作者以 Cypress(www.cypress.com)公司的无线 USB 芯片为载体,讲解无线数据传输中的一些方法、技术和技巧。掌握这些技能后,不管是哪种无线芯片,都能自如地应用。唯一的差别是,无线芯片初始化的具体数值不一样,寄存器的名称不一样。

　　本书共分为四个部分。

　　第一部分:基础知识

　　本部分介绍学习无线部分必须了解的内容,是基础部分,分 6 章。第 1 章介绍无线的基本知识;第 2 章介绍实验验证平台的原理图、PCB 图和各功能分布的位置结构;第 3 章对所需使用的编译软件的菜单和软件的使用方法进行介绍和讲解;第 4 章对程序下载软件进行介绍;第 5 章对所用单片机 ATMega8 中必须掌握的硬件资源的使用进行讲解;第 6 章介绍无线芯片

CYWM6935 的特点以及寄存器等内容,特别是寄存器,是控制无线芯片必须熟知的内容。

第二部分:无线数据传输初步

这部分介绍了如何实现简单的无线收发,分 2 章。第 7 章,简单数据收发部分——迈向无线的第一步,讲解如何初始化无线芯片,如何发送和接收无线数据,进而实现双向无线数据收发。第 8 章,绑定——无线连接的必经过程,讲述绑定的概念和一些常用的绑定方法,最后以实例讲述如何实现绑定。在绑定基础上,说明多对一网络的构建和相应程序的组成。绑定是无线系统所必须具备的,也是众多无线书籍没有介绍的部分。

第三部分:无线数据的可靠通信技术

讲述在无线通信中,可以运用哪些技术来提高无线数据通信的可靠性和鲁棒性,分 3 章。第 9 章,无线通信可靠性技术之数据纠错,介绍 DSSS 的一些基本概念、DSSS 技术的特点以及在这个技术上的数据纠错方法。第 10 章,无线通信可靠性技术之应答和重发,介绍应答的作用以及面对干扰后数据重发技术。第 11 章,无线可靠性技术之跳频和载波监听,介绍跳频的协议和实现这些协议的软件代码;载波监听和数据防冲撞原理及实现算法。

第四部分:无线系统设计细节

这部分内容是无线设计工程师密而不宣的部分。有了这部分内容,就可以自己设计出性能优良的无线硬件模块。这也是硬件工程师比较陌生的部分。

读者对象

本书要求读者有基本的单片机和 C 语言的知识。本书不是一本硬件方面的启蒙书,如果读者这方面的知识不很完善,则需要先学习这方面的知识。

如果读者是一位单片机方面的高手,想通过这本书来学习无线数据通信,那么通过对本书的学习以及自己在实验板上的亲自实践,能很快地掌握无线技术。

如果读者是一位单片机的入门者,通过对本书的学习以及自己在实验板上对所有的例程进行分析、亲自编写和验证,则不仅可以提高自己单片机的编程水平,还能掌握到无线通信这门技术。

对于没有单片机和 C 语言基础的读者,则要亲自编写、验证、理解所有第 5 章与硬件有关的知识后,才能进行无线部分的学习。这是一个漫长的过程,需要读者有一定的韧劲和毅力来完成,当然前景是光明的。

如果读者相当熟悉 AVR 系列和 ICCAVR 编译器,则第 3~5 章可以跳过不看,如果对其他系列单片机非常熟悉,则这 2 章会很快地掌握。

建议读者一章一章地往后学,因为本书的编排,后面的内容是以前面的内容为基础的,像搭积木一样,一点一点地把功能进行堆积。第四部分的内容主要是为读者在软件部分通过后

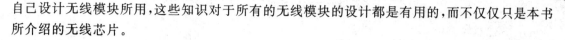

自己设计无线模块所用,这些知识对于所有的无线模块的设计都是有用的,而不仅仅只是本书所介绍的无线芯片。

本书配套

本书配套网络资料,其中有书中各个实例的源代码,这些源代码都在实验板上验证通过。读者可登录北京航空航天大学出版社网站(http://www.buaapress.com.cn)的下载中心下载。希望广大读者不要只是把源代码一烧了之,而是应该尝试着自己亲自编写这些软件。只有经过不断的实践,才能获得真知。

本书配套无线模块,为了帮助广大读者能很快地进入到无线殿堂,作者将提供与本书配套的实验板。当然,读者可以根据本书提供的原理图来自行搭建。作者在此提供硬件支持,是提供一个经过验证的可靠的硬件平台,让读者能在开始时绕过硬件屏障,专心学习无线知识和技能。当读者掌握了这些技能后,依据本书作者提供的板图尺寸和注意细节,完全可以自己设计出性能优异的无线模块。

整个开发系统的搭建,需要一台PC机、三个无线模块及一个下载器(双龙公司的),如果条件允许,最好配一个串口卡,让PC机多几个串口,这样会更方便进行无线调试。

读者在开发调试过程中遇到任何问题,均可与作者联系,作者会尽力为读者提供帮助。

在本书的编写过程中,得到了家人的理解和大力支持,得到了北京航空航天大学出版社的大力支持,朱芳逸老师对全书进行了辛苦的校对工作,在此一并表示衷心的感谢!

由于本书涉及的知识领域日新月异,加之作者水平有限且时间仓促,难免有差错和不足之处,在此诚挚希望读者批评指正。另外,对短距离无线通信感兴趣的读者,可与作者联系,以便大家相互学习交流。作者的联系方式为 tonda@126.com。

喻金钱
2008年9月

目 录

第 1 章 短距离无线通信概论
1.1 短距离无线通信的特点 ·· 1
1.2 短距离无线通信的应用范围 ·· 2
1.2.1 PC 机无线外设 ·· 2
1.2.2 胎压监测系统 ·· 3
1.2.3 RFID 系统 ·· 3
1.2.4 无线工业应用 ·· 3
1.3 常用的短距离无线通信技术介绍 ·· 4
1.3.1 27 MHz 频段 ··· 4
1.3.2 315 MHz、433 MHz 和 868 MHz(902～928 MHz)等频段 ······················ 5
1.3.3 2.4 GHz 频段 ··· 5

第 2 章 无线开发环境的建立
2.1 学习无线所需的硬件设备和工具 ·· 9
2.1.1 计算机和串口卡 ··· 9
2.1.2 下载器 ··· 10
2.1.3 实验开发板 ··· 10
2.2 学习无线必需的软件工具 ·· 11
2.2.1 编译/开发软件 ··· 11
2.2.2 下载器软件 ··· 11
2.2.3 串口调试软件 ·· 12
2.3 开发平台的搭建 ·· 13
2.4 实验板的使用 ··· 13
2.4.1 实验板原理图介绍 ·· 13
2.4.2 实验板 PCB 板图介绍 ··· 16
2.4.3 无线模块原理图介绍 ··· 17
2.4.4 无线模块的 PCB 板图介绍 ··· 18

前 言

第 3 章 编译/开发环境的建立

3.1　ICCAVR 编译器的安装 ………………………………………………………… 20
3.2　ICCAVR 菜单目录的说明 ……………………………………………………… 23
　　3.2.1　File 菜单 ………………………………………………………………… 23
　　3.2.2　Exit 菜单 ………………………………………………………………… 24
　　3.2.3　Search 菜单 ……………………………………………………………… 25
　　3.2.4　View 菜单 ……………………………………………………………… 26
　　3.2.5　Project 菜单 …………………………………………………………… 27
　　3.2.6　RCS 菜单 ………………………………………………………………… 28
　　3.2.7　Tolls 菜单 ……………………………………………………………… 28
　　3.2.8　Help 菜单 ……………………………………………………………… 30
　　3.2.9　快捷菜单 ………………………………………………………………… 30
3.3　ICCAVR 编译器的使用介绍 …………………………………………………… 31
　　3.3.1　IDE 简介 ………………………………………………………………… 31
　　3.3.2　创建一个文件 …………………………………………………………… 32
　　3.3.3　创建一个工程文件并编译 ……………………………………………… 33
　　3.3.4　用应用向导生成一个文件 ……………………………………………… 35

第 4 章 双龙下载器软件的安装和使用方法

4.1　双龙下载器的安装 ……………………………………………………………… 38
4.2　下载器的使用说明 ……………………………………………………………… 40

第 5 章 ATMega8 单片机实验基础

5.1　I/O 接口 ………………………………………………………………………… 42
　　5.1.1　接口硬件简介 …………………………………………………………… 42
　　5.1.2　寄存器介绍 ……………………………………………………………… 43
　　5.1.3　位操作 …………………………………………………………………… 44
　　5.1.4　I/O 口实际操作实验 …………………………………………………… 45
5.2　异步串口 ………………………………………………………………………… 53
　　5.2.1　异步串口简介 …………………………………………………………… 53
　　5.2.2　波特率的计算 …………………………………………………………… 54
　　5.2.3　异步串口的数据帧格式 ………………………………………………… 54
　　5.2.4　寄存器介绍 ……………………………………………………………… 55

5.2.5	串口初始化	58
5.2.6	异步串口的发送和接收程序	59
5.2.7	串口实际操作实验	60

5.3 定时器 66
    5.3.1 T0 定时器 66
    5.3.2 T1 定时器 76
    5.3.3 T2 定时器 79

5.4 外部中断 81
    5.4.1 外部中断简介 81
    5.4.2 外部中断寄存器 82
    5.4.3 外部中断实验 83

5.5 SPI 接口 85
    5.5.1 SPI 简介 85
    5.5.2 控制与数据传输过程 86
    5.5.3 数据传输模式 86
    5.5.4 SPI 的初始化 88
    5.5.5 接收和发送函数 89

5.6 EEPROM 读/写 89
    5.6.1 EEPROM 读/写访问 89
    5.6.2 EEPROM 相关的寄存器 89
    5.6.3 写 EEPROM 时序操作 90
    5.6.4 读 EEPROM 操作 90
    5.6.5 读/写 EEPROM 操作 91
    5.6.6 EEPROM 读/写实验 91

5.7 硬件的综合实验 92

第 6 章 无线芯片 CYWM6935 介绍

6.1 芯片的架构 95
6.2 芯片主要特点 96
6.3 功能概述 96
6.4 寄存器介绍 100
6.5 无线参考设计 116
6.6 芯片引脚图 117
6.7 常见的时序图表 117

第7章 迈向无线的第一步——简单数据收发

- 7.1 无线芯片的初始化 120
  - 7.1.1 无线芯片的 SPI 接口及复位 120
  - 7.1.2 读无线芯片寄存器实例 122
  - 7.1.3 芯片初始化 125
  - 7.1.4 芯片初始化程序实例 129
- 7.2 发送和接收数据时序和流程 130
- 7.3 简单的发送和接收程序 131
  - 7.3.1 发送部分程序 132
  - 7.3.2 接收部分程序 134
- 7.4 双向无线数据收发 138
- 7.5 点对点数据通信 140
  - 7.5.1 多字节数据的发送和接收实例 140
  - 7.5.2 数据打包发送 141
  - 7.5.3 数据包的接收和解析 144
- 7.6 灯光控制实例 147
  - 7.6.1 方案分析 147
  - 7.6.2 硬件规划 148
  - 7.6.3 软件规划 148

第8章 无线连接的必经过程——绑定

- 8.1 绑定概论 159
- 8.2 不同的绑定方法介绍 160
  - 8.2.1 工厂绑定 160
  - 8.2.2 按键绑定 160
  - 8.2.3 主机上的软件激发绑定 161
  - 8.2.4 上电绑定 161
  - 8.2.5 传统 KISSBind 163
  - 8.2.6 即开即用的 KISSBind 165
- 8.3 绑定实例讲解 168
  - 8.3.1 建立一个与绑定参数一致的测试程序 169
  - 8.3.2 主机绑定程序调试 170
  - 8.3.3 节点的绑定程序的调试 178

8.4 多对一无线通信 ·········· 190
　8.4.1 星形网络通信的数据结构 ·········· 190
　8.4.2 星形网络的构建 ·········· 191
　8.4.3 星形网络中不同数据的标记输出 ·········· 194

第9章 无线数据可靠性传输技术之数据纠错

9.1 什么是DSSS ·········· 196
　9.1.1 直接序列扩频通信原理 ·········· 196
　9.1.2 直接序列扩频通信的特点 ·········· 197
　9.1.3 直接序列扩频的多路径问题 ·········· 199
　9.1.4 抗干扰性强和隐蔽性好 ·········· 199
　9.1.5 提高频率利用率 ·········· 199
9.2 CYWM6935的DSSS以及纠错技术的实现 ·········· 200
　9.2.1 CYWM6935芯片独特的纠错技术介绍 ·········· 200
　9.2.2 纠错的软件实现 ·········· 202

第10章 无线数据可靠性传输技术之数据应答和数据重发

10.1 数据应答和数据重发 ·········· 217
10.2 数据应答 ·········· 219
　10.2.1 主机接收数据介绍 ·········· 220
　10.2.2 利用串口接收应答协议的调试 ·········· 222
　10.2.3 在主机工程文件中实现数据接收应答处理 ·········· 231
　10.2.4 节点程序实现数据发送接收应答 ·········· 234
10.3 数据的重发 ·········· 236
　10.3.1 节点发送数据及应答重传 ·········· 236
　10.3.2 主机处理重传数据 ·········· 242

第11章 无线数据可靠性传输技术之跳频与载波监听

11.1 跳频概述 ·········· 245
11.2 跳频通信的实现 ·········· 246
　11.2.1 跳频规则 ·········· 247
　11.2.2 节点跳频的实现程序 ·········· 247
　11.2.3 主机跳频实现的程序 ·········· 257
11.3 载波监听 ·········· 261

前　言

　　11.3.1　建立一个不停地发送数据的测试程序…………………………………262
　　11.3.2　读 RSSI ………………………………………………………………262
11.4　无线可靠性传输总结………………………………………………………………264
　　11.4.1　节点软件的框架………………………………………………………264
　　11.4.2　主机软件的框架………………………………………………………265
　　11.4.3　各个文件的介绍………………………………………………………267

第 12 章　无线设备共存及其抗干扰的方法

12.1　绪　论………………………………………………………………………………270
12.2　各种不同的无线技术的简介………………………………………………………270
12.3　各种技术方案的防冲突措施………………………………………………………272
12.4　CYWM6935 系统如何应对干扰 …………………………………………………274
12.5　CYWM6935 对干扰的容忍程度 …………………………………………………275
　　12.5.1　错误碎片纠正技术………………………………………………275
　　12.5.2　错误位纠正技术…………………………………………………276
　　12.5.3　频率捷变技术……………………………………………………276

第 13 章　无线系统最大距离的设计要点

13.1　增加通信距离的理论基础…………………………………………………………278
　　13.1.1　接收灵敏度………………………………………………………278
　　13.1.2　发射功率…………………………………………………………282
　　13.1.3　减少路径损失……………………………………………………283
13.2　实际天线设计………………………………………………………………………284
13.3　具体电路板设计……………………………………………………………………287

参考文献 ……………………………………………………………………………………288

第 1 章
短距离无线通信概论

1.1 短距离无线通信的特点

冲破有线束缚,享受无线自由。这个人类近百年的梦想正在逐步变成现实,虽然离美好的无线应用远景还相差甚远,但已有人感叹:世界变小了,生活、工作方便多了。

短距离无线通信技术的范围很广,在一般意义上,只要通信收发双方通过无线电波传输信息,并且传输距离限制在较短的范围内,通常是几十米以内,就可以称为短距离无线通信。

它一般使用数字信号单片射频收发芯片,加上微控制器和少量外围器件构成专用或通用无线通信模块。一般射频芯片采用 FSK 调制方式,工作于 ISM 频段。通信模块一般包含简单透明的数据传输协议或使用简单的加密协议,用户无须对无线通信原理和工作机制有较深的了解,只要依据命令字进行操作,即可实现基本的数据无线传输功能。因其功率小,开发简单、快速而应用广泛,但数据传输速率、流量都较小,较适合搭建小型网络,在工业、民用领域使用较广。

短距离无线通信技术的三个重要特征和优势是低成本、低功耗和对等通信。

首先,低成本是短距离无线通信的客观要求。因为各种通信终端的产销量都很大,要提供终端间的直通能力,没有足够低的成本是很难推广的。

其次,低功耗是相对于其他无线通信技术而言的一个特点。这与其通信距离短的特点密切相关,由于传播距离近,遇到障碍物的概率也小,发射功率普遍都很低,通常在 1 mW 量级。由于其功耗低,因此加大了其应用范围。许多无线设备采用电池供电,因此电池使用寿命是一个关键指标。这一问题将会间接地反映在成本上,因为其功耗的大小,最终导致更换电池的频繁度或充电间隔的长度,导致对电池容量大小的不同要求。

最后,对等通信是短距离无线通信的重要特征,这有别于基于网络基础设施的无线通信技术。终端之间对等通信,不需要网络设备进行中转,因此空中接口设计和高层协议都相对比较简单,无线资源的管理通常采用竞争的方式,如载波侦听。

第1章 短距离无线通信概论

短距离无线通信技术全部工作在 ISM 频段,即工业、科学和医用频段。世界各国均保留了一些无线频段,以用于工业、科学研究和微波医疗方面的应用。应用这些频段不需要许可证,只需遵守一定的发射功率(一般低于 1 W),并且不要对其他频段造成干扰即可。常用的 ISM 频段有 27 MHz、315 MHz、433 MHz、868 MHz(欧洲)、902～928 MHz(美国)和 2.4 GHz。目前,在我国使用最多的还是 27 MHz、315 MHz、433 MHz 和 2.4 GHz。各公司推出的各款芯片也主要是在这些 ISM 频段。例如:TI(CHIPCON)公司的低于 1 GHz 的 CC1100 系列、2.4 GHz 的 CC2500 系列;Nordic 公司的 nRf905、nRf24 系列;Cypress 公司的 CYWM693x 系列。其他如英飞凌、Maxim、ADI 和 Micrel 等公司都有相应的无线数据收发芯片。有众多的公司在生产符合 ZigBee 协议的芯片,如 TI、飞思卡尔、Jennic、Atmel、Ember 等许多公司都有相应的系列产品。

1.2 短距离无线通信的应用范围

短距离无线数据传输是一种线缆替代技术,在当前很多领域都得到了广泛的应用。它的出现,解决了因环境和条件限制而不利于有线布线的问题,同时具有低成本、方便携带等优点。

短距离无线应用是指可在最远 100 m 范围内传输数据的解决方案。无线短距离应用主要有以下几种:

无线局域网(WLAN)可替代有线 LAN 连接的高速传输方案(11～56 Mbps)。WLAN 方案在办公室应用场合很普遍,而且在小型办公室/家庭办公(SOHO)和私人住宅等应用场合也越来越流行。其室内有效距离通常是 100 m。

个区域网络(PAN)适用于 10 m 范围内的中等传输速率应用环境(有些 PAN 有时需要更远的距离)。该方案主要针对开放环境应用,典型的技术协议是蓝牙技术。

无线短距离消费类产品中低速数据传输应用,有效范围在 30 m 内,该类产品可能与一些 PAN 应用有重叠。该类方案一般针对封闭应用环境和产品,目前这类产品存在很多解决方案,是短距离无线通信中应用最活跃、最广泛的一类。这一类大部分使用自有协议,是我们讨论的重点。下面介绍无线数据传输在低速中的具体应用。

1.2.1 PC 机无线外设

这是无线数据传输中一个最大的应用市场,包括无线键盘、无线鼠标和无线游戏摇杆等 PC 外设。随着技术的提高以及对生活品质的不断追求,这些无线 PC 机外设会越来越多地出现在我们的视野中,让那些烦人的线缆越来越少。这也是各大无线芯片厂商都想进入的一个市场。

1.2.2 胎压监测系统

胎压监测系统（TPMS）是汽车电子系统中非常重要的一个部分，其主要功能是监控汽车轮胎压力的异常情况并及时通知驾车人。安装胎压监测系统可以有效地避免由于轮胎压力异常引起的交通事故。

胎压监测系统是在每个轮胎中放置一个压力和温度传感器，然后通过无线方式把这些传感器的值传输到驾驶台的轮胎检测系统中，实时地感知轮胎的压力和温度，当出现异常时，能实时报警。

对 TPMS 系统的重视，是由于人们对安全认识的提高。美国政府通过了一部强制在汽车上安装 TPMS 的法律。

1.2.3 RFID 系统

根据工作频率的不同，RFID 系统大体分为中低频段和高频段两类，典型的工作频率为 135 kHz 以下、13.56 MHz、433 MHz、860～960 MHz、2.45 GHz 和 5.8 GHz 等。不同频率的 RFID 系统，其工作距离不同，应用领域也有所差异。

低频段的 RFID 技术主要应用于动物识别、工厂数据自动采集系统等领域；13.56 MHz 的 RFID 技术已相对成熟，并且大部分以 IC 卡的形式广泛应用于智能交通、门禁、防伪等多个领域；工作距离小于 1 m、较高频段的 433 MHz RFID 技术则被美国国防部用于物流托盘追踪管理；而在 RFID 技术中，当前研究和推广的重点是高频段 860～960 MHz 的远距离电子标签，有效工作距离达到 3～6 m，适用于对物流、供应链的环节进行管理；2.45 GHz 和 5.8 GHz RFID 技术以有源电子标签的形式应用于集装箱管理、公路收费等领域。

第二代身份证是一个最大的 RFID 应用项目。另外，北京的公交卡系统、前几年流行于各大学的饭卡以及现在各大公司的门禁系统，都是使用 15.56 MHz 的 RFID 系统。13.56 MHz 的 RFID 系统已经趋于成熟，现在各公司或行业进行大力研究开发的是基于 860～960 MHz 段的远距离电子标签，也是 RFID 标签在物流领域最有突破性的一个领域。

1.2.4 无线工业应用

工业应用中，现阶段基本上都是以有线的方式进行连接，实现各种控制功能。各种总线技术、局域网技术等有线网络的使用的确给人们的生产和生活带来了便利，改变了我们的生活，对社会的发展起到了极大的推动作用。有线网络速度快，数据流量大，可靠性强，对于基本固定的设备来说无疑是比较理想的选择，确实在实际应用中也达到了比较满意的效果。但随着射频技术、集成电路技术的发展，无线通信功能的实现越来越容易，数据传输速率也越来越高，并且逐渐达到可以与有线网络相媲美的水平。而同时有线网络布线麻烦，线路故障难以检查，设备重新布局就要重新布线，且不能随意移动等缺点越发突出。在向往自由和希望随时随地进行通信的今天，人们把目光转向了无线通信方式，尤其是一些机动性要求较强的设备，或人们不方便随时到达现场的条件下。

工业控制的无线技术主要集中在无线局域网和无线短程网两个方向，虽然它们都具有相当牢固和成熟的技术基础，但为了适应工业控制要求和环境，还需要专门的开发研究。另外，由于无线现场仪表的优点一定要体现在用于长期无线供电上，所以一般来说无线传输不适用于高速控制的场合。但是实践证明，对大多数监控和慢速控制场合，它足够可靠，也就是说，可以用在将近80%的自动化和过程控制场合。

为了使无线产品供应商有一致的规范，现在ISA SP100已规定了自动化和控制环境下的6类应用。

第0类（安全类）：恒为关键的紧急行动，包括安全联锁紧急停车、自动消防控制等。

第1类（控制类）：关键的闭环调节控制，一般均为关键回路，如现场执行器的直接控制、频繁的串级控制等。

第2类（控制类）：经常的非关键闭环监频控制、多变量控制、优化控制等。

第3类（控制类）：开环控制，是指在回路中有人在起着作用。

第4类（监测监控类）：标记产生短期操作结果，是指通过无线传输那些只在短时间内产生操作结果的数据的消息。

第5类（监测监控类）：记录和下载/上传不产生直接的操作结果，例如历史数据的采集、为预防性维护而必须进行的周期性采集的数据、事件顺序记录（SOE）数据的上传等。

无线数据传输在工业上的应用是无线工程师主要研究的对象，也是在实际开发工作中可能会遇到最多的应用领域。特别是第5类和第4类应用，是无线短距离通信最具有优势的应用领域。因此出现一些典型的无线应用，如无线智能家居、无线抄表、无线点菜、无线数据采集、无线设备管理和监控、免钥入车系统和汽车仪表数据的无线读取，等等。

1.3 常用的短距离无线通信技术介绍

1.3.1 27 MHz 频段

这个频段常用于遥控领域，如汽车遥控门锁和玩具遥控。在玩具遥控中，大家最熟悉的应该是各种遥控汽车；在航模中大都使用27 MHz频段。还有一个比较大的应用是无线键盘，早期的无线键盘和鼠标全部使用27 MHz收发芯片。今天，无线键鼠和无线游戏摇杆全部使用

2.4 GHz 频率。当然，27 MHz 无线频段设备主要优点是价格低廉。27 MHz 频段的无线芯片，基本上都是单发或单收芯片，通信一般是单方向进行的。

1.3.2 315 MHz、433 MHz 和 868 MHz(902～928 MHz)等频段

这些频段的无线芯片，主要用于无线数据的收发。在无线数据采集以及无线监控中，这些频段是现存应用中使用最多的。许多 WSN 无线传感器网络都是在这些频段上运行的。

在这些频段上，数据的通信速率一般在 1.2～20 kbps 之间，绝大部分只是提供一个频段。对于干扰和冲突，主要使用纠错、应答、重传等办法，不能使用跳频技术，在有持续干扰存在时，没有好的解决办法。由于其频段较低，穿透障碍的能力相对较强，通信距离相对较远。

在 868 MHz(902～928 MHz)频段上，有一个比较有名的技术是 Z-Wave。对于智能家居来说，Z-Wave 技术是一个较新的选择，它是工作于 900 MHz 频段附近，来自于 Zensys 公司的 Z-Wave 技术。这个无线系统针对家庭自动化，特别是像开/关灯、调暗或设置温度自动调节器等监控而设计。它或许不像 ZigBee 那样灵活，但是它可以让家庭自动化变得简单且成本更低。

工作在高 UHF 频段的 Z-Wave 芯片具有不错的传输范围。数据传输速率被限制为 9.6 kbps，但是在家庭自动化中这已经足够。这些芯片具有一个板上 8051 控制器和一些闪存。它们也运行 DES 和 3DES 编码。Z-Wave 有很好的发展势头，在它背后有 Intel 和 Cisco 公司的资金支持。Z-Wave 联盟提供了超过 125 名成员的支持。

1.3.3 2.4 GHz 频段

使用这个频段的技术特别多，应用也十分丰富。随着通信的发展和人们需求的提高，包括 UWB、802.11、蓝牙和 ZigBee 等在内的短距离无线通信技术正日益走向成熟，应用步伐不断加快。面向未来，各种短距离无线通信技术将在自动化控制和家庭信息化领域扮演越来越重要的角色，并发挥越来越重要的作用。

1. UWB 技术

UWB 是一种无载波通信技术，利用纳秒至微微秒级的非正弦波窄脉冲传输数据，在较宽的频谱上传送极低功率的信号。UWB 不使用载波，而是使用短的能量脉冲序列，并通过正交频分调制或直接排序将脉冲扩展到一个频率范围内。UWB 使用的电波带宽为数 GHz，与带宽 20 MHz 左右的无线 LAN 相比，UWB 利用的带宽高出数百倍。与普通二进制移相键控信号波形相比，UWB 方式占用带宽非常宽，且由于频谱的功率密度极小，它具有通常扩频通信的特点，即使与通常的扩频信号相比，也是超宽带宽(数 GHz 带宽)。功率谱密度比之扩频信

号,UWB 信号也低得多。在与其他系统共存时,不仅难产生干扰,而且还有抗其他系统干扰的优点。由于脉冲的时间宽度极小,能把多路径分得更小,能实现汇集接收许多方向的电波,通信速率为数百 Mbps~1 Gbps,与高速有线 LAN 不相上下。

UWB 将是为无线局域网 LAN 和个人局域网 PAN 的接口卡及接入技术带来低功耗、高带宽并且相对简单的无线通信技术。UWB 解决了困扰传统无线技术多年的有关传播方面的重大难题,具有对信道衰落不敏感,发射信号功率谱密度低,被截获的可能性低,系统复杂度低及厘米级的定位精度等优点。概括地说,UWB 具有抗干扰能力强,传输速率高,带宽极宽,发射功率小等优点,具有广阔的应用前景,在室内通信、高速无线 LAN、家庭网络等场合都能得到充分应用。

事实上,UWB 早期的发展主要集中在传输距离约 10 m 的无线 PAN,高速的传输能力可轻易让客厅中的娱乐系统,例如 DVD、卫星及有线电视的视讯转换器、电视屏幕以及环绕立体声音响等建立起多媒体传输的管道。此外,我们可以预见到包括数码相机、扫描仪、打印机、摄录像机以及 MP3 播放器等装置,未来将能与消费性 PC 建立无线连接,让配备有线型 USB 2.0 或 IEEE1394 接口的装置扩大其应用价值。

2. ZigBee 技术的特点及应用

ZigBee 技术主要用于无线个域网(WPAN),是基于 IEEE 802.15.4 无线标准研制开发的。IEEE 802.15.4 定义了两个底层,即物理层和媒体接入控制(Media Access Control,MAC)层。ZigBee 联盟则在 IEEE 802.15.4 的基础上定义了网络层和应用层。ZigBee 联盟成立于 2001 年 8 月,该联盟由 Invensys、三菱、摩托罗拉、飞利浦等公司组成,如今已经吸引了上百家芯片公司、无线设备公司和开发商的加入,其目标市场是工业、家庭以及医学等需要低功耗、低成本、对数据速率和 QoS(服务质量)要求不高的无线通信应用场合。

ZigBee 这个名字来源于蜂群的通信方式:蜜蜂之间通过跳 Zigzag 形状的舞蹈来交互消息,以便共享食物源的方向、位置和距离等信息。与其他无线通信协议相比,ZigBee 无线协议复杂性低,对资源要求少。其主要有以下特点:

低功耗　这是 ZigBee 的一个显著特点。由于工作周期短,收发信息功耗较低以及采用了休眠机制,ZigBee 终端仅需两节普通的五号干电池就可以工作 6 个月~2 年。

低成本　协议简单且所需的存储空间小,这极大地降低了 ZigBee 的成本,每块芯片的价格仅为 2 美元,而且 ZigBee 协议是免专利费的。

时延短　通信时延和从休眠状态激活的时延都非常短。设备搜索时延为 30 ms,休眠激活时延为 15 ms,活动设备信道接入时延为 15 ms。这样一方面降低了能量消耗,另一方面更适用于对时延敏感的场合。例如:一些应用在工业上的传感器就需要以毫秒的速度获取信息;安装在厨房内的烟雾探测器也需要在尽量短的时间内获取信息并传输给网络控制者,从而防止火灾的发生。

第1章 短距离无线通信概论

传输范围小 在不使用功率放大器的前提下,ZigBee 节点的有效传输范围一般为 10～75 m,能覆盖普通的家庭和办公场所。

数据传输速率低 2.4 GHz 频段为 250 kbps,915 MHz 频段为 40 kbps,868 MHz 频段只有 20 kbps。

由于 ZigBee 采用了碰撞避免机制,同时为需要固定带宽的通信业务预留了专用时隙,数据的传输避免了发送数据时的竞争和冲突。MAC 层采用完全确认的数据传输机制,每个发送的数据包都必须等待接收方的确认信息,保证了节点之间传输信息的高可靠性。

ZigBee 的出现将给人们的工作和生活带来极大的方便和快捷。它以其低功耗、低速率、低成本的技术优势,适合的应用领域主要有:

家庭和建筑物的自动化控制 照明、空调、窗帘等家具设备的远程控制,使其更加节能、便利,烟尘、有毒气体探测器等可自动监测异常事件提高了安全性。

消费性电子设备 电视、DVD、CD 机等电器的远程遥控(含 ZigBee 功能的手机就可以支持主要遥控器功能)。

PC 外设 无线键盘、鼠标、游戏操纵杆等。

工业控制 利用传感器和 ZigBee 网络使数据的自动采集、分析和处理变得更加容易。

医疗设备控制 医疗传感器、病人的紧急呼叫按钮等。

交互式玩具。

3. Wireless USB 技术

Wireless USB 的方案来自于 Cypress 公司。它主要是为像鼠标和键盘那样的 PC 外围设备而设计的,但是对游戏、玩具、远程控制等也有效。它主要的优势在于充当一个 HID,所以无线连接性对于在操作系统水平上的设计者来说是完全显而易见的,不需要特别的驱动器。Wireless USB 是一个全新无线传输标准,可提供简单、可靠的低成本无线解决方案,帮助用户实现无线功能。

Wireless USB LS 版本拥有一个 10 m 左右的有限范围,长程版本的 Wireless USB LR 把它提高到超过 50 m。较新的 Wireless USB LP 版本是 10 m 范围的,功率很低,但如果需要,也可以较高的速率运转,采用 DSSS 的速率可达 250 kbps,而采用 GFSK 的速率则高达 1 Mbps。这些设备出色之处在于它们提供了一个基本的协议,所以不必为自己的应用发明一个协议。但是它是相当简易和灵活的。M2P 能力让用户做成一个可以收集来自多种来源数据的系统。

对于 Cypress 公司的三个版本,其 LS 版本基本上被性能更好、通信速率更高、成本更低、集成度更高、耗电量更低的 LP 版本取代。其长距离的 LR 版本则更注重于无线数据传输在工业等有一定距离的通信中使用。这两个版本对市场构成一个完整的应用细分。

4. 蓝牙技术

蓝牙技术的名称取自 10 世纪丹麦国王 Harold 的绰号"蓝牙"。相传 Harold 国王酷爱吃蓝莓,牙齿被染成蓝色,因而得名。他将当时的瑞典、芬兰与丹麦统一起来。用他的名字来命名这种新的技术标准,含有将四分五裂的局面统一起来的意思。蓝牙技术由瑞典爱立信公司在 1994 年开始启动。1998 年 5 月,蓝牙特别兴趣小组的五家发起者——诺基亚、爱立信、东芝、英特尔和 IBM 公司正式把蓝牙技术的理念推向世界。企业将该技术命名为蓝牙,寓意其将成为无线电技术的全球规范。

蓝牙技术是一种无线数据与语音通信的开放性全球规范,是一种短距离无线通信技术。它可以支持便携式计算机、移动电话以及其他移动设备之间相互通信,进行数据和语音传输。其实质内容是,为固定设备或移动设备之间的通信环境建立通用的无线电空中接口(Radio Air Interface),将通信技术与计算机技术进一步结合起来,使各种 3C 设备在没有电线或电缆相互连接的情况下,能在近距离范围内实现相互通信或操作。换句话说,蓝牙技术是一种利用低功率无线电在各种 3C 设备间彼此传输数据的技术。由于蓝牙技术具有跳频快,数据包短和功率低等特点,所以显得更加稳定,抗干扰能力更强,辐射更小。

可以说,蓝牙技术带给人们最大的便捷在于它能让各种电器之间的连线消失。蓝牙设备好似一个万能遥控器,它所发出的信号能在一定范围内穿岩走壁,将传统电子设备的一对一连接变为一对多点的链接,并且还能传送影音资料。

5. Wi-Fi 技术

Wi-Fi 全称为 Wireless Fidelity,又称为 802.11b 标准。它的最大优点就是传输速率较高,可达 11 Mbps,另外其有效距离也很长,同时也与已有的各种 802.11 DSSS 设备兼容。

IEEE(美国电子和电器工程师协会)802.11b 无线网络规范是 IEEE 802.11 网络规范的变种,最高带宽为 11 Mbps,在信号较弱或有干扰的情况下,带宽可调整为 5.5 Mbps、2 Mbps 和 1 Mbps。带宽的自动调整,有效地保障了网络的稳定性和可靠性。其主要特性为:速度快,可靠性高,在开放性区域,通信距离可达 305 m,在封闭性区域,通信距离为 76~122 m,方便与现有的有线以太网络整合,组网的成本更低。

无线电波的覆盖范围广,Wi-Fi 的半径则可达 300 ft 左右,约合 100 m,办公室更不用说,就是在整栋大楼中也可使用。最近,由 Vivato 公司推出了一款新型交换机。据悉,该款产品能够把目前 Wi-Fi 无线网络接近 100 m 的通信距离扩大到约 6.5 km。

家庭和小型办公网络用户对移动连接的需求是无线局域网市场增长的动力。虽然到目前为止,美国、日本等发达国家仍然是目前 Wi-Fi 用户最多的地区,但随着电子商务和移动办公的进一步普及,廉价的 Wi-Fi 必将成为那些随时需要进行网络连接用户的必然之选。

第 2 章 无线开发环境的建立

2.1 学习无线所需的硬件设备和工具

采用单片机加无线芯片进行无线数据传输的设计,是开发短距离、微功耗、低成本无线数据传输的必然选择。搭建好无线开发环境,是进行有效开发的必要条件。

谈到无线开发环境,许多人认为费用是个天文数字,是许多大公司才能建立起来的。的确,在几年前,一个无线环境的搭建,动则几万元,让一个普通的单片机工程师望而却步,想学而在经济上难以承受。

今天,用户不用为此发愁了,用月工资很小的一部分,就能建立一个很好的开发平台来进行无线的学习,而不用去改变既定的预算。

2.1.1 计算机和串口卡

计算机,对于现在的每一个工程师来说,是一个必不可少的工具。现在计算机的性能非常好,任何配置的机器都能满足要求。对于操作系统来说,选用 XP 比较好,很多软件对 XP 的支持比较好,不提倡使用 Vista 系统。

在无线的开发调试中,有大量的数据需要从串口传送出来,以此来判断程序的执行情况以及观察一些中间变量和过程变量。现在一般台式机只有一个串口,笔记本电脑没有串口,这给我们的开发带来一定程度的不方便。对于台式机,如果可能,最好添加一个串口卡或 USB 转串口线。增加两个串口,将能大大地方便随后的无线开发调试工作。对于笔记本电脑,至少有一个 USB 转串口的设备,当然有两到三个是最好不过了。

计算机是必备的。对于用笔记本电脑来开发的读者来说,至少还需要一个 USB 转串口线。对于台式机来说,增加串口数量是一个最佳的选择。在市场上,一个 USB 转串口线,便宜的才 25 元左右,贵的也不过 60 元,这样的价格,很值得去扩展串口数量。

2.1.2 下载器

在实际的开发中,没有使用下载器,而是直接把编译好的程序通过下载器烧写到芯片中,通过串口和指示灯来进行调试。这种方式,大大降低了硬件设备的投资。一个仿真器,贵的要几千元,便宜的也要达几百元,是一个不小的投资。一个下载器,如果有 DIY 精神的话,从网上下载电路图,自己可以 DIY 一个,也不到 10 元,买一个现成的并口下载器,才几十元。在这里推荐使用双龙公司的 USB 接口下载器,它稳定可靠,使用方便,在台式机和笔记本电脑上都能使用,价格也非常低廉。

双龙公司是国内普及 AVR 的急先锋,在 AVR 进入市场的初期,做了许多推广工作。其推广的无仿真器调试方法,使得学习开发使用 AVR 成本大大降低,让广大的单片机爱好者能很方便地接触到 AVR 系列。

在开发的过程中,我们没有讲解如何使用仿真器,而是给读者一个全新的开发调试方式。这种方法,能让无线调试中的过程变量非常直观地表达出来,而且非常方便事件过程和中断过程的调试,这是仿真器无法仿真的。当然,如果有能力配备一个仿真器,也不是一件坏事。

2.1.3 实验开发板

实验开发板是书中所有程序验证的平台。对于读者来说,它提供了一个完整、可靠的硬件环境,能让读者把全部的时间和精力放在软件的学习和使用上,不用考虑硬件带来的麻烦和未知因素。它能提高读者的学习效率,同时,这些功能实验开发板的价格非常低,只有同类其他公司实验开发板的一半甚至更低,更不用说原装或进口实验开发板了。对于一个标准的开发平台来说,需要三个实验模块,当然也可以根据自己的应用和开发需要,购买更多的实验开发板。

选用实验开发板来搭建无线开发平台,是非常简单和低廉的,可以避免很多不必要的风险和节省时间,可以让用户快速进行无线开发实践,而排除硬件对用户的干扰,大大提升用户开发的兴趣和学习的成就感,顺利地完成学习无线这个计划。

实验板上有一个异步串口,用于数据的传出和传入。四个按键,五个指示灯,一个电源灯。可选电池供电或外部供电,系统设计接口可采用 USB 口供电。一个复位键用于系统复位。

从上述的内容来看,组建一个自己的无线开发平台,要有一台计算机,一个下载器,三个无线实验板。需要新添的东西是三个无线实验板模块,一个下载器。如果资金足够,则可添加两个串口设备,添加一到两个无线实验模块。

2.2 学习无线必需的软件工具

工欲善其事，必先利其器。有了上面介绍的硬件，我们还需要相应的软件工具，才能很好地进行学习开发过程。下面这些软件是必须安装的。

2.2.1 编译/开发软件

编译器，是将便于人编写、阅读、维护的高级计算机语言翻译为计算机能解读、运行的低级机器语言的程序。现在的编译环境都非常好，许多编译器都能帮助完成，只需把全部精力放到程序的构建和编写上。

在本书中，我们选用的是 AVR 系列的 ATMega8 单片机。作为 Atmel 官方推荐的编译器 ICCAVR，其集成的开发环境（IDE）除包括项目管理、程序编辑、错误提示等功能外，还包含了函数的浏览、应用程序向导等工具。不论是一个初学者还是一个专业的工作者，它都是非常方便的。

本书所有例程都是在 ICCAVR6.31a 版的编译下进行的。这是用得最多也最经典的一个版本。当然，现在的版本已经很高了，只是增加了对新芯片的支持。

准备好硬件后，首先要在机器上安装这个编译软件。具体的安装和使用方法，有专门的章节进行讲解。

2.2.2 下载器软件

在程序的开发调试中，我们介绍一种全新的方法，不需要仿真器进行程序的调试。也许许多人都不相信，好像离了仿真器无法开展工作似的。这是一种过程调试方法，程序就在真实的环境中实际运行，其运行的环境没有任何与最终环境不相符合或不一致的地方。

通过下载器把程序下载到实验板上即可。安装完编译器后，接着要安装下载器的下载软件。如果使用双龙公司的 USB 下载器，则安装其提供的下载软件即可；如果是并口下载器，则可以使用免费的 Ponyprog2000 下载软件，该软件在网上可以很方便地找到。

我们以双龙公司的 USB 下载器来介绍下载的方法。安装完下载器后，最好能马上下载一个光盘中的实例代码到实验板，查看安装是否成功。具体的安装和使用方法，有专门的章节来讲解。

2.2.3 串口调试软件

网上有很多串口调试软件方面的小工具,只要搜索就能找到很多。在这里介绍作者喜欢用的一个串口工具。在作者的网站 http://emouze.com 上,可以免费下载。这是一个非常好用且非常方便的工具软件,在用了许多不同的串口工具后,最后留下了它。这个工具软件不需要安装,只有一个可执行文件,复制到哪里都行。

打开这个串口调试软件,会看到如图 2-1 所示的界面。

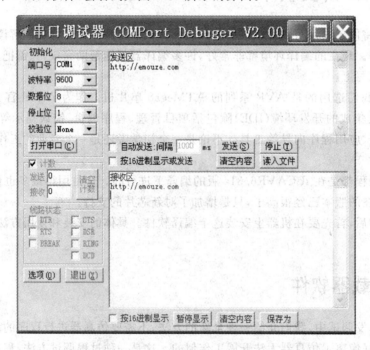

图 2-1 串口调试软件界面

在这个串口调试界面中,需要设置以下内容:
- 串口的端口号,即使用的串口设备号。
- 串口的通信速率,在本书中使用的速率是 19 200 bps。
- 单击 打开串口(C) 按钮,打开串口设备。这时显示为 关闭串口(C) OK ,表明串口已经打开。
- 选中"按 16 进制显示"复选框,发送和接收都要选中。
- 在接收区,只有显示 暂停显示 时,才能在接收区显示接收到的内容。

注意:这几个部分的内容一定要仔细核对,否则接收和发送不了正确的数据。

2.3 开发平台的搭建

有了上述软件和硬件,就可以很简单地搭建自己的开发平台了。装好串口卡或转接线的驱动,把三个模块装上电池,接上串口线,把相应的串口都设置好,打开模块上的电源开关,这时按任意一个实验板上的键,其他两个板上相应的指示灯会发生变化,同时串口有数据输出,则表明实验平台的硬件是完好的。依次测试每个模块和每个按键。

关于模块每个部分的详细情况,在实验板的使用中具体讲解。

可以看到,基本上只需要三个实验板和一个下载器,就构成了一个很简单、很实用的开发环境,有了这个环境,便可以开发调试并验证所有的无线功能。我们的目的是,用很低的投入,建立一个实用、有价值的开发平台,让每一个工程师都能很轻松地建立一个无线环境。

2.4 实验板的使用

本章主要介绍后面实践中所使用的硬件平台,包括硬件平台的原理图、PCB 图,并列出了每个部件的名称。无线芯片选用的是 Cypress 公司的 CYWMUSB6935,MCU 选用 AVR 系列的 ATMega8 芯片。使用 ICCAVR 编译器,双龙公司的 USB 下载器。在进行随后的学习前,在硬件上最好能配备本节介绍的实验板以及双龙公司的 USB 下载器。软件上只需要 IC-CAVR 的编译器和一个串口调试软件,就可以开始我们的无线之旅了。

2.4.1 实验板原理图介绍

主控制芯片选用 AVR 系列的 ATMega8,电路包括一个 LDO 电源转换器、一个 RS-232 转换电路、无线模块接口、四个按键、五个指示灯、一个复位按键、SPI 下载接口以及电池和外接电源跳线(J1)。图 2-2 所示为主板电路原理图。

LDO 选用 SP6201,电路图如图 2-3 所示。J1 为电源选择跳线,当 2、3 端相连时,选择外部供电,当 1、2 端相连时,选择电池供电。在电池供电时,可以通过开关来开和关电源。只要给系统供电,就有一个红色的 LED 灯点亮,提示系统有电。复位电路和 SPI 下载电路如图 2-4 所示。LED 灯驱动电路如图 2-5 所示。

第2章 无线开发环境的建立

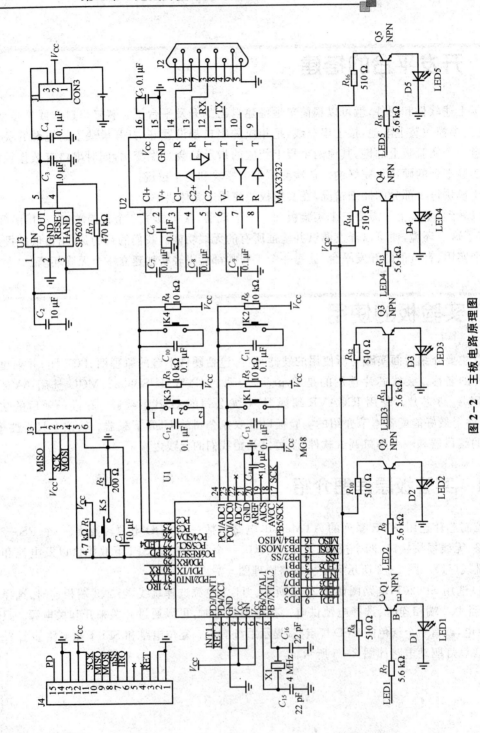

图 2-2 主板电路原理图

第 2 章　无线开发环境的建立

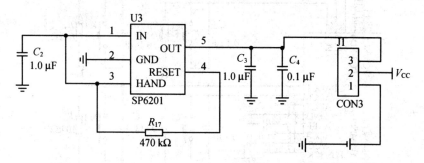

图 2-3　LDO 电路图

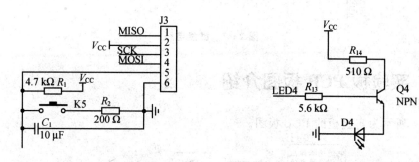

图 2-4　复位电路和 SPI 下载电路　　　　图 2-5　LED 灯驱动电路

RS-232 转换电路如图 2-6 所示。图 2-7 是键盘电路，K1 接 PC0，K2 接 PC1，K3 接 PC2，K4 接 PC3。通过上拉电阻接 V_{CC}，同时在按键两端并接一个电容，可以减小闭合和断开时的抖动。

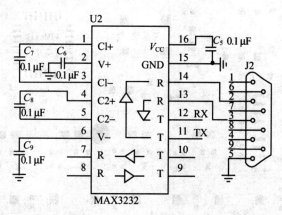

图 2-6　RS-232 转换电路

第 2 章　无线开发环境的建立

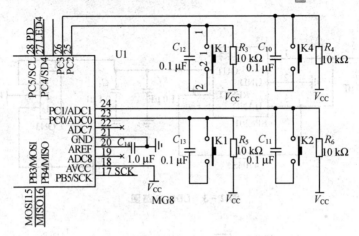

图 2－7　键盘电路

2.4.2　实验板 PCB 板图介绍

图 2-8 所示为实验板的 PCB 板图。

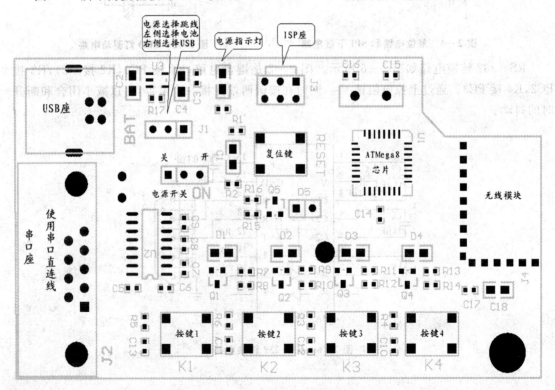

图 2－8　实验板 PCB 板图

第 2 章　无线开发环境的建立

J1 为系统电源选择跳线，当短接帽在 BAT 这边即左边时，系统使用电池供电；当短接帽在右边时，由 USB 口供电。可以通过电源开关来控制系统供电的开和关。

J2 为 RS-232 串口，与 PC 机或其他 RS-232 串口采用直线连接。

J3 为程序下载的 SPI 接口，通过连接双龙公司的下载器，可以把程序下载到 ATMega8 中。

USB 座为主板采用 USB 电源接口，通过 SP6201 把 5.0 V 电源变成系统所需的电源。这里系统供电采用 3.0 V。

2.4.3　无线模块原理图介绍

图 2-9 所示为单天线模块原理图。在模块部分有几个元件很关键，在选用时一定要严格按要求进行，最好选用大厂的品牌，同时最好选用同一批次的元件。电源最好选用线性电源，使用旁路电容。表 2-1 所列为图 2-9 中电容和电感的规格。

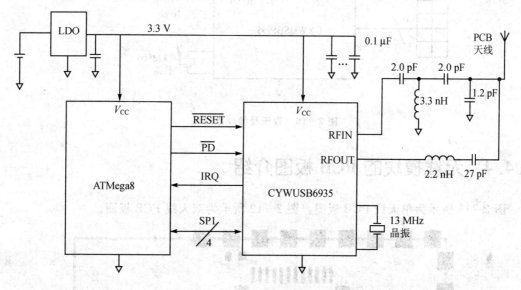

图 2-9　单天线模块原理图

表 2-1　关键元件列表

电容	2.0 pF	0402	50 V/NPO
电容	1.2 pF	0402	50 V/NPO
电容	27 pF	0402	50 V/NPO

续表 2-1

电感	3.3 nH	0402	±0.3 nH
电感	2.2 nH	0402	±0.3 nH

图 2-10 所示为双天线模块原理图。本实验中不提供双天线模块,给出原理图和板图是让感兴趣的读者,可以参考无线模块设计一章的内容,设计出自己的双天线模块。对于 1.8 pF、10 pF 和 3.9 nH 的要求同单天线模块。

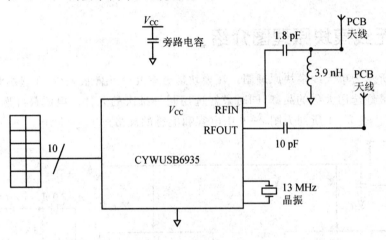

图 2-10 双天线模块原理图

2.4.4 无线模块的 PCB 板图介绍

图 2-11 所示为单天线 PCB 板图。图 2-12 所示为双天线 PCB 板图。

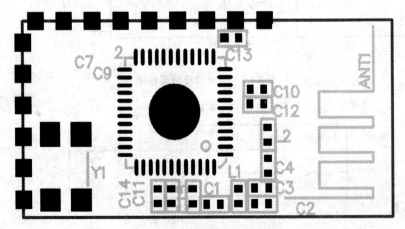

图 2-11 单天线 PCB 板图

第 2 章　无线开发环境的建立

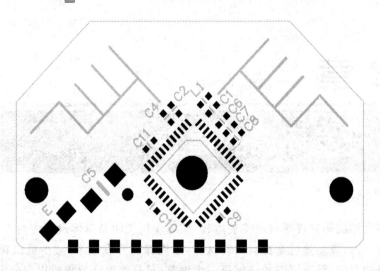

图 2-12　双天线 PCB 板图

　　在此详细介绍无线模块和实验板的原理图以及板图,目的是让读者在完成软件的学习后,能设计出自己的无线硬件电路,做一个真正意义上的工程师。特别是这些无线模块的硬件电路 PCB 图,是作者在实际工作中经过测试后积累而成的,在这里呈现给广大读者,希望能对读者有所帮助。

第 3 章

编译/开发环境的建立

本章主要介绍编译软件平台的安装过程、菜单使用说明及具体设置等内容，是后面实践操作中经常要用到的，需要熟练掌握。只有这样，才能提高开发效率，减少低级错误的出现。在这里只做简单的介绍，没有详细地讲解每一个细节，只是着重介绍将要用到的内容。有关更详细的内容，可以参阅参考文献。

3.1 ICCAVR 编译器的安装

ICCAVR 是商业软件，读者可以在 Image Craft 公司的网站上下载试用版本。试用版本有 45 天的试用期，可以通过重装系统获得新的试用期。注意：不是重装编译器。本书以 6.31A 版本为基础讲解，其他版本可供参考。在 www.ouravr.com 网站上有许多关于 AVR 方面的资料。

具体安装过程如下：

① 编译器下载到指定的目录后，直接单击即可安装（如果是压缩文件，则须先压缩）。

② 双击后就出现如图 3-1~3-8 所示界面，依次单击 Next，Next，Accept，Next，Next，Install 就开始安装了。随后出现的如图 3-7、图 3-8 所示界面依次单击 Next 和 Finish 就完成了安装。需要说明的是，这是一个 45 天的限制版本，只能用 45 天，即使重装编译器也不行，除非把 C 盘格式化（如果装在 C 盘的话），当然还有更好的解决方法，可以从网上搜索到。

③ 如图 3-9 所示，通过菜单"开始"→"所有程序"找到 ImageCraft Development Tools，在此菜单下选择 ICCAVR，即可进入 ICCAVR 的 IDE 环境。

ICCAVR 的 IDE 编译界面如图 3-10 所示。

第3章 编译/开发环境的建立

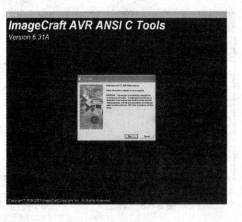

图 3-1 界面 1

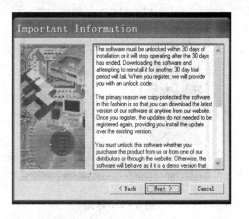

图 3-2 界面 2

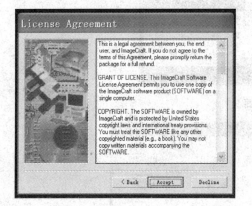

图 3-3 界面 3

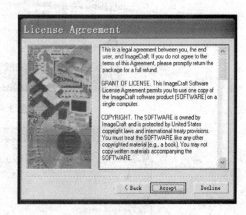

图 3-4 界面 4

图 3-5 界面 5

图 3-6 界面 6

第3章 编译/开发环境的建立

图3-7 界面7

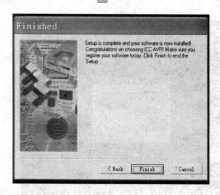

图3-8 界面8

图3-9 界面9

图3-10 ICCAVR 的 IDE 编译界面

3.2 ICCAVR 菜单目录的说明

3.2.1 File 菜单

File 菜单如图 3-11 所示。
- New：新建一个文件，可以在编辑窗口输入代码和注释文档。
- Reopen：重新打开历史文件，历史文件显示在右边的子菜单中。
- Open：打开一个已经存在的文件。选择 Open 后进入一个 Open Files 对话框，如图 3-12 所示，在查找范围中选择文件夹，然后在文件夹中选择要打开的文件，既可以双击文件名，也可以选择后（这时相应的文件名进入到"文件名"栏），单击"打开"按钮即可。当然，还可以选取不同的文件类型。如果选中"以只读方式打开"复选框，那么在 IDE 中不能修改这个文件。

图 3-11　File 菜单　　　　　　图 3-12　Open Files 对话框

Reload 中有两个子菜单，如图 3-13 所示。

图 3-13　Reload 的两个子菜单

- from File：放弃全部未保存的修改，从硬盘中重新装载当前文件。例如，若当前文件是 main.c，保存在 D:\AVR\TEST\目录下，那么就从 D:\AVR\TEST\目录中重新装载 main.c 文件。

- from Backup：放弃全部未保存的修改，从硬盘中重新装载当前文件的备份文件。例如，若当前文件是 main.c，保存在 D:\AVR\TEST\目录下，那么就从 D:\AVR\TEST\目录中重新装载的是 main.c 文件的备份文件 main._c。

  保存文档对话框见图 3-14。

- Save：保存当前文件，将磁盘上保存前的文件以<file>._<ext>形式备份。如果源文件为 main.c，则备份文件名为 main._c。所以在工程中一般都有与.C 相对应的._C 文件。

- Save as：将当前文件保存到自己想保存的地方，用自己想用的名称。

图 3-14 保存文档对话框

- Close：关闭当前文件，如果文件被修改而没有保存过，则系统会提示保存。
- Compile File 共有 3 个子项。
  ■ to Object：编译当前活动文件并生成目标文件。该文件主要用于语法检查和创建新的库文件。
  ■ to Output：将启动文件与当前活动文件一起合并编译，生成输出文件，产生的输出文件用于编译器和调试器。
  ■ Startup file to Object：创建新的启动文件。
- Save All：保存所有打开的文件。
- Close All：关闭所有打开的文件，系统会提示保存已经修改而没有保存的文件。
- Print：用 Windows 默认的打印机打印当前文件。
- Exit：关闭所有打开的文件，并退出 ICCAVR 的 IDE 环境，对于已经修改而没有保存的文件，系统会提示保存。

3.2.2 Exit 菜单

Exit 菜单如图 3-15 所示。

- Undo：撤销最后一次修改。

- Redo：撤销最后一次 Undo。
- Cut：剪切选择的内容到剪贴板。
- Copy：复制选择的内容到剪贴板。
- Paste：将剪贴板内容粘贴到当前光标的位置。
- Delete：删除选择的内容。
- Select All：选择当前文件的全部内容。
- Block Indent：对选择的整块内容右移一个制表位。
- Block Outdent：对选择的整块内容左移一个制表位。

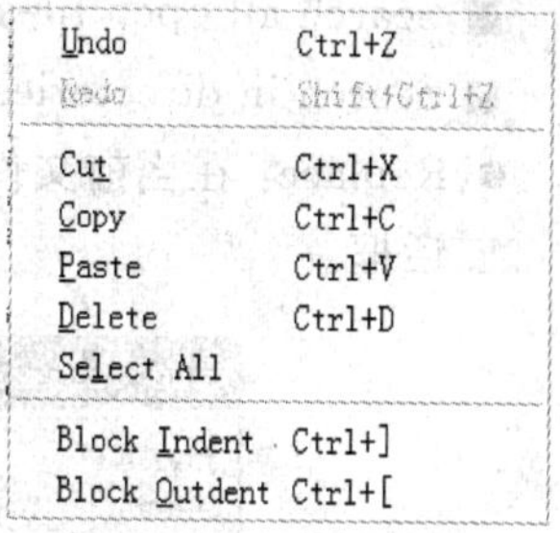

图 3-15 Exit 菜单

3.2.3 Search 菜单

Search 菜单如图 3-16 所示。

- Find：在当前文件中查找一段文本。选择 Find(或 Ctrl＋F 快捷键)后，出现如图 3-17 所示对话框。

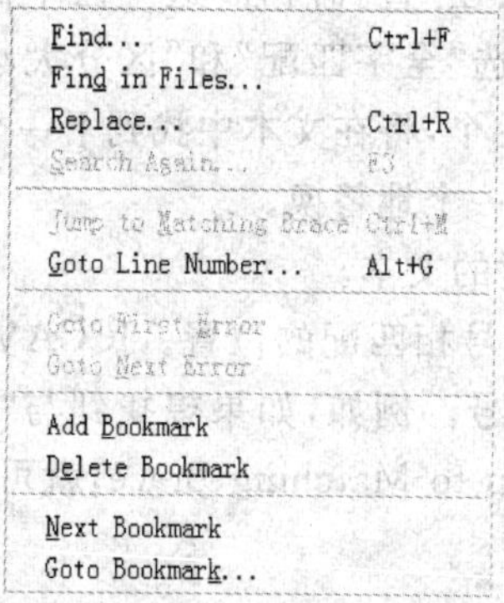

图 3-16 Search 菜单 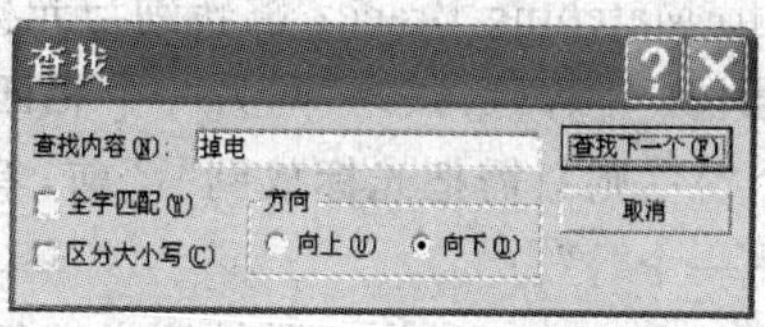　　　　图 3-17 "查找"对话框

在"查找内容"栏中输入要查找的文本，可以是中文。然后按查找需要是否复选"全字匹配"、"区分大小写"和"方向"选择。

- Find in Files：在当前打开的文件中查找一段文本。选择 Find in Files 后，出现如图 3-18 所示对话框。
  - Case Sensitive：区分大小写。
  - Whole Word Only：全字匹配。
  - Regular Expression：查找规则的表达式。

在 Where 查找位置中，有三个单选项。
  - Search all files in project 为选择工程中的所有文件。

第3章 编译/开发环境的建立

- Search all open files 为选择所有打开的文件。
- Search in directories 为当前目录中全部文件。
- Replace：在当前文件中查找并替换文本。选择 Replace 后，出现如图 3-19 所示对话框。

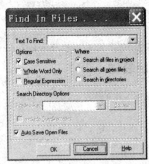

图 3-18 Find In Files 对话框

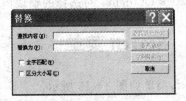

图 3-19 "替换"对话框

例如，要把当前文档中的 uart 替换为 uart_rx，那么在"查找内容"这一栏中输入 uart，在"替换为"这一栏中输入 uart_rx，然后根据需要选择复选"全字匹配"和"区分大小写"。单击"全部替换"按钮，将把所有的匹配全部替换掉；查找下一个，将在文本中找到下一个匹配项；单击"替换"按钮，将把查找到的匹配项替换掉。可以一个一个地替换。

- Search Again：在当前文件中查找上一次查找过的文本。
- Jump to Matching Brace：跳转到与光标后面符号相匹配的位置。ICCAVR 能自动寻找符号"()，[]，{}，<>"间另一个相匹配的符号。例如，如果想找到与"{"相匹配的另一个"}"，则只需把光标放到"{"前，单击 Jump to Matching Brace，就可以找到相匹配的另一个"}"。
- Goto Line Number：光标跳转到指定行。
- Goto First Error：光标跳转到当前活动文件中的第一个错误处。
- Goto Next Error：光标跳转到当前活动文件中的下一个错误处。
- Add Bookmark：添加书签。
- Delete Bookmark：删除书签。
- Next Bookmark：跳转到下一个书签处。
- Goto Bookmark：跳转到指定的书签处。

3.2.4 View 菜单

View 菜单如图 3-20 所示。

图 3-20 View 菜单

- Project File Window：选中则显示工程管理窗口；不选中则不显示工程管理窗口。
- Status Window：选中则显示状态窗口；不选中则不显示状态窗口。
- Project Makefile：生成 Makefile 文件。Makefile 文件包含整个工程中的全部编译信息。
- Output Listing：输出列表文件。列表文件包含了源文件中的全部语句对应的汇编代码，供调试程序和了解汇编生成代码使用。
- Map File：输出内存映像文件，包含了程序中有关符号及其所占内存大小的信息。

3.2.5　Project 菜单

Project 菜单如图 3-21 所示。

- New：创建一个新工程文件。选择 New 后，出现一个 Save New Project As 的对话框。可以把新建的工程文件保存到想要保存的地方，用自己想用的名称。
- Open：打开一个已经存在的工程文件。选择 Open 后，出现一个 Open Project 对话框，具体操作与 Save New Project As 对话框相似，可以参考以上的方法操作。
- Open All Files：打开工程中的全部源文件。
- Close All Files：关闭工程中的全部打开文件。
- Reopen：重新打开历史文件，有关的历史文件显示在子菜单中。
- Make Project：解释和编译已经修改好或编写好的文件，并且生成与工程同名的输出文件。

图 3-21　Project 菜单

- Rebuild All：重新编译全部文件，并且生成与工程同名的输出文件。
- Add File(s)：添加一个文件到工程中，这个文件不一定打开，也可以不是源文件。
- Add Topmost Opened File：将当前文件添加到工程中。
- Remove Selected File(s)：将当前文件从工程中删除。
- Option：打开编译设置对话框。这一部分不进行详细的讲解，在使用中只需把 Target 标签中的 Device Configuration 下拉列表框中选上正在使用的芯片型号即可，如 ATMega64，如图 3-22 所示。
- Manual Sort Browser Window：工程管理窗口的显示方式。
- Close：关闭已经打开的工程。
- Save As：将工程换名存盘。

第 3 章 编译/开发环境的建立

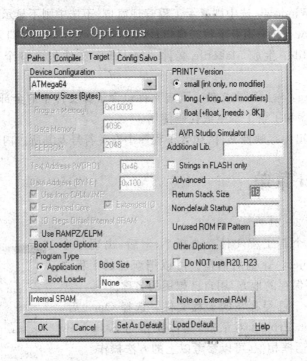

图 3-22 Target 标签

3.2.6 RCS 菜单

RCS 菜单如图 3-23 所示。
- Check In Select File(s)：登记工程列表中所有打开的文件。
- Check In Project：登记工程中的全部文件。
- Diff Selected File：显示当前活动文件修改前后的差异。
- Show Log of Selected File(s)：显示当前活动文件的详细修改过程。

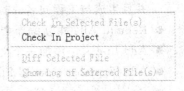

图 3-23 RCS 菜单

3.2.7 Tolls 菜单

Tolls 菜单如图 3-24 所示。
- Environment Options：打开系统设置对话框。单击 Preferences 标签，进入如图 3-18

所示对话框。系统设置选项中共有三个标签。
Preferences 标签选项设置如图 3-25 所示。
- Beep on Completing Build：编译完成后发出提示音。
- Verbose Compiler Output：在状态窗口中显示详细的编译过程。
- Mulitple Row Editor Tabs：多重跳格设定。

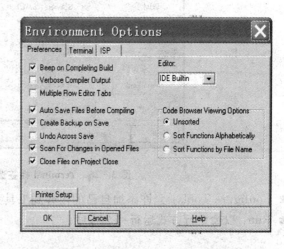

图 3-24 Tolls 菜单　　　　图 3-25 Preferences 标签选项设置

- Auto Save Files Before Compiling：在编译前自动保存文件。
- Create Backup on Save：在保存文件前,将源文件保存为备份文件。
- Undo Across Save：撤销改变,即使曾经保存过也撤销改变。
- Scan for Changes in Opened Files：检查其他编辑器打开的文件。
- Close Files on Project Close：关闭工程文件时,自动关闭全部与此工程有关的已打开的文件。

Terminal 标签选项设置如图 3-26 所示。
- COM Port：设置与仿真器的连接端口。
- Baudrate：设置通信速率。
- Flow Control：流量控制方法。
- ASCⅡ Transfer Protocol：ASCⅡ码传输协议。

Editor and Print Options 为打开编辑和打印设置对话框。主要用于设置显示和相关的打印信息,在以后的引用中,选用系统默认的设置。
- In System Programmer：打开 IDE 内置的下载功能设置对话框。
- AVRCalc：打开 AVR 定时器、计数器,设置定时器的计数值。
- Application Builder：打开工程向导生成界面,用于生成硬件的初始化代码。

第3章 编译/开发环境的建立

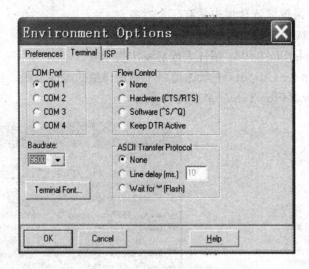

图 3-26 Terminal 标签选项设置

- Configure Tools：允许添加自己的内容到工具菜单。
- Run：以命令行方式运行一个程序。

3.2.8 Help 菜单

Help 菜单如图 3-27 所示。

Help Topics：帮助主题，从这里可以查阅到 ICCAVR 的全部帮助。

- About/Contact ImageCraft：版本号以及相关的联系信息。
- Library Source Code Password：库源代码口令。
- How To Upgrade：升级方式。
- View Readme File：ICCAVR 升级过程自述文件。
- Register Software：输入软件使用许可。
- Import License from Floppy：从软盘输入注册文件。
- Transfer License to Floppy：将注册文件导出到软盘。
- Using the Hardware Dongle：使用软件狗。

图 3-27 Help 菜单

3.2.9 快捷菜单

快捷菜单如图 3-28 所示。

图 3-28 快捷菜单

快捷菜单栏从左到右分别如下：

新建一个文件。

打开一个文件。

保存当前文件。

打印当前文件。

剪切选择的内容到剪切板。

复制选择的内容到剪切板。

将剪切板内容粘贴到当前光标的位置。

在当前文件中查找一段文本。

解释和编译工程文件。

停止最后的动作。

打开编译设置对话框。

光标跳转到第一个有错误的行。

光标跳转到下一个有错误的行。

打开工程向导界面。

打开下载设置对话框。

3.3 ICCAVR 编译器的使用介绍

3.3.1 IDE 简介

启动 ICCAVR 后，就进入了 ICCAVR 的编译环境，有编辑、工程管理、状态、菜单及快捷工具栏等部分。

ICCAVR 的 IDE 窗口如图 3-29 所示。

编辑窗口是图 3-29 中的①部分区域，这是与 IDE 交流信息的主要区域。在这个区域中可以输入修改文件，一般源程序的输入及修改都在这个窗口完成。

工程管理部分在整个界面的右侧，图 3-29 中的②部分区域，由工程栏 Project 和代码浏览栏 Browser 组成。工程栏用于显示与工程相关的全部文件和文件结构,代码浏览栏显示该工程中所有源代码的函数和所使用的变量。

状态部分在界面的下方,图 3-29 中的③部分区域,主要用于显示编译后的状态及提示信息,如果有错误,则提示错误信息。

菜单栏和快捷工具栏前面已经介绍过,在此不赘述。

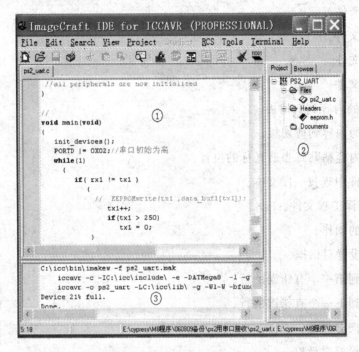

图 3-29 ICCAVR 的 IDE 窗口

3.3.2 创建一个文件

① 创建新文件。可以从 File 菜单中选择 New,创建一个新的文件,新文件被自动命名为 Untitled-x(x 为数字,如 0、2 等)。也可以直接单击快捷按钮 ,创建一个新文件。可以在该文件中输入源程序并进行编辑和修改,也可以作为一个文本文件,用来保存与工程有关的信息。

② 存盘。创建的新文件在进行输入编辑修改后,必须保存到磁盘上。在存盘时必须指定文件的类型:如果是 C 语言源程序,则必须使用".C"扩展名;如果是汇编语言源程序,则必须使用".S"扩展名;如果是其他说明性文件,则一般使用".TXT"作为扩展名。还要指定存放地址目录。通过 File 菜单中的 Save 来实现存盘,也可以直接使用快捷按钮 来实现。

第3章 编译/开发环境的建立

③ 打开磁盘上的源文件。通过 File 菜单中的 Open 命令或直接使用快捷按钮 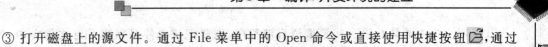，通过 IDE 提供的 Open Files 对话框，选择磁盘上需要打开的文件。也可以通过 File 菜单中 Reopen 命令的子菜单打开最近使用过的文件。

3.3.3 创建一个工程文件并编译

ICCAVR 的 IDE，可以有效地组织好多个不同的文件到同一个工程中，使整个工程文件结构清晰明了。

1. 创建一个新的工程文件

通过 Project 菜单中的 New 命令，IDE 会提供一个 Save New Project As 对话框，指定要存放的工程文件的目录和文件夹，在文件名栏中输入工程文件的名称。要注意的是，工程编译后的输出文件名与工程文件名相同。

新建工程后，在工程管理窗口中的 Project 标签栏下有三个子目录，分别是 Files、Headers、Documents，如图 3-30 所示。ICCAVR 没有在所存放的磁盘目录下建立三个文件夹，而只是在 IDE 中方便管理不同文件。

2. 添加文件到工程中

可以将当前文件和磁盘上的文件添加到工程中。有 4 种途径可将文件加入到工程中：

① 要将当前文件添加到工程管理器中，可以用 Project 菜单中的 Add Topmost Opened File 命令；

② 可以在编辑窗口右击，选择弹出菜单中的 Add To Project 命令；

③ 要将磁盘上的文件加入到工程管理器中，可以用 Project 菜单中的 Add File(s) 命令；

④ 可以通过在工程管理窗口右击，选择弹出菜单中的 Add File(s) 命令，通过 Add Files 对话框将磁盘上的文件加入到文件夹中，如图 3-30 和图 3-31 所示。

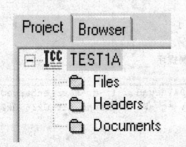

图 3-30 Project 标签下的子目录

图 3-31 展开文件夹中的内容

如果用户添加的是 C 语言或汇编语言源程序,则要把该文件保存到 File 文件夹中;如果添加到工程中的是头文件,则要求把该文件保存到 Headers 文件夹中;如果保存的是上述三种以外的文件,则要求保存到 Documents 文件夹中。单击工程文件夹中的"+",可以展开文件夹中的内容;单击"-",可以收起文件夹中的内容。若须打开文件中的某个文件,则只要双击文件夹中的文件名,就能自动在编辑窗口打开。

3. 删除工程中的文件

如果需要从工程中删除一个文件,则需要先在工程管理窗口中选择要删除的文件,单击选中后,可以用 Project 菜单中 Remove Selected File(s)命令,也可以在工程管理窗口中右击,从弹出菜单中选择 Remove Selected File 命令,把该文件从工程中删除。要注意的是,工程管理器不再管理该文件,而不是把该文件从磁盘上真正删除,该文件还是保存在磁盘上。

4. 编译源文件

对加入工程中的源文件进行编辑和修改后,若认为无误,则可以进行编译。可以单独编译其中的一个文件,对其进行语法检查,使用 File 菜单中 Compile File 命令的 to Obiect 和 to Output 子菜单命令可以编译当前文件。可以用 Project 菜单中 Make Project 或 Rebuild All 命令对工程中的全部文件进行编译。

在编译过程中,如果源文件总存在语法错误,则在状态窗口会有相应的提示,如图 3-32 所示,可以根据提示修改相应的错误和警告,再编译,再修改,直到通过编译,如图 3-33 所示。

图 3-32 中光标处 xtern 关键字少了一个 e,编译出错,光标停留在错误处。

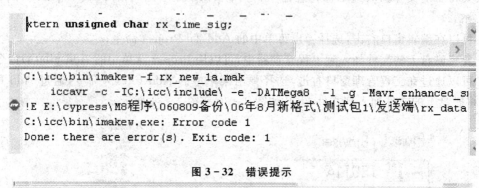

图 3-32 错误提示

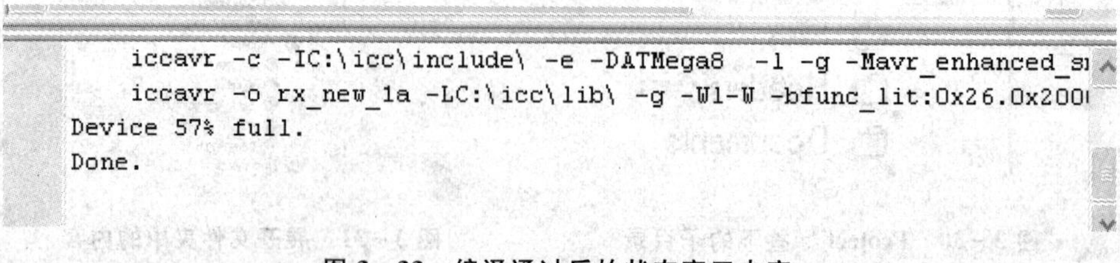

图 3-33 编译通过后的状态窗口内容

3.3.4 用应用向导生成一个文件

单击 Tolls 菜单中的 Application Builder 命令,或直接单击快捷工具栏的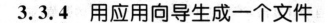图标,就进入到工程向导生成界面。在这个界面中,有 CPU、Ports、Timer0、Timer1、UART、SPI、Analog 等标签栏(根据所选的芯片,栏内容有所变化),如图 3-34 所示。

CPU 标签选项如图 3-34 所示,可以选定芯片种类、频率、是否使用看门狗以及对看门狗的设置,是否使用外部中断 INT0 和 INT1,通过下拉菜单设定 INT0 和 INT1 的触发方式。如图 3-35 所示,Low level 为低电平触发,reserved 为保留,Falling edge 为下降沿,Rising edge 为上升沿。

Ports 标签选项如图 3-36 所示,可以设定 I/O 口特性。Direction 栏中为 I 时表示输入,为 O 时表示输出。当 Direction 栏为 I 时,Value 栏中如果是↑,则表明启用内部上拉;如果为空,则不启用。当 Direction 栏为 O 时,如果 Value 栏中是 1,则初始化时输出为 1,如果是 0,则初始化时输出的是 0。

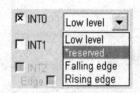

图 3-35 INT0 和 INT1 的触发方式

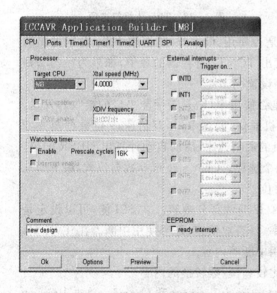

图 3-34 CPU 标签选项

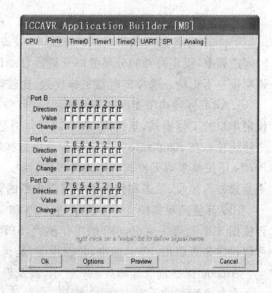

图 3-36 Ports 标签选项

Timer0 标签选项如图 3-37 所示,可以设定是否使用 Timer0,是否用中断,设定溢出的时间或频率,设定时钟的分频数以及最后自动计算出 TCNT0 寄存器的数值,如果为"???",则说明设定不正确。

Timer1 标签选项如图 3-38 所示,可以设定是否使用 Timer1,是否用中断,设定溢出的时间或频率,设定时钟的分频数以及最后自动计算出 TCNT1H、TCNT1L 寄存器的数值,如果为"???",则说明设定不正确。选择定时器工作模式、比较器 A 和比较器 B 等设置。详情见后面硬件部分有关定时器的介绍。

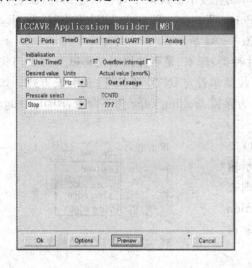

图 3-37 Timer0 标签选项　　　　图 3-38 Timer1 标签选项

Timer2 标签选项如图 3-39 所示,可以设定是否使用 Timer2,是否用中断,设定溢出的时间或频率,设定时钟的分频数以及最后自动计算出 TCNT2 寄存器的数值,如果为"???",则说明设定不正确。选择定时器工作模式、比较器等设置。

UART 标签选项如图 3-40 所示,可以设定是否使用串口,是否使能串口的接收和发送,设定串口的工作模式,复选框,从上到下分别是多机通信,同步串口,双倍速,9 位数据模式,2 个停止位。在 Baud rate 下拉菜单中可以选择串口的通信速率,后面自动计算出 UBBR 的值。Parity 下拉菜单有无校验、保留、奇校验、偶校验四个选项。Char size 选择数据位数,最下面三个复选框为接收、发送和数据寄存器空中断的允许位。

SPI 标签选项如图 3-41 所示,有 SPI 和 TWI(I2C)两部分内容。在 SPI 侧,可以设定是否使用 SPI,是否为主机,SPI 的工作模式,SPI 速率,是否双倍速,是否使用中断。在 TWI 侧,可以设定是否启用 TWI,速率,是否应答,是否使用中断等内容。

Analog 标签选项如图 3-42 所示,涉及模拟比较和模/数转换的内容。

在每个标签的下方,有四个按钮,分别是 OK、Options、Preview 和 Cancel。单击 Preview 按钮,可以看到系统自动生成的代码;单击 OK 按钮,则把代码添加到 IDE 界面中;单击 Cancel 按钮,放弃这个操作,退出工程向导界面。

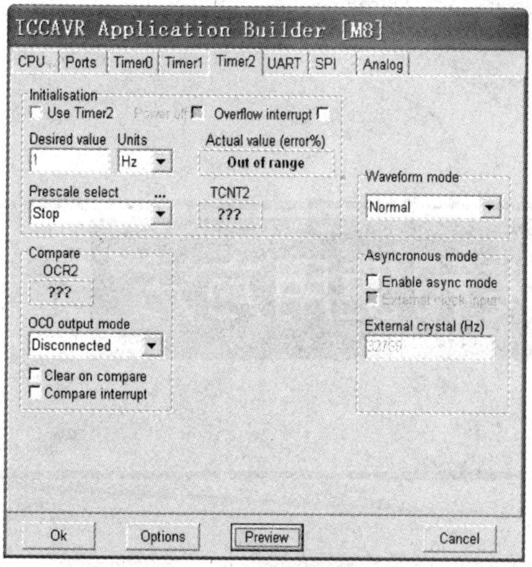

第 3 章 编译/开发环境的建立

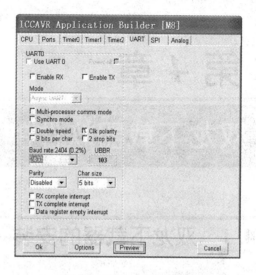

图 3-39 Timer2 标签选项

图 3-40 UART 标签选项

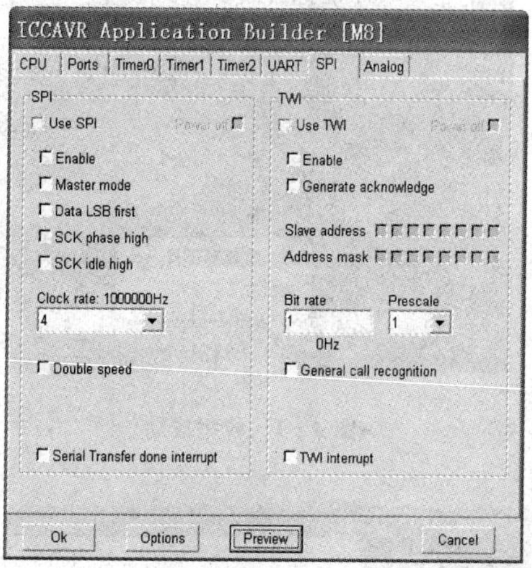

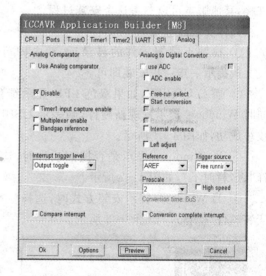

图 3-41 SPI 标签选项

图 3-42 Analog 标签选项

使用 ICC AVR 编译器十分方便，建立工程文件后，只需把 Project 菜单中 Options 下 Target 标签中的 Device Configuration 下拉列表框内容选择成所使用的芯片型号即可，其他选项使用编译器的默认值。

第 4 章
双龙下载器软件的安装和使用方法

4.1 双龙下载器的安装

在双龙下载器随机光盘上有该下载器的安装软件,本书以 SLISP_V1527 版本为基础进行讲解,其他版本可以参考这个安装过程。

具体安装过程如下:

① 找到下载器软件的目录后,双击即可安装。按提示一步一步安装即可。

② 插入 USBISP,如果双色 LED 显示绿色,同时 Windows 提示发现新硬件,则表示 USBISP 枚举成功,如图 4-1 所示。

③ 当 Windows 提示是否搜索软件时,应选择"否,暂时不",如图 4-2 所示。

④ 当 Windows 提示安装方式时,选择"自动安装软件(推荐)",如图 4-3 所示。

图 4-1 枚举成功

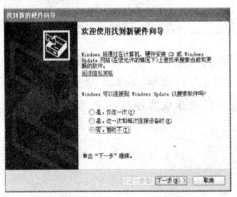

图 4-2 提示是否搜索软件

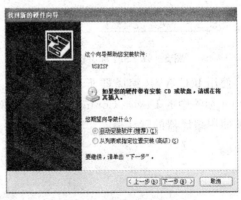

图 4-3 提示安装方式

第4章 双龙下载器软件的安装和使用方法

⑤ 接下来,Windows 就会自动保存备份系统和安装驱动程序,如图 4-4 所示。

⑥ 当安装驱动完成后,在 Windows 的系统托盘处会显示"新硬件已安装并可以使用了。",如图 4-5 所示。

图 4-4 安装驱动程序

图 4-5 安装驱动完成

⑦ 在设备安装成功后,或以后每次插入 USBISP 时,在 Windows 的设备管理器中可以找到 LibUSB-Win32 Devices 类的设备 USBISP,如图 4-6 所示。如果打开设备属性,则可以看到类似于图 4-6 所示的一些信息。

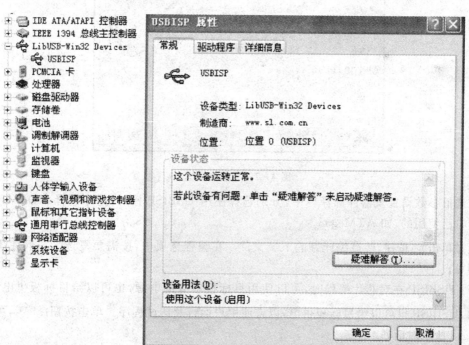

图 4-6 USB ISP 属性对话框

4.2 下载器的使用说明

（1）SL USBISP 配备的 ISP 电缆有三个 IDC 型插头，其中电缆一端单独的一个 IDC10 插头是用于与 USBISP 设备连接的，而另外一端的 IDC10 和 IDC6 插头是连接到目标板的，并且与标准 Atmel 的 10 针及 6 针标准完全兼容。

先插入 USBISP，然后运行 SLISP 程序，会出现如图 4-7 所示对话框。

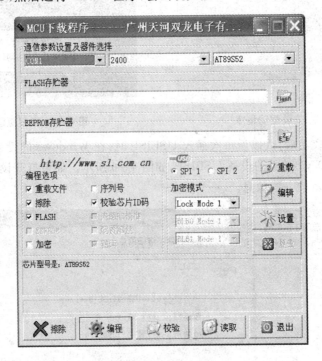

图 4-7 下载对话框

在通信参数设置及器件选择栏中，分别选择使用 USBISP 接口，速率选择 NORMAL，芯片选择自己使用的，如 ATMega8。

通过单击 按钮，装载编译好的下载文件。在编程选项中，按需要复选。一般使用默认模式即可。

（2）USBISP 在对芯片编程时，可以使用目标板本身的电源，也可以给目标板供电；在不编程时，USBISP 也可以给目标板供电，以方便用户运行及调试程序。单击按钮 ，可进入如图 4-8 所示对话框。

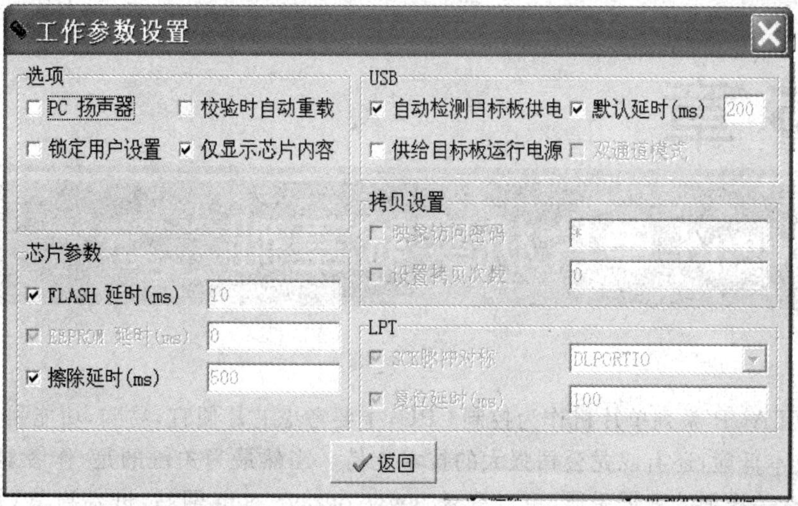

图 4-8 "工作参数设置"对话框

① 当图 4-8 中钩选"自动检测目标板供电"时，USBISP 在对芯片编程之前，会自动检测目标板是否有供电。如果目标板已经有电源，则使用目标板上的电源进行编程；如果没有检测到目标板电源，则由 USBISP 供应编程时所需电源。

② "默认延时"是调节从上电到开始编程之间的延时。

③ 如果钩选"供给目标板运行电源"，则 USBISP 在平时可以供给目标板运行电源；如果有芯片编程操作，则在编程结束后也不停止供应目标板电源。当使用 USBISP 给目标板供电时，由于 USB 端口的供电能力有限，所以不可以供给目标板太多的电力。如果目标板的负载太重（300 mA 左右），而导致 USBISP 内部的限流电路动作时，USBISP 会自动切断对目标板的供电。

注意：由于 USBISP 提供给目标板的供电电压为 5 V，而实验板上的无线模块的电压范围为 2.7~3.6 V，用 USBISP 给目标板供电，会给无线芯片带来破坏甚至损坏无线模块。

第 5 章

ATMega8 单片机实验基础

本书选用 AVR 系列单片机作为控制 CPU,主要考虑芯片便宜,易购,功能强大,硬件接口丰富,开发成本低廉,还有双龙公司强大的技术支持。当然最为关键的是,作者对该系列相对比较熟悉。有关详细的数据手册,可以登录 www.ouravr.com 网站,进入到 AVR 资料栏中,选择 AVR 芯片数据官方数据手册(PDF 格式),里面有 AVR 系列不同芯片的数据手册,选择需要的下载即可。本章介绍的内容和实例是以实验板硬件为基础的。

本章只讲述了 ATMega8 的部分硬件功能,这些都是在无线部分需要用到的硬件资源,是读者必须熟练掌握的内容。

本书没有详细介绍有关 ATMega8 的内核结构、指令集、存储器组织等理论和结构上的内容,有关这方面的内容,可以参考芯片数据手册。只是从实际应用出发,介绍每一个硬件的使用方法、寄存器的定义以及初始化过程和一些使用技巧。

5.1 I/O 接口

5.1.1 接口硬件简介

AVR 的 I/O 口作为通用数字 I/O 使用时,所有端口都具有真正的读—修改—写功能。这意味着用 SBI 或 CBI 指令改变某些引脚的方向时,不会无意地改变其他引脚的方向。输出缓冲器具有对称的驱动能力,可以输出或吸收大电流,直接驱动 LED。所有的端口引脚都具有与电压无关的上拉电阻,并有保护二极管与 V_{cc} 和地相连,如图 5-1 所示。

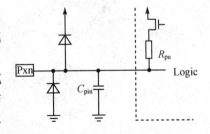

图 5-1 I/O 端口引脚等效图

5.1.2 寄存器介绍

本书所有的寄存器和位的通用格式表示约定：小写的"x"表示端口的序号,而小写的"n"代表位的序号。但是在程序里要写完整。例如,PORTB3 表示端口 B 的第 3 位,而本节的通用格式为 PORTxn。

每个端口都有三个 I/O 存储器地址：数据寄存器 PORTx、数据方向寄存器 DDRx 和端口输入引脚 PINx。数据寄存器和数据方向寄存器为读/写寄存器,而端口输入引脚为只读寄存器。需要特别注意的是,对 PINx 寄存器某一位写入逻辑"1",将造成数据寄存器相应位的数据发生"0"与"1"的交替变化。

I/O 端口寄存器的说明如下：

端口B数据寄存器 PORTB

Bit	7	6	5	4	3	2	1	0	
	PORTB7	PORTB6	PORTB5	PORTB4	PORTB3	PORTB2	PORTB1	PORTB0	PORTB
读/写	R/W	R/W	R/W	R/W	R/W	R/W	R/W	R/W	
初始值	0	0	0	0	0	0	0	0	

端口B数据方向寄存器 DDRB

Bit	7	6	5	4	3	2	1	0	
	DDB7	DDB6	DDB5	DDB4	DDB3	DDB2	DDB1	DDB0	DDRB
读/写	R/W	R/W	R/W	R/W	R/W	R/W	R/W	R/W	
初始值	0	0	0	0	0	0	0	0	

端口B输入引脚地址 PINB

Bit	7	6	5	4	3	2	1	0	
	PINB7	PINB6	PINB5	PINB4	PINB3	PINB2	PINB1	PINB0	PINB
读/写	R	R	R	R	R	R	R	R	
初始值	N/A	N/A	N/A	N/A	N/A	N/A	N/A	N/A	

DDxn 用来选择引脚的方向。DDxn 为"1"时,Pxn 配置为输出;DDxn 为"0"时,配置为输入。当引脚配置为输入时,若 PORTxn 为"1",则上拉电阻将使能。若需要关闭这个上拉电阻,则可将 PORTxn 清零,或将这个引脚配置为输出。

复位时各引脚为高阻态,即使此时并没有时钟在运行。当引脚配置为输出时,若 PORTxn 为"1",则引脚输出高电平("1");若 PORTxn 为"0",则输出低电平("0")。在(高阻态)三态({DDxn,PORTxn}=0b00)与输出高电平({DDxn,PORTxn}=0b11)两种状态之间进行切换时,上拉电阻使能({DDxn,PORTxn}=0b01)或输出低电平({DDxn,PORTxn}=0b10)这两种模式必然会有一个发生。

通常,上拉电阻使能是完全可以接受的,因为高阻环境不在意是强高电平输出还是上拉输出。如果使用情况不是如此,则可以通过置位 SFIOR 寄存器的 PUD 来禁止所有端口的上拉电阻。在上拉输入和输出低电平之间切换也有同样的问题。用户必须选择高阻态({DDxn,

PORTxn}=0b00)或输出高电平({DDxn,PORTxn}=0b11)作为中间步骤。

综上所述,归纳成表 5-1 来说明。

表 5-1 ATMgea8 单片机 I/O 口操作

DDxn	PORTxn	PUD(SFIOR 中)	I/O	上拉电阻	说 明
0	0	x	输入	无 效	高阻态(Hi-Z)
0	1	0	输入	有 效	被外部电路拉低时将输出电流
0	1	1	输入	无 效	高阻态(Hi-Z)
1	0	x	输出	无 效	输出低电平"0"(漏电流)
1	1	x	输出	无 效	输出高电平"1"(源电流)

不论如何配置 DDxn,都可以通过读取 PINxn 寄存器来获得引脚电平。

5.1.3 位操作

ICCAVR 有强大的位操作功能,这使得 ICCAVR 对于 AVR 系列芯片的位操作非常方便,与普通的 C 操作几乎没有差别。对于局部变量、全局变量和 I/O 寄存器的操作,在程序处理上是一致的,只是编译出来的汇编代码有区别。

下面分别对不同的位操作及其常用的功能进行介绍。

(1) 按位"或",用于置位某一位或几位。例如:

```
1    PORTB |= 0x40;          //置位端口 B 的 bit6 为 1
2    temp  |= 0x08;          //置位变量 bit3 为 1
3    tpa   |= 0x03;          //置位变量 bit0、bit1 为 1
```

按位"或"常用在以下几个方面:

① 点亮某一个或几个 LED 灯(不论其亮或灭);

② 置高某一个或几个 I/O 口线电平;

③ 标记某一位或几位标志位等。

(2) 按位"取反"常与按位"与"一起使用,用于清零某一位或几位。例如:

```
1    PORTB &= ~0x40;         //清零端口 B 的 bit6 为 0
2    temp  &= ~0x08;         //清零变量 bit3 为 0
3    tpa   &= ~0x03;         //清零变量 bit0、bit1 为 0
```

这种操作组合与按位"或"使用的地方相似,只是功能相反。例如:

① 拉低某一个或几个 I/O 口线电平;

② 熄灭一个或几个 LED 灯;

第 5 章 ATMega8 单片机实验基础

③ 清某一位或几位标志位等。

（3）按位"异或"用于翻转某一位或几位。例如：

1	PORTB ^= 0x40;	//翻转端口 B 的 bit6 的值,为 0 则变 1,为 1 则变 0
2	temp ^= 0x08;	//翻转变量 bit3 的值
3	tpa ^= 0X03;	//翻转变量 bit0、bit1 的值

这种操作常用于对 LED 状态的改变。例如,执行某个操作后,翻转一次 LED 状态,而不必知道它先前的状态是什么。通常用于在程序调试中对某种操作进入与否的指示。

（4）按位"与"用于检查某一位的值。例如：

1	PORTB & 0x40;	//检查端口 B 的 bit6 是否 1
2	temp & 0x08;	//检查全局变量 bit3 是否 1
3	tpa & 0x03;	//检查局部变量 bit0、bit1 是否 1
4	tpa &= 0xF0;	//清零低 4 位,高 4 位不动

这种操作常用于检查某一位的值,看是 1 还是 0,在判断语句中经常用到,根据不同的值进入不同的程序分支部分。按位"与"还可以清零想要清零的位,如第 4 行所示。

5.1.4 I/O 口实际操作实验

以一个简单的按键和 LED 显示来说明 I/O 口的使用,并演示其输入/输出的具体操作。本实验的目的是：按下 KEY1 键时,LED1 亮；按下 KEY2 键时,LED2 亮；按下 KEY3 键时,LED3 亮；按下 KEY4 键时,LED4 亮。原理图如图 5-2 和图 5-3 所示。

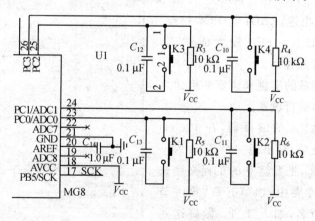

图 5-2 按键原理图

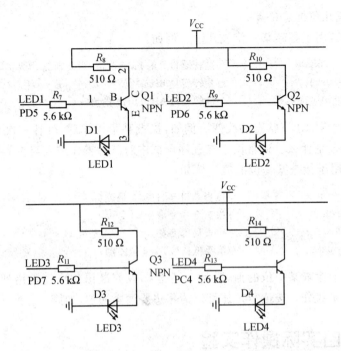

图 5-3 LED 指示灯原理图

在具体的硬件上，KEY1 与 PC0 相连，KEY2 与 PC1 相连，KEY3 与 PC2 相连，KEY4 与 PC3 相连，LED1 与 PD5 相连，LED2 与 PD6 相连，LED3 与 PD7 相连，LED4 与 PC4 相连。在 I/O 口设置时，PC0～PC3 设置成输入，PD5～PD7、PC4 设置成输出。

下面通过这个简单的实例来讲解如何建立一个工程文档及如何进行设置。

首先打开 ICCAVR 的编译器，在 Project 菜单下，选择 New 菜单，会出现一个 Save New Projecct As 的对话框，把要建立的工程文档选择到想要保存的文件夹中，如第五章\第一节\5_1_1 中，并给它命名，如 5_1_1。做好这些后，单击"保存"按钮，工程文档就建好了。随后在 Project 菜单下选择 Options 选项，会出现如图 5-4 所示的对话框。

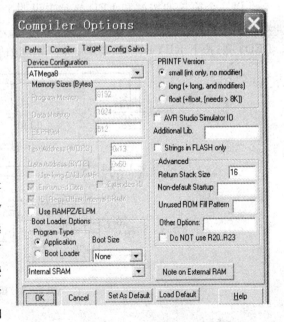

图 5-4 Target 标签选项

第5章 ATMega8单片机实验基础

在 Target 标签中 Device Configuration 的下拉菜单中选择所用的芯片,这里选择 ATMega8芯片,单击 OK 按钮即可。此时已经建立好一个工程文件了。

接下来,使用应用向导来进行硬件初始化部分程序的自动生成功能。单击图标,或选择 Tool 菜单下的 Application builder 选项,进入应用向导界面,这里面的内容前面已介绍,这里只对涉及本实验用到的部分进行设置。具体设置如图5-5和图5-6所示。

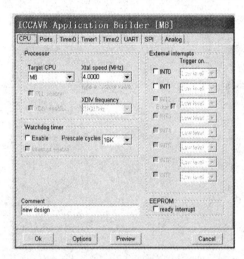

图5-5 单片机类型和时钟设置

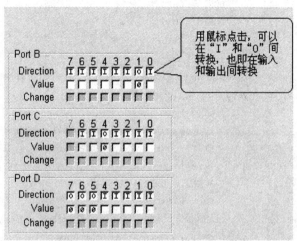

图5-6 Ports 标签中的 I/O 口设置

在 CPU 标签栏中选择 Target CPU 为 M8,在 Xtal speed (MHz)中选择晶振为4.0000。在 Ports 标签中选择 PC4、PB1 为输出,PD5、PD6、PD7 为输出,即单击其所在的 Direction 栏中相应位下面的"I",让其变为"O"。单击最下面的 Options 按钮,出现如图5-7所示对话框,单击 Include "main()",然后再单击 OK 按钮,在编辑窗口就会出现一个名为 Untitled-0 的文件。单击图标,将这个文件保存在刚才工程所建的文件夹中,并以.c 后缀命名,如5_1_1.c,存入"第五章\第一节\5_1_1\源文件"文件夹中。

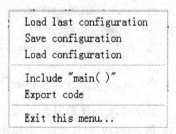

图5-7 Options 下拉菜单

所建程序如下,随后把光标放在编辑窗口区,从鼠标右键弹出的对话框中选择 Add to Project 菜单,把文件加入到工程中。

```
1    //ICC-AVR application builder:
2    // Target:M8
3    // Crystal:4.0000MHz
4    #include <iom8v.h>
```

```
5       #include <macros.h>
6       void port_init(void)
7       {
8           PORTB = 0x00;
9           DDRB  = 0x00;
10          PORTC = 0x00; //m103 output only
11          DDRC  = 0x10;
12          PORTD = 0x00;
13          DDRD  = 0xE0;
14      }
15      //call this routine to initialize all peripherals
16      void init_devices(void)
17      {
18          //stop errant interrupts until set up
19          CLI(); //disable all interrupts
20          port_init();
21          MCUCR = 0x00;
22          GICR  = 0x00;
23          TIMSK = 0x00; //timer interrupt sources
24          SEI(); //re-enable interrupts
25          //all peripherals are now initialized
26      }//
27      void main(void)
28      {
29          init_devices();
30          //insert your functional code here...
31      }
```

程序的开头首先包含了头文件<iom8v.h>和<macros.h>,然后初始化 I/O 口,设定 PB1、PC4、PD5、PD6、PD7 为输出(I/O 口默认状态下为输入)。在初始化设备函数中先关中断(第 19 行),调用 I/O 口初始化函数(第 20 行),清零 MCU 控制和状态寄存器(第 21 行)清零中断控制寄存器(第 22 行),清零定时器中断屏蔽寄存器(第 23 行),因为这些硬件设备没有使用。开中断,在第 30 行的下面就可以加入要写的程序。

该程序比较简单,其流程图如图 5-8 所示。

其主循环程序如下:

```
32      while(1)
33      {
34          if((PINC & 0x0F) == 0x0E)        //如果 PC0 为低电平,则 K1 键按下
```

第5章 ATMega8 单片机实验基础

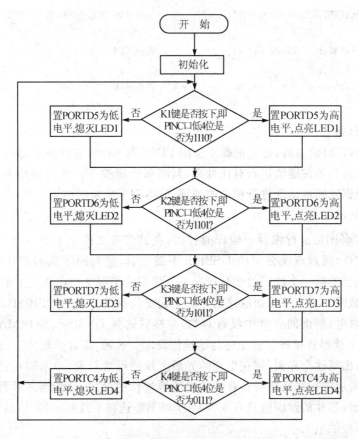

图 5-8 按键及显示流程图

```
35          {
36              PORTD |= 0x20;              //置高 PD5,点亮 LED1
37          }
38      else PORTD &= ~0x20;                //如果 K1 键没有按下,则置低 PD5,熄灭 LED1
39      if((PINC & 0x0F) == 0x0D)           //如果 PC1 为低电平,则 K2 键按下
40          {
41              PORTD |= 0x40;              //置高 PD6,点亮 LED2
42          }
43      else PORTD &= ~0x40;                //置低 PD6,熄灭 LED2
44      if((PINC & 0x0F) == 0x0B)           //如果 PC2 为低电平,则 K3 键按下
45          {
46              PORTD |= 0x80;              //置高 PD7,点亮 LED3
47          }
48      else PORTD &= ~0x80;                //置低 PD7,熄灭 LED3
```

```
49            if((PINC & 0x0F) == 0x07)      //如果PC3为低电平,则K4键按下
50            {
51                PORTC |=  0x10;            //置高PC4,点亮LED4
52            }
53            else   PORTC &=  ~0x10;        //置低PC4,熄灭LED4
54       }
```

程序代码分析如下:

在读取PORTC口数据后,首先把高4位用PINC & 0x0F进行屏蔽,只对所需的低4位进行处理,然后依次与各按键值进行对比处理,判断哪个键按下。在主循环中,不停地处理这四个判断,然后根据判断的结果进行相应的处理,就得到了所要的结果。

编译下载和调试如下:

存盘,然后按 图标进行编译。编译通过后,在其工程文件夹下有一个.HEX后缀的文件,此为可执行文件,通过双龙公司的USBISP下载工具,把程序下载到芯片中,程序即可运行,就可以看到自己的第一个代码的运行情况了。详细的工程文件在5_1_1中。

如何进行下载呢?首先按前面所述的方法正确安装双龙公司的USBISP,通过设置按钮,取消自动目标板供电(前面的方框中没有对勾)。然后选择USBISP、NORMAL、ATMEGA8(L),将目标板与下载器连接好。首先进行熔丝位设定。选择"配置熔丝位",出现如图5-9所示界面(如果没有出现这个界面,则在出现的界面上找到设置导航,单击即可已进入下面这个界面,按图5-9所示进行选择即可。有关详细的熔丝位的设定,请参考芯片数据手册。再次强调一下,由于无线芯片的耐压值只有3.6 V,所以不能选择下载器中的"给目标板运行电源"或"自动检测目标板供电"。

设置完后,单击"写入"按钮,即可把熔丝位写好。熔丝位一旦配置好后,以后就不用再配置了。

单击 图标,把刚才编译好的.hex文件调入,单击 按钮,即可把程序下载到芯片中。

按K1键,LED1点亮,松开按键后熄灭。依次测试K2、K3、K4键,都能实现自己的设计目的。第一个程序按照自己的意愿开始跑起来了,但还是有点不放心,再次测试,多次测试,只有经得住测试的程序,才是好程序。

问题还是出现了。有一次,按下一个键后,另一个手指不小心按下了另一个键,发现亮着的灯突然灭了。为什么?有意这样去试,发现只要有多于一个键按下后,所有的灯都会熄灭。

为什么会产生这种现象呢?仔细查看源程序,发现当K1键和K2键同时按下时,PINC读到的低4位的值为0b1100,本意是想让LED1和LED2都点亮,但程序采用了对整个数的判断,没有一个条件与0b1100相符合,所以会执行所有的else语句,即熄灭所有的灯。

因此,对于程序的测试,要把各种不同的、可能发生的情况尽量都测试到,才能使最后测试

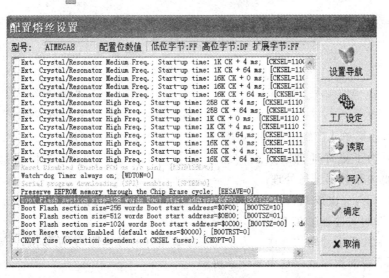

图 5-9　熔丝位配置图

过的程序更加稳健。

那么如何才能实现上述目标呢？其实也很简单，把对于数值的判断改为对于位的判断，这样，所有的位的改变只是影响自己，而不会影响其他操作。

只要把上面程序中对于数值的判断改为对于位的判断即可，程序的结构都不需要改动。程序如下：

```
while(1)
    {
    if((PINC & 0x0F) & 0x01)        //如果 PC0 为高电平，则 K1 键未按下
        {
        PORTD &= ~0x20;             //置低 PD5，熄灭 LED1
        }
    else  PORTD |= 0x20;            //置高 PD5，点亮 LED1
    if((PINC & 0X0F) & 0x02)        //如果 PC1 为高电平，则 K2 键未按下
        {
        PORTD &= ~0x40;             //置低 PD6，熄灭 LED2
        }
    else  PORTD |= 0x40;            //置高 PD6，点亮 LED2
    if((PINC & 0x0F) & 0x04)        //如果 PC2 为高电平，则 K3 键未按下
        {
        PORTD &= ~0x80;             //置低 PD7，熄灭 LED3
        }
    else  PORTD |= 0x80;            //置高 PD7，点亮 LED3
```

```
            if((PINC & 0x0F) & 0x08)            //如果PC3为高电平,则K4键未按下
                {
                    PORTC &= ~0x10;             //置低PC4,熄灭LED4
                }
            else  PORTC |=  0x10;               //置高PC4,点亮LED4
                }
```

在程序中,如果单从逻辑来理解,则 if((PINC & 0x0F) & 0x08) 与 if(PINC & 0x08) 的结果相同,但为了更好地理解其真实意思,加上一句 PINC&0x0F 的目的就是表示只对 PORTC 口的低 4 位数据进行处理。

亲自测试一下,一次按 K1、K2、K3 和 K4 键,看结果如何?同时按两个或三个键,再看看结果如何?详细的文件程序在工程 5_1_2 中。

以上是在单片机中常用的方法。为了让程序有很好的可读性,方便移植,需要用另外的一种编程风格。下面的程序就以这个实例来讲解。

单击图标,会在编辑对话框中出现一个新的空白文档,在该文档中加入以下这部分内容,然后单击存盘,文件保存在与工程文件一个文件夹中,命名为 prot.h。同时也要把此文件加入到工程中(加入到 Headers 目录下)。在 5_1_3.c 文件中,一定要使用 #include" prot.h" 语句把这个头文件包含进去。这样的程序比较直观,好维护,可读性强,当所使用的 I/O 口改变时,只要把头文件中的定义改变一下即可。具体程序在工程 5_1_3 中。

以下是头文件部分:

```
#define LED1ON()        PORTD |=  0x20        定义点亮 LED1
#define LED1OFF()       PORTD &= ~0x20        定义灭 LED1
#define LED1B()         PORTD ^=  0x20        定义 LED1 灯变,如果是亮则灭,如果是灭则亮

#define LED2ON()        PORTD |=  0x40
#define LED2OFF()       PORTD &= ~0x40
#define LED2B()         PORTD ^=  0x40

#define LED3ON()        PORTD |=  0x80
#define LED3OFF()       PORTD &= ~0x80
#define LED3B()         PORTD ^=  0x80

#define LED4ON()        PORTC |=  0x10
#define LED4OFF()       PORTC &= ~0x10
#define LED4B()         PORTC ^=  0x10

#define KEY1            0x01
                                              定义 KEY1 用 0 口线
#define KEY2            0x02
#define KEY3            0x04
#define KEY4            0x08
```

以下是主循环部分,可以看出,程序很好理解,意思很明确,可读性很强。

```
while(1)
    {
        if((PINC & 0x0F) & KEY1)         //如果 PC0 为高电平,则 K1 键未按下
        {
            LED1OFF();                    //置低 PD5,熄灭 LED1
        }
        else LED1ON();                    //置高 PD5,点亮 LED1
        if((PINC & 0x0F) & KEY2)         //如果 PC1 为高电平,则 K2 键未按下
        {
            LED2OFF();                    //置低 PD6,熄灭 LED2
        }
        else LED2ON();                    //置高 PD6,点亮 LED2
        if((PINC & 0x0F) & KEY3)         //如果 PC2 为高电平,则 K3 键未按下
        {
            LED3OFF();                    //置低 PD7,熄灭 LED3
        }
        else LED3ON();                    //置高 PD7,点亮 LED3
        if((PINC & 0x0F) & KEY4)         //如果 PC3 为高电平,则 K4 键未按下
        {
            LED4OFF();                    //置低 PC4,熄灭 LED4
        }
        else LED4ON();                    //置高 PC4,点亮 LED4
    }
```

在本节中,就最简单的 I/O 口读取和控制进行了介绍,同时用实例详细地介绍了具体工程文件的建立、应用向导的使用、熔丝位的设定及程序的下载等最基本的内容。在后续章节中,假设读者都已经掌握,不再做具体介绍,只是提及操作的名称,不介绍操作的具体过程了。

5.2 异步串口

多数书籍往往把有关串口的介绍放到比较靠后,由于在以后的实例中,需要串口把许多中间变量传输出来,了解程序的运行状态,在此便先做介绍。

5.2.1 异步串口简介

ATMega8 具有一个全双工的通用异步串行收发器,它有专用的时钟发生逻辑为发送器

和接收器提供基本时钟。三个完全独立的中断,即发送完成中断、发送数据寄存器空中断和接收完成中断。USART 有普通异步、两倍速异步、主机同步和从机同步 4 种工作模式。

5.2.2 波特率的计算

USART 的波特率寄存器 UBRR 和降序计数器相连,一起构成可编程的预分频器或波特率发生器。降序计数器对系统时钟计数,当其计数到零或 UBRRL 寄存器被写时,会自动装入 UBRR 寄存器的值。当计数到零时产生一个时钟,该时钟作为波特率发生器的输出时钟,输出时钟的频率为 $f_{osc}/(UBRR+1)$。发生器对波特率发生器的输出时钟进行 2、8 或 16 的分频,具体情况取决于工作模式。波特率发生器的输出被直接用于接收器与数据恢复单元。数据恢复单元使用了一个有 2、8 或 16 个状态的状态机,具体状态数由 UMSEL、U2X 与 DDR_XCK 位设定的工作模式决定。表 5-2 给出了计算波特率(位/秒)以及计算每一种使用内部时钟源工作模式的 UBRR 值的公式。

表 5-2 波特率计算公式

使用模式	波特率的计算	UBRR 值的计算
异步正常模式(U2X=0)	$BAUD=\dfrac{f_{osc}}{16(UBRR+1)}$	$UBRR=\dfrac{f_{osc}}{16BAUD}-1$
异步倍速模式(U2X=1)	$BAUD=\dfrac{f_{osc}}{8(UBRR+1)}$	$UBRR=\dfrac{f_{osc}}{8BAUD}-1$
同步主机模式	$BAUD=\dfrac{f_{osc}}{2(UBRR+1)}$	$UBRR=\dfrac{f_{osc}}{2BAUD}-1$

注:波特率定义为每秒的位传输速率(bps)。

5.2.3 异步串口的数据帧格式

串行数据帧由数据字加上同步位(开始位与停止位)以及用于纠错的奇偶校验位构成。USART 接受以下几种组合的数据帧格式:
- 1 个起始位;
- 5、6、7、8 或 9 个数据位;
- 无校验位、奇校验或偶校验位;
- 1 或 2 个停止位。

数据帧以起始位开始;紧接着是数据字的最低位,数据字最多可以有 9 个数据位,以数据的最高位结束。如果使能了校验位,校验位将紧接着数据位,最后是结束位。当一个完整的数据帧传输后,可以立即传输下一个新的数据帧,或使传输线处于空闲状态。图5-10所示为可能的数据帧结构组合。括号中的位是可选的。

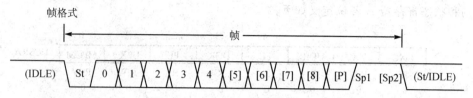

图5-10 异步串口数据帧结构

- St 表示起始位,总是为低电平。
- (n)表示数据位(5~8)。
- P 表示校验位,可以为奇校验或偶校验。
- Sp 表示停止位,总是为高电平。
- IDLE 表示通信线上没有数据传输(RxD 或 TxD),线路空闲时必须为高电平。

5.2.4 寄存器介绍

1. 数据寄存器

数据寄存器各位定义如下:

Bit	7	6	5	4	3	2	1	0	
				RXB[7:0]					UDR(读)
				TXB[7:0]					UDR(写)
读/写	R/W	R/W	R/W	R/W	R/W	R/W	R/W	R/W	
初始值	0	0	0	0	0	0	0	0	

USART 发送数据缓冲寄存器和 USART 接收数据缓冲寄存器共享相同的 I/O 地址,称为 USART 数据寄存器或 UDR。将数据写入 UDR 时,实际操作的是发送数据缓冲器存器(TXB);读 UDR 时,实际返回的是接收数据缓冲寄存器(RXB)的内容。在位5、6、7字长模式下,未使用的高位被发送器忽略,而接收器则将它们设置为0。只有当 UCSRA 寄存器的 UDRE 标志置位后,才可以对发送缓冲器进行写操作。如果 UDRE 没有置位,那么写入 UDR 的数据会被 USART 发送器忽略。当数据写入发送缓冲器后,若移位寄存器为空,发送器将把数据加载到发送移位寄存器,然后数据串行地从 TxD 引脚输出。接收缓冲器包括一个两级 FIFO,一旦接收缓冲器被寻址,FIFO 就会改变它的状态。因此,不要对这一存储单元使用读—修改—写指令(SBI 和 CBI)。使用位查询指令(SBIC 和 SBIS)时也要注意,因为这也有可能改变 FIFO 的状态。

2. 控制和状态寄存器 A

控制和状态寄存器 A 各位定义如下：

Bit	7	6	5	4	3	2	1	0	
	RXC	TXC	UDRE	FE	DOR	PE	U2X	MPCM	UCSRA
读/写	R	R/W	R	R	R	R	R/W	R/W	
初始值	0	0	0	0	0	0	0	0	

- Bit 7—RXC：USART 接收完成。
  接收缓冲器中有未读出的数据时，RXC 置位；否则清零。接收器禁止时，接收缓冲器被刷新，导致 RXC 清零。RXC 标志可用来产生接收结束中断（见对 RXCIE 位的描述）。

- Bit 6—TXC：USART 发送完成。
  发送移位缓冲器中的数据被送出，且当发送缓冲器（UDR）为空时 TXC 置位。执行发送结束中断时，TXC 标志自动清零，也可通过写 1 进行清除操作。TXC 标志可用来产生发送结束中断（见对 TXCIE 位的描述）。

- Bit 5—UDRE：USART 数据寄存器空。
  UDRE 标志指出发送缓冲器（UDR）是否准备好接收新数据。UDRE 为 1，说明缓冲器为空，已准备好进行数据接收。UDRE 标志可用来产生数据寄存器空中断（见对 UDRIE 位的描述）。复位后，UDRE 置位，表明发送器已经就绪。

- Bit 4—FE：帧错误。
  如果接收缓冲器接收到的下一个字符有帧错误，即接收缓冲器中下一个字符的第一个停止位为 0，那么 FE 置位。该位一直有效，直到接收缓冲器（UDR）被读取。当接收到的停止位为 1 时，FE 标志为 0。对 UCSRA 进行写入时，该位要写 0。

- Bit 3—DOR：数据溢出。
  数据溢出时，DOR 置位。当接收缓冲器满（包含了两个数据），接收移位寄存器又有数据时，若检测到一个新的起始位，则数据溢出产生。该位一直有效，直到接收缓冲器（UDR）被读取。对 UCSRA 进行写入时，该位要写 0。

- Bit 2—PE：奇偶校验错误。
  当奇偶校验使能（UPM1 = 1），且接收缓冲器中所接收到的下一个字符有奇偶校验错误时，UPE 置位。该位一直有效，直到接收缓冲器（UDR）被读取。对 UCSRA 进行写入时，该位要写 0。

- Bit 1—U2X：倍速发送。
  该位仅对异步操作有影响。使用同步操作时，将此位清零。
  此位置 1 可将波特率分频因子从 16 降到 8，从而有效地将异步通信模式的传输速率加倍。
- Bit 0——MPCM：多处理器通信模式。
  设置此位将启动多处理器通信模式。MPCM 置位后，USART 接收器接收到的那些不包含地址信息的输入帧都将被忽略。发送器不受 MPCM 设置的影响。

3. 控制和状态寄存器 B

控制和状态寄存器 B 各位定义如下：

Bit	7	6	5	4	3	2	1	0	
	RXCIE	TXCIE	UDRIE	RXEN	TXEN	UCSZ2	RXB8	TXB8	UCSRB
读/写	R/W	R/W	R/W	R/W	R/W	R/W	R/W	R/W	
初始值	0	0	0	0	0	0	0	0	

- Bit 7——RXCIE：接收完成中断使能。
  置位后，使能 RXC 中断。当 RXCIE 为 1，全局中断标志位 SREG 置位，UCSRA 寄存器的 RXC 亦为 1 时，可以产生 USART 接收结束中断。
- Bit 6——TXCIE：发送完成中断使能。
  置位后，使能 TXC 中断。当 TXCIE 为 1，全局中断标志位 SREG 置位，UCSRA 寄存器的 TXC 亦为 1 时，可以产生 USART 发送结束中断。
- Bit 5——UDRIE：USART 数据寄存器空中断使能。
  置位后，使能 UDRE 中断。当 UDRIE 为 1，全局中断标志位 SREG 置位，UCSRA 寄存器的 UDRE 亦为 1 时，可以产生 USART 数据寄存器空中断。
- Bit 4——RXEN：接收使能。
  置位后，将启动 USART 接收器。RxD 引脚的通用端口功能被 USART 功能所取代。禁止接收器将刷新接收缓冲器，并使 FE、DOR 及 PE 标志无效。
- Bit 3——TXEN：发送使能。
  置位后，将启动 USART 发送器。TxD 引脚的通用端口功能被 USART 功能所取代。TXEN 清零后，只有等到所有的数据发送完成后，发送器才能够真正禁止，即发送移位寄存器与发送缓冲寄存器中没有要传送的数据。发送器禁止后，TxD 引脚恢复其通用 I/O 功能。
- Bit 2——UCSZ2：字符长度。
  UCSZ2 与 UCSRC 寄存器的 UCSZ1：0 结合在一起，可以设置数据帧所包含的数据位数（字符长度）。
- Bit 1——RXB8：接收数据位 8。
  对 9 位串行帧进行操作时，RXB8 是第 9 个数据位。读取 UDR 包含的低位数据之前，首先要读取 RXB8。

- Bit 0—TXB8：发送数据位 8。

  对 9 位串行帧进行操作时，TXB8 是第 9 个数据位。写 UDR 之前，首先要对它进行写操作。

4. 控制和状态寄存器 C

控制和状态寄存器 C 各位定义如下：

Bit	7	6	5	4	3	2	1	0	
	URSEL	UMSEL	UPM1	UPM0	USBS	UCSZ1	UCSZ0	UCPOL	UCSRC
读/写	R/W	R/W	R/W	R/W	R/W	R/W	R/W	R/W	
初始值	1	0	0	0	0	1	1	0	

- Bit 7— URSEL：寄存器选择。

  通过该位选择访问 UCSRC 寄存器或 UBRRH 寄存器。当读 UCSRC 时，该位为 1；当写 UCSRC 时，URSEL 位为 1。

- Bit 6—UMSEL：USART 模式选择。

  通过该位来选择同步或异步工作模式。此位为 0 时是异步模式，为 1 时是同步模式。

- Bit 5：4—UPM1：0：奇偶校验模式。00：禁止；01：保留；10：偶校验；11：奇校验。

  这两位设置奇偶校验的模式并使能奇偶校验。如果使能了奇偶校验，那么在发送数据时，发送器都会自动产生并发送奇偶校验位。对每一个接收到的数据，接收器都会产生一奇偶值，并与 UPM0 所设置的值进行比较。如果不匹配，那么就将 UCSRA 中的 PE 置位。

- Bit 3—USBS：停止位选择。

  通过该位可以设置停止位的位数。如果设为 0，则表示一个停止位；如果设为 1，则表示两个停止位。

- Bit 2：1—UCSZ1：0：字符长度。

  UCSZ1：0 与 UCSRB 寄存器的 UCSZ2 结合在一起，可以设置数据帧包含的数据位数。

- Bit 0—UCPOL：时钟极性。

  该位仅用于同步工作模式。使用异步模式时，将该位清零。

5.2.5 串口初始化

进行通信之前，首先要对 USART 进行初始化。初始化过程通常包括波特率的设定、帧结构的设定，以及根据需要使能接收器和/或发送器，是否使用中断。对于中断驱动的 USART 操作，在初始化时首先要清零全局中断标志位（全局中断被屏蔽）。重新改变 USART 的设置应该在没有数据传输的情况下进行。

例如,在4.00 MHz晶振下,19 200 bps的速率,8个数据位,1个停止位,无校验位,ATMega8的异步串口初始化如下:

```
void uart_init(void)
   {
UCSRB = 0x00;
    UCSRA = 0x00;
    UCSRC = 0x80 | 0x06;        //异步模式,无校验,8位数据
    UBRRL = 0x0C;               //设定波特率低位为19 200 bps
    UBRRH = 0x00;               //设定波特率高位
    UCSRB = 0x18;               //允许接收和发送,禁止所有串口中断
   }
```

5.2.6 异步串口的发送和接收程序

1. 数据的发送

当发送被使能(TXEN置位)时,TxD引脚的通用I/O口被异步串口的输出功能所代替。发送数据,可以采用轮询的方式,也可以用中断方式,在此只介绍轮询方式。程序要循环检测数据寄存器空标志位UDRE,一旦该标志位置位,便可将数据写入要发送的数据寄存器UDR,硬件自动将其发送。发送函数如下:

```
void uart_tx(unsigned char data)
   {
        While( ! ( UCSRA & ( 1 << UDRE ) ) );    //如果UDRE不置位,则等待
        UDR = data;
   }
```

可以看出,ATMega8的异步串口发送数据是非常简单和方便的。

2. 数据的接收

与数据的发送一样,要使能接收(置位RXEN),RxD引脚的通用I/O口也就被异步串口的输入功能所代替了。接收数据可采用查询方式,也可采用中断方式。

查询方式中,要不停地去检测接收完成标志RXC,一旦RXC置位,便表明接收到一个数据。接收部分程序如下:

```
unsigned char uart_rx(void)
    {
        while( ! ( UCSRA & ( 1 << RXC ) ) );        //等待 RXC 置位
        return UDR;
    }
```

当然,进入这个函数,如果异步串口没有数据传来,则会一直等下去。在实际中,数据的接收是未知和不可预测的,除非整个程序的唯一功能就是接收串口数据。如果采用查询方法,则常在主循环中加入如下程序:

```
unsigned char temp;
  if ( UCSRA & ( 1 << RXC ) )                       //如果 RXC 置位,则说明接收到一个数据
    {
        temp = UDR;                                 //把数据读入到 temp 变量中
    }
```

而真正在实际中,由于接收数据的未知性和不可预测性,一般使用接收中断来完成数据的接收过程。这就要求在初始化过程中,要使能异步串口接收的同时,也使能异步串口的接收中断。具体程序如下:

```
UCSRB = 0x98;                                       //允许接收和发送,允许串口接收中断
1       #pragma interrupt_handler uart0_rx_isr:12
2       void uart0_rx_isr(void)
3         {
4            temp = UDR;                            //把接收到的数据放入变量中
5         }
```

5.2.7　串口实际操作实验

本串口实验的设计目的是,当串口接收到数据后,马上再通过串口转发出去。接收采用中断方式,发送采用查询方式。采用中断接收,是由于系统不知道何时有数据传来。这样在实际应用中充分发挥硬件的作用,减少芯片的干预,提高系统效率。串口设计的速率是 19 200 bps,8 个数据位,没有校验位,1 个停止位,通常写为"19 200,8,N,1"。

1. 建立工程项目

首先新建一个工程 5_2_1,保存在第三章第二节 5_2_1 文件中,然后通过 Project 菜单中的 Options 选项将芯片设置为 ATMega8。然后把工程 5_1_3 中的文件复制过来(把主文件改名为 5_2_1.c),加入到工程中,编译下载验证。

2. 使用应用向导，生成串口初始化代码

用应用向导生成串口初始化代码可节省相当的精力，特别在速率的计算上，是相当简单和直接的，并且还能知道所设定的速率与实际硬件所表现出来的速率的误差。对于硬件的初始化部分，尽可能地借助这些工具来完成，这样即使不去仔细琢磨寄存器内容，也能得到想要的硬件初始化程序。这个工具相当于屏蔽了底层的硬件特性，让我们把精力放在功能的实现上。

单击  图标，进入应用向导界面，在 CPU 标签栏选择目标 CPU 为 M8，晶振为 4.0 MHz。选择 UART 标签栏对串口进行设定，串口设置对话框如图 5-11 所示。

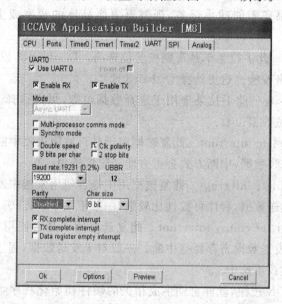

图 5-11 串口设置对话框

串口配置选项内容如下：

- 复选框 Use UART0　　给该复选框打钩，意思是要使用串口 0。如果不选取此框，则无论如何设置，都不会自动生成任何代码。对于任何一个模块的选用，都必须选中类似的复选框。
- 复选框 Enable RX 和 Enable TX　　复选框 Enable RX 和 Enable TX 用于控制串口模块是否启用串口接收和串口发送功能。一般串口通信是双向的，大部分情况应该使能接收和发送，所以这两个复选框都应该选中。
- 复选框 Multi-processor comms mode　　此选项仅用于在多机通信模式下，当选中后，单片机会对 9 位帧结构中的地址帧和数据帧区别对待。一般应用不选中。
- 复选框 Synchro mode　　此选项用于选择同步还是异步串口。当选中时，模块用作同步

第5章 ATMega8 单片机实验基础

串口,使能 PD4 引脚用作 XCK,同步串口时钟引脚。当不选中时,模块用作异步串口。在此不选中。

- 复选框 Double speed　此选项即串口速率倍增选项。其实际意义是,可以使串口通信速率增加一倍。此选项仅对异步串口有效。这里不选中。
- 下拉列表框 Baud rate　此下拉列表框用来选择串口通信的速率。参与通信的各方必须有相同的通信指标,才能正常通信。选取速率后,后面随即计算出波特率寄存器的值和实际的速率以及和设定速率间的误差值。推荐的误差值应该在 2% 以内,如果大于该值,将会影响通信的可靠性。如果在所期望的速率下,其误差比较大,则可以设定倍率复选框;如果还不能减小误差,则需要更换晶体的频率或更改期望的串口通信速率。
- 下拉菜单 Parity　此下拉菜单是奇偶校验位选项。Disabled 为没有使用校验;Even 为偶校验;Odd 为奇校验。这里选择 Disbaled 选项。
- 下拉菜单 Char size　此下拉菜单用于选择数据位数,可以选择 5、6、7 和 8 位数据位数,一般选用 8 位数据位数。
- 复选框 RX complete interrupt　此复选框用于是否使用接收中断,选中则使用接收中断。一般对于接收数据,中断方式会更方便。建议选中。
- 复选框 TX complete interrupt　此复选框用于是否使用发送中断,选中则使用发送中断。一般对于发送数据,程序可控性比较强,一般不用中断方式。建议不选中。
- 复选框 Data register empty interrupt　此复选框用于是否使用发送数据寄存器空中断,选中则使用发送数据寄存器空中断。一般对于发送数据,程序可控性比较强,一般不用此中断。建议不选中。

设置完成后,单击 OK 按钮,就能自动生成相关的硬件初始化程序,保存文件到工程文件夹中。程序如下:

```
//UART0 initialize
// desired baud rate: 19200
// actual: baud rate:19231 (0.2%)
// char size: 8 bit
// parity: Disabled
void uart0_init(void)
{
UCSRB = 0x00;//disable while setting baud rate
UCSRA = 0x00;
UCSRC = BIT(URSEL) | 0x06;
UBRRL = 0x0C;//set baud rate lo
UBRRH = 0x00; //set baud rate hi
```

```
UCSRB = 0x98;
}
#pragma interrupt_handler uart0_rx_isr:12
void uart0_rx_isr(void)
{
//uart has received a character in UDR
}
```

把这些函数加入到主程序中,在初始化中加入 uart0_init()函数。

我们要实现的功能是,串口接收数据,然后通过串口转发出去。在程序中,使用一个先入先出的数据队列(FIFO),中断中接收到的数据放到队列中。在主循环中,判断是否有新接收到的数据,如果有,则从队列中取出接收到的数据,然后通过串口发送出去。主要在主循环和接收中断函数中添加程序。

中断接收部分如下:

```
10      #pragma interrupt_handler uart0_rx_isr:12
11      void uart0_rx_isr(void)           //采用队列的方式接收数据
12      {
13          uart_trx[uart_rx] = UDR;       //把接收到的数据放入到缓冲数组中
14          uart_rx ++ ;                   //接收指针加 1
15          uart_rx & = 0x3F;              //判断指针是否到头,到头则自动回到零
16      }
```

在这段程序中,使用了一个数据缓冲队列,为先进先出方式(FIFO)。在以后的数据操作中,会经常用到这种缓冲队列的形式,它提高了程序的可理解性,也提高了数据的安全性,是一种不错的数据处理方法。

第 10 行是一个中断向量定义部分,串口接收中断向量是 12。第 11 行开始是中断函数,只要有接收中断触发,就说明接收数据寄存器中接收到了新数据。第 13 行把接收到的数据放到一个数据队列中(FIFO)。第 14 行把数据队列的接收指针加一。第 15 行判断指针是否到头,若到头,则归零。这样做的好处是让接收有一个缓冲区域,不至于在数据发送不出去时丢掉数据。

主循环部分程序如下:

```
17      while(1)
18      {
19          if(uart_rx != uart_tx)                //判断是否有数据发送
20          {
21              while(! (UCSRA&(1 << UDRE)));     //等待上一个数据发送完成
22              UDR = uart_trx[uart_tx];          //把要发送的数据从队列中写入数据寄存器
```

第 5 章 ATMega8 单片机实验基础

```
23          uart_tx ++ ;                    //发送指针加一
24          uart_tx &= 0x3F;                //判断发送指针是否到零
25      }
        if((PINC & 0x0F) & KEY1)            //如果 PC0 为高电平,则 K1 键未按下
        {
            LED1OFF();                      //置低 PD5,熄灭 LED1
        }
        else  LED1ON();                     //置高 PD5,点亮 LED1
            if((PINC & 0x0F) & KEY2)        //如果 PC1 为高电平,则 K2 键未按下
        {
            LED2OFF();                      //置低 PD6,熄灭 LED2
        }
        else  LED2ON();                     //置高 PD6,点亮 LED2
        if((PINC & 0x0F) & KEY3)            //如果 PC2 为高电平,则 K3 键未按下
        {
            LED3OFF();                      //置低 PD7,熄灭 LED3
        }
        else  LED3ON();                     //置高 PD7,点亮 LED3
        if((PINC & 0x0F) & KEY4)            //如果 PC3 为高电平,则 K4 键未按下
        {
            LED4OFF();                      //置低 PC4,熄灭 LED4
        }
        else  LED4ON();                     //置高 PC4,点亮 LED4
```

  程序的关键点在于如何判断有新数据。我们利用了接收指针与发送指针不相等,说明有新数据要发送,执行 if 语句,发送数据。数据发送后,发送指针加一。要好好理解第 19 行的 if 语句,由于 FIFO 是一个循环队列,首尾相连,理论上,接收指针总是在前,但这并不是说明接收指针的数值就大一些。图 5-12 是这种队列的示意图。

  在最开始,接收和发送指针都为 0,当然这时是没有接收到数据的。如果接收到一个数据,把数据放到数组[0]中,然后接收指针加一,就指到 1 的位置,发送指针就与接收指针不同,读者可能会说接收指针的数值大于发送指针的数值。到主循环中时,由于检测出接收(1)和发送(0)的指针不等,认为接收到新数据。发送指针(0)所指向的数据,即数组[0]中的数据,数据发送后,发送指针加一,这样发送指针也指向 1 的位置。这时的发送和接收指针相等,没有新数据。由于只接收到一个数据,所以发送指针所指向的数组[1]中没有有效数据。

  当又接收到新数据后,接收指针指到 2 的位置,这时如果程序在处理其他事情,没有时间判断是否有新数据,这时,又有接收数据的中断来了,这时会把这个数据放到数组[2]中,接收指针指到 3 的位置。随后,芯片没有其他事情要处理了,判断是否有数据要发送,发现接收指

第 5 章 ATMega8 单片机实验基础

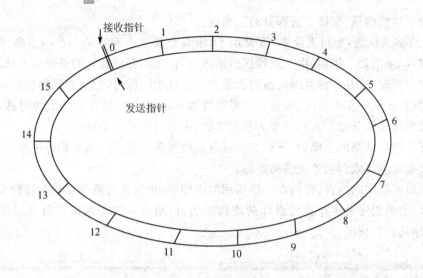

图 5 - 12 队列示意图

针与发送指针不相等,认为有数据要发送,进入 if 语句,发送数组[1]中的数据,随后发送指针加一到 2 的位置。当再一次判断是否有数据要发送时,发现发送指针和接收指针不相等,进入 if 语句,发送队列数组[2]中的数据,发送指针加一到 3 的位置。这时,发送指针和接收指针相等了。我们发现没有一个数据被漏掉。

当接收到第 17 个数据时,队列数组只有 16 位,这时就会把这个数放到 0 的位值中,接收指针也会变成 0,这时,接收指针还大于发送指针吗?所以在判断中,不能用大于或小于等判断,只能用不等作为判断条件。

16 位的缓冲队列,最多只能缓冲 16 个数据,当有 17 个数据要缓冲时,前面的 16 个数据会被丢掉。

编译下载和调试过程如下:

经过上述修改后编译,看是否有错误。直到编译全部通过。

通过在 PC 机上的串口调试软件来对程序进行测试。在测试前,先要确认串口链路的可用性。下面详细讲解这个过程。

首先打开串口调试软件,把调试软件的参数设置成"19 200,8,N,1"。打开串口,选取按十六进制显示。把串口延长线接在相应的打开的串口上,短接第 2、3 端引脚,在串口调试软件中发送一个数,看接收端是否能接收到相应的数。这样,就可以确认 PC 机的串口和调试软件是否可用。接下来,把串口延长线接到实验板上,打开实验板的电源(由于上次写入的程序没有使用串口引脚,其 I/O 口特性为输入高阻),短接 RxD 和 TxD 引脚,在串口调试软件中发送一个数,看调试软件的接收区域中是否接收到相应的数,如果有,则说明 RS - 232 接口电路工作正常。当然,如果接收不到数据,则检查 RS - 232 电路。这样,便把串口通信链路上所涉的部分进行了功能确认,保证了这部分的正确性。

体会:许多人认为,串口太简单、太常用了,没有必要这么麻烦地一步一步做检测。可就是这些地方,如果出现了错误,由于其错误的低级性,往往不会怀疑它们是错误的,浪费很大的精力和时间。同时,这是一种处理问题的思维方法。处理问题时,把这个问题分解成一个一个的小问题,然后一步一步去解决、验证。这样就能很好地解决一些看似复杂的问题,让我们每前进一步都有坚实的基础。这种步步为营的方法,在实践中屡试不爽。

在保证了串口链路的正确后,下载编译通过后的程序。在串口调试软件中发送一个数据,就可以在接收区域接收到刚才发送的数据。

这个串口实验中的内容,将用在以后所用的程序中,把需要的调试变量和过程变量通过串口传送出来,了解程序是否按自己设计的逻辑来运行,通过对这些调试变量和过程变量的判断,了解程序的运行情况。

5.3 定时器

ATMega8 芯片中有三个定时器,其中两个是 8 位的,一个是 16 位的,除了能实现通常的溢出定时功能外,还有捕捉、比较、PWM 等许多功能。定时器部分是一个比较复杂的部分,可以实现很多功能,在后续章节中均有涉及。

5.3.1 T0 定时器

8 位 T/C0 的主要部分为可编程的双向计数单元。计数器针对每一个 clkT0 实现加一操作。clkT0 可以由内部或外部时钟源产生,具体由时钟选择位 CS02:0 确定。没有选择时钟源时(CS02:0=0),定时器即停止。但是不管是否有 clkT0,CPU 都可以访问 TCNT0。CPU 写操作比计数器其他操作(如清零、加减操作)的优先级高。计数方向始终向上(增加),且没有计数器清除操作。当计数器值超过最大 8 位值(MAX=0xFF)时,重新由 0x00 开始计数。在正常工作时,当 TCNT0 变为"0"时,T/C 溢出标志(TOV0)置位。此时 TOV0 像第 9 位,只会置位,不会清零。TOV0 标志可用定时器溢出中断清零,同时定时器的分辨率可通过软件提高。可随时写入新的计数器值。

有关定时器的详细内容,请参考芯片的数据手册。下面以一个具体实例内容来讲解如何使用向导来初始化定时器 0。实验的要求是定时器 0 每 10 ms 产生一个中断,每 500 ms 来翻转一次 LED1 的电平,同时通过串口向外发送一个自增数据。

软件分析:在这个实验中,用到 T0 定时器,还有异步串口以及对 LED 灯的控制。在 10 ms 定时中断中,需要一个计数器,标记进入中断的次数,为 500 ms 事件服务。在 500 ms

事件中，需要清零计数器，为下一个 500 ms 事件服务，同时翻转 LED1，并向串口队列中写入一个自增的数。在主循环中，加入串口发送部分即可。

以 5_2_1 工程为基础来进行添加。首先在 5_3_1 文件夹中建立一个名为 5_3_1 的工程，把 5_2_1 工程中的文件复制过来（注意要把 5_2_1.c 文件改名为 5_3_1.c），编译下载，看程序复制是否正确。这一步很关键，在进行任何更改前，必须验证前一步的正确性和完整性。

使用应用向导对 T0 初始化：单击 图标，进入应用向导界面，在 CPU 标签栏选中目标 CPU 为 M8，晶振频率为 4.0 MHz。选择 Timer0 标签栏对 T0 定时器进行设定。其设置对话框如图 5-13 所示。

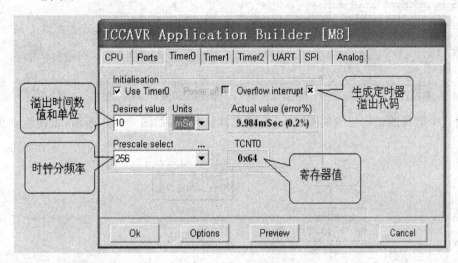

图 5-13 T0 定时器设置对话框

- 复选框 Use Timer0：此复选框必须选中，相当于使能 T0 模块；否则编译器不会自动生成硬件初始化代码。
- 复选框 Overflow interrupt：选中此框，表明使能 T0 溢出中断，在初始化中将加入 T0 溢出中断函数，同时开 T0 中断。
- 文本框 Desired value：填入所需要的溢出时间数。
- 下拉菜单 Units：选择溢出时间数的单位。有 uSec、mSec、Sec、MHz、kHz 和 Hz 选项，可以根据实际的使用情况选择，在此选择 mSec。
- 下拉菜单 Prescale select：此下拉菜单选择分频系数。随后计算出寄存器 TCNT0 中的值，如果设定的值实现不了，则会显示"???"，同时溢出时间数值为红色。

设置完成后，单击 OK 按钮，就能自动生成相关的硬件初始化程序。程序如下：

```
//TIMER0 initialize - prescale:256
// desired value: 10mSec
```

第5章 ATMega8单片机实验基础

```
// actual value: 9.984mSec (0.2%)        //实际定时时间为 9.984 ms
void timer0_init(void)                    //Timer0 初始化部分
{
TCCR0 = 0x00;                             //关定时器
TCNT0 = 0x64;                             //设定定时器初值
TCCR0 = 0x04;                             //开定时器,256 分频
}
```

定时器 0 溢出中断函数如下:

```
#pragma interrupt_handler timer0_ovf_isr:10
void timer0_ovf_isr(void)
{
TCNT0 = 0x64;                             //重装定时器初值
}
TIMSK = 0x01;                             //使能定时器 0 溢出中断
```

虽然这个软件的结构比较简单,但还是给出其流程图,如图 5-14 所示,以使读者更好地理解。

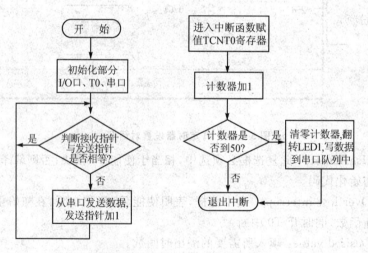

图 5-14 LED1 闪烁程序流程图

在程序中,把 T0 定时器初始化部分复制过来。完整的程序如下:

```
#include <iom8v.h>
#include <macros.h>
#include "port.h"                         //必须把这个头文件加进来
//定义全局变量
unsigned char temp = 0;
```

```c
unsigned char temp1 = 0;
unsigned char uart_trx[32],uart_rx,uart_tx;
//I/O 初始化部分
void port_init(void)
{
    PORTB = 0x00;
    DDRB = 0x02;                    //PB1 为输出
    PORTC = 0x00;
    DDRC = 0x10;                    //PC4 为输出
    PORTD = 0x00;
    DDRD = 0xE0;                    //设定 PD5、6、7 为输出
}
//TIMER0 initialize - prescale:256
// desired value: 10mSec
// actual value: 9.984mSec (0.2%)
void timer0_init(void)
{
 TCCR0 = 0x00;                      //停 TC0 定时器
 TCNT0 = 0x64;                      //设定定时器初值
 TCCR0 = 0x04;                      //开始定时器,256 分频
}
//串口初始化部分。使能接收和发送,接收中断使能,19200,8,N,1
void uart0_init(void)
{
 UCSRB = 0x00; //disable while setting baud rate
 UCSRA = 0x00; UCSRC = BIT(URSEL) | 0x06;
 UBRRL = 0x0C; //set baud rate lo
 UBRRH = 0x00; //set baud rate hi
 UCSRB = 0x98;
}
//定时器中断溢出函数
#pragma interrupt_handler timer0_ovf_isr:10
void timer0_ovf_isr(void)
 {
    TCNT0 = 0x64;                   //重新加载初值
    temp ++ ;
    if(temp > 49)                   //如果 50 个 10 ms 到,则执行 if 语句
      {
        temp = 0;
```

第5章 ATMega8 单片机实验基础

```c
            LED1B();                            //翻转LED1电平
            uart_trx[uart_rx] = temp1;          //把数据写入串口队列中
            uart_rx ++ ;
            uart_rx &= 0x3F;
            temp1 ++ ;
        }
    }
//串口接收中断函数
#pragma interrupt_handler uart0_rx_isr:12
    void uart0_rx_isr(void)                     //采用队列的方式接收数据
    {
        uart_trx[uart_rx] = UDR;                //把接收到的数据放入到缓冲数组中
        uart_rx ++ ;                            //接收指针加1
        uart_rx &= 0x3F;                        //判断指针是否到头,到头则自动回到零
    }
//系统初始化
void init_devices(void)
{
    CLI();                                      //关中断
    port_init();                                //调用I/O口初始化部分
    uart0_init();                               //串口初始化
    timer0_init();                              //调用T0初始化部分
    MCUCR = 0x00;
    GICR = 0x00;
    TIMSK = 0x01;                               //使能T0溢出中断
    SEI();                                      //开中断
}
//主函数
void main(void)
{
    init_devices();
    while(1)
    {
        if(uart_rx != uart_tx)
        {
            while(!(UCSRA&(1 << UDRE)));        //等待上一个数据发送完成
            UDR = uart_trx[uart_tx];            //把要发送的数据从队列中写入数据寄存器
            uart_tx ++ ;                        //发送指针加1
            uart_tx &= 0x3F;                    //判断发送指针是否到零
```

```
        }
      if((PINC & 0x0F) & KEY1)        //如果PC0为高电平,则K1键未按下
        {
          LED1OFF();                  //置低PD5,熄灭LED1
        }
      else  LED1ON();                 //置高PD5,点亮LED1
          if((PINC & 0x0F) & KEY2)    //如果PC1为高电平,则K2键未按下
        {
          LED2OFF();                  //置低PD6,熄灭LED2
        }
      else  LED2ON();                 //置高PD6,点亮LED2
      if((PINC & 0x0F) & KEY3)        //如果PC2为高电平,则K3键未按下
        {
          LED3OFF();                  //置低PD7,熄灭LED3
        }
      else  LED3ON();                 //置高PD7,点亮LED3
      if((PINC & 0x0F) & KEY4)        //如果PC3为高电平,则K4键未按下
        {
          LED4OFF();                  //置低PC4,熄灭LED4
        }
      else  LED4ON();                 //置高PC4,点亮LED4
    }
}
```

当把程序编译后下载到实验板时,会发现LED1灯很快地闪亮一下,串口有数据输出。这是为什么呢?这与需要的LED1灯每秒亮一次,每次亮0.5 s不一样。通过查找,发现程序中还有一个地方在控制LED1,那就是在K1按键中。这就很好理解了,每次运行到K1按键时,程序发现没有按下K1键,就将LED1灯熄灭了。所以在中断中点亮LED1灯后,在主循环中很快就清零了。注销到在K1键中对LED1的控制,编译下载,就得到所需要的:LED灯每秒跳变1次,每次跳变时,串口会输出,串口会输出一个数据,这些数据是连续的。这时,按键程序也是有效的(K1键除外),不妨一试。

有了这个T0实验后,再回头来看前面的按键、串口及LED灯,下面来做一个把三者结合起来的实验。实验设计要求是,实现真正的按键功能,每按一次键,系统只识读一次,而不管按多长时间。前面讲述的按键识别没有进行防抖处理,在这里使用T0定时器来实现键盘防抖功能。在这个键盘扫描程序中逻辑比较复杂,作者想利用串口,把中间变量传出来,查看程序的流程和变量的值,方便调试,找出错误所在。

在本书中,对于程序的调试,没有使用仿真器调试的方法,使用的是用LED灯指示程序的

运行状态,用串口输出程序中的中间变量和过程变量。利用这种方法,与实际的运行结果一样,只是在最终版本中,把串口输出和 LED 指示部分注销即可,不必做任何的更改,同时能很好地观察到中断的运行情况,也能把程序运行的事件状况如实地表现出来。

由于 AVR 系列芯片的 Flash 可以烧写上万次(现在的 Flash 基本上都能达到上万次的烧写),使得每次改动都能下载验证,而不必担心 Flash 很快会烧坏。这样对于学习单片机的费用就大大减少,不需要昂贵的仿真器,而只需要一个下载器。网上很容易找到下载器的硬件电路,花很少的钱,就可以自己 DIY 一个下载器。

现在回到这个实例上来,这个键盘处理逻辑比较复杂。当一个键按下后,首先要判断是否有键按下,其次还要判断这个键是否处理过,最后还要判读是否延时过。只有经过这些判读处理后,才能真正实现所要的功能。图 5-15 是键盘扫描的流程图。

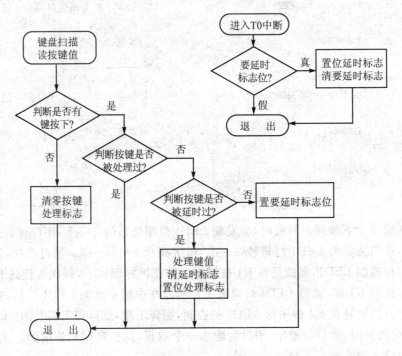

图 5-15 按键流程图

先建立一个新的工程,命名为 5_3_2,保存在第三节的 5_3_2 文件中,然后把 5_3_1 工程中的文件复制过来(注意要把文件 5_3_1.c 改名为 5_3_2.c),加入到工程中编译,下载验证。把这个过程称为工程复制过程。在以后的章节中就用这个词来代替前面的那些操作。

在程序中加入键盘扫描函数,具体函数如下:

```c
1   void key_work(void)
2     {unsigned char key_data;
3      key_data = KEY_READ();              //读按键的值
4      if(key_data < 0x0F)                 //如果小于0x0F,则说明有按键按下
5        { //LED2ON();                     //设置一个调试状态指示灯LED,有键按下时点亮
6          if(!(key_bit & 0x02))           //判断按键是否被处理,若按键未被处理,则执行if语句
7            {
8              if(key_bit & 0x01)          //如果已经延时
9                {
10                 key_bit &= ~0x01;       //清延时标志
11                 key_bit |= 0x02;        //置位按键已处理标志
12                 // uart_trx[uart_rx] = key_bit;   //把标志变量经过串口传送出来
13                 // uart_rx ++ ;
14                 // uart_rx &= 0x3F;
15                 // uart_trx[uart_rx] = key_data;  //把按键值通过串口传送出来
16                 // uart_rx ++ ;
17                 // uart_rx &= 0x3F;
18
19                 switch(key_data)
20                   {
21                     case 0x0E :  key1(); break;   //调用key1()函数
22                     case 0x0D :  key2(); break;   //调用key2()函数
23                     case 0x0B :  key3(); break;   //调用key3()函数
24                     case 0x07 :  key4(); break;
25                   }
26               }
27             else                         //如果没有延时
28               {
29                 key_bit |= 0x04;         //置位要延时标志
30               }
31           }
32        }
33     else
34       {
35         key_bit &= ~0x07;                //清所有的标志位
36         //LED2OFF();                     //无键按下时,LED灯熄灭
37       }
38    }
```

在上面的程序中,加入了调试指示灯和中间变量输出部分。这里面有一个非常关键的标志变量 key_bit,在这个标志变量中,包含着许多信息,充分利用对不同位的判断来解析这些信

第5章 ATMega8 单片机实验基础

息,为程序服务。

由于这个程序比较复杂,下面把作者编写这个程序的过程向大家介绍一下。在工程 5_3_2 中的内容是复制 5_3_1 而来的,下载到实验板中,看按键是否有效,灯是否闪烁,串口是否有数据输出。

由于需要用串口传出数据,所以串口功能的完善是必须保证的。首先把程序中已有的按键程序删除,实现第一步目标是,有键按下时 LED1 灯点亮,松开时 LED1 灯熄灭,同时判断按键处理位,如果未被处理,则让 LED2 灯跳转一次,并置位按键处理标志位。这样只要按键被处理标志位置位,就不会来跳转 LED2 灯,达到一次按键只处理一次的结果。具体程序如下:

```
if((PINC & 0x0F) < 0x0F)                       //如果小于 0x0F,则说明有键按下
    {
        LED1ON();                              //LED1 灯点亮
        if(!(key_bit & 0x02))                  //如果按键未被处理
            {
                LED2B();                       //跳转 LED2 灯
                key_bit |= 0x02;               //置按键处理标志
            }
    }
else
    {
        LED1OFF();                             //LED1 灯熄灭
    }
```

编译下载后,发现按下键后 LED1 灯点亮,松开后 LED1 灯熄灭。但不论按多少次,LED2 灯就翻转一次。程序哪里出问题了?很显然,程序没有执行 if(!(key_bit & 0x02))语句下的内容,在这条语句前加上串口输出部分,把 key_bit 的值传出来,看看是什么内容。加上以下语句(把 T0 中的串口输出注销掉):

```
uart_trx[uart_rx] = key_bit;                   //把数据写入串口队列中
uart_rx ++ ;
uart_rx &= 0x3F;
```

编译下载,打开串口调试软件,设置成"19 200,8,N,1",十六进制显示,清空接收区域。连接好串口线,打开实验板电源,按下任一键,可以看到从串口出来一大串数据,LED1 灯点亮,LED2 灯跳转一次,松开按键,LED1 灯熄灭,串口也没有数据输出,在串口调试软件接收区,发现全部是 0x02,找到数据头,发现第一个数据是 0x00。扫描多少次键盘,就有多少个串口数据输出。把 PC 机上的串口调试软件的接收区域清零,然后再按一下任意键,当然,LED1 灯会点亮,松开就熄灭,可 LED2 灯不跳转。我们来看看输出的数据,全为 0x02,找到第一个,也是 0x02。也就是说,在这次扫描过程中,按键程序把这次按下的键当作已经处理过。问题

出在哪里呢？原来当松开按键时，没有及时清零按键处理标志位。在 else 语句中加上以下这句即可：

```
key_bit &= ~0x02;                  //清零按键处理标志
```

编译下载，上面的 BUG 没有了，程序能按照设想运行了。在这里充分地利用了 LED 指示灯和中间变量的输出来分析程序问题。当然，用仿真器单步或断点也会很快找出问题，只是仿真器调试的速度不一定有这里所介绍的方法快。首先使用 LED2 后，可以发现问题，同时可以判断程序错在何处，找出问题在何处，这就解决了一半的问题。

接下来，加入按键的延时防抖部分。思路是，利用 T0 溢出间隔中断来延时防抖，这样就提高了程序的运行效率，不会在按键程序中等待 20 ms。如何才能很好地利用这个 T0 来延时呢？如果只是简单地在 T0 中置位延时标志位，则没有任何意义。必须有一个标志位来允许置延时标志。第一次扫描到有按键按下时，延时标志肯定为空，那么在此置位一个标志位来允许 T0 中置位延时标志，这样就解决了这个问题。

软件的逻辑结构是：如果没有延时，则置位允许延时标志位置位标志（这句话有点拗口）。可以这样理解，首先是置位标志位，那么这个标志位有何用处呢？如果它置位，则在 T0 溢出中断中，就可以置位延时标志位，有点类似于指向指针的指针。如果已经延时，则处理按键值。

下面这段程序加入了对延时标志判断的处理：

```
if(!(key_bit & 0x02))              //如果按键没有被处理
{
    if(key_bit & 0x01)             //如果已经延时
    {
        key_bit &= ~0x01;          //清延时标志位
        LED2B();                   //跳转 LED2 灯
        key_bit |= 0x02;           //置按键处理标志
    }
    else                           //如果没有被延时
    {
        key_bit |= 0x04;           //置位允许延时标志位置位标志位
    }
}
```

T0 中断函数中加入这句即可：

```
if(key_bit & 0x04)
{
    key_bit |= 0x01;               //置位延时标志，表明经过延时
    key_bit &= ~0x04;              //清允许延时标志位，置位标志位
}
```

第5章 ATMega8 单片机实验基础

由于在程序中及时使用了清零语句,例如"key_bit &= ~0x01;",就不会犯上面的错误了。

仔细分析一下这个延时部分,发现延时在 0~10 ms 之间。如果刚执行"key_bit |= 0x04;"语句后,就进行 T0 中断,那么延时基本上就是 0;如果中断刚过就执行"key_bit |= 0x04;",那么延时就是 10 ms,这是两个极端。如何使延时为 10~20 ms 呢?其实解决办法是一样的,再进入一层判断就可以了。程序如下:

```
if(key_bit & 0x04)              //如果允许延时标志被置位
  {
    if(key_bit & 0x80)          //加入这个判断,只有当两次进入中断后才置位延时标志
      {
        key_bit |= 0x01;        //置位延时标志,表明经过延时
        key_bit &= ~0x04;       //清允许延时标志位置位标志位
      }
    else                        //如果第7位没有置位,则说明是第一次进入中断
      {
        key_bit |= 0x80;        //第一次进入时,将 key_bit 第7位置位
      }
  }
```

至此,按键程序最关键的部分处理完成,只要在"LED2B();"处加上对按键值的处理程序,就完成了这个按键扫描程序。当然,对键值的处理方法的不同,也就会有不同的按键效果,这是根据需要进行的。如果在这里加入串口输出部分,那么每次按键的值会从串口输出,当然每次按键只会输出一次。

上面程序中加入了 LED 指示和串口输出调试方法,可以很直观地了解程序的运行状况。根据这些输出值,可以判断程序是否按自己的设想在执行;根据输出值,可以分析程序的错误所在,这种方式不亚于使用仿真器,而且像过程状态和中断,是无法用仿真器来调试的。

把标志变量 key_bit 的各个位在此集中说明一下,当其第 0 位为 1 时,说明按键经过延时;当其第 1 位为 1 时,说明按键经过处理;当其第 2 位为 1 时,说明允许在中断中置延时标志位。

5.3.2 T1 定时器

T1 定时器远比 T0 定时器复杂,能实现许多功能,在此不做详细的讲解,只讲解如何利用编译器提供的应用向导来实现所需的硬件初始化。

只是利用简单的溢出中断功能,这与前面使用 T0 定时器功能一样,只是位数不一样,为 16 位定时器,可以更精确地定义溢出时间。

用一个实例来讲解,要求使用 T1 定时器,闪烁 LED3 灯,频率为 1 Hz。从软件结构上来

说很简单,在此就不画其流程图。

1. 建立工程文件

还是以 5_1_3 工程文件为基础。首先在 5_3_3 文件夹中建立一个名为 5_3_3 工程,把 5_1_3 工程中的文件复制过来(注意把主文件改名),加入到工程中,编译下载验证。把上述过程称为工程 5_1_3 复制到工程 5_3_3 中。

2. 使用应用向导,生成 T1 定时器初始化代码

单击 图标,进入应用向导界面,在 CPU 标签栏选择目标 CPU 为 M8,晶振为 4.0 MHz。选择 Timer1 标签栏对 T1 定时器进行设定。其设置对话框如图 5-16 所示。

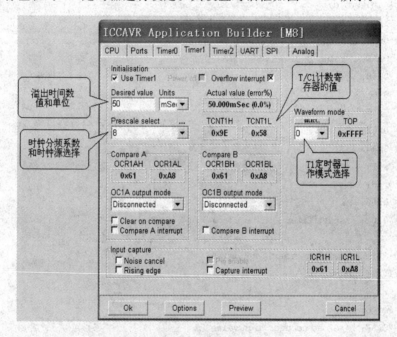

图 5-16　T1 定时器设置对话框

- 复选框 Use Timer1:此复选框必须选中,相当于使能 T1 模块;否则,编译器不会自动生成硬件初始化代码。
- 复选框 Overflow interrupt:选中此框,表明使能 T1 中断,在初始化中将加入 T1 中断函数,同时开 T1 中断。具体是什么中断,还要看 T1 在哪种工作模式下。
- 文本框 Desired value:填入所需要的溢出时间数。
- 下拉菜单 Units:选择溢出时间数的单位。有 uSec、mSec、Sec、MHz、kHz 和 Hz 选项,可以根据实际的使用情况选择,在此选择 mSec。

- 下拉菜单 Prescale select：此下拉菜单选择分频系数。随后计算出寄存器 TCNT1 中的值,如果设定的值实现不了,则会显示"???",同时溢出时间数值为红色。
- 下拉菜单 Waveform mode：此菜单用于选择 T1 使用何种工作模式。T1 定时器共有 16 种工作模式,在此选择 0 模式。

设置完成后,单击 OK 按钮,就能自动生成相关的 T1 定时器硬件初始化程序。程序如下：

```
//TIMER1 initialize - prescale:8
// WGM: 0) Normal, TOP = 0xFFFF
// desired value: 50mSec
// actual value: 50.000mSec (0.0 %)
void timer1_init(void)
{
  TCCR1B = 0x00; //stop
  TCNT1H = 0x9E; //setup
  TCNT1L = 0x58;
  OCR1AH = 0x61;
  OCR1AL = 0xA8;
  OCR1BH = 0x61;
  OCR1BL = 0xA8;
  ICR1H = 0x61;
  ICR1L = 0xA8;
  TCCR1A = 0x00;
  TCCR1B = 0x02; //start Timer
}
#pragma interrupt_handler timer1_ovf_isr:9
void timer1_ovf_isr(void)
{
  //TIMER1 has overflowed
  TCNT1H = 0x9E; //reload counter high value
  TCNT1L = 0x58; //reload counter low value
}
```

把这个函数加入到主程序中,在初始化中加入 timer1_init() 函数,同时不要忘了置位定时器中断允许位 "TIMSK| = 0x04"。在中断函数中加入以下内容即可。同时通过置位 "TIMSK | = 0x04" 把 T1 中断打开(注意一定要注销 K3 键中关于 LED3 的控制语句)。

```
void timer1_ovf_isr(void)
{
  //TIMER1 has overflowed
```

```
    TCNT1H = 0x9E; //reload counter high value
    TCNT1L = 0x58; //reload counter low value
    temp1 ++ ;
    if(temp1 > 9)
    {
        temp1 = 0;
        LED3B();
    }
}
```

编译下载,就能看到 LED3 灯每秒闪烁一次。

5.3.3 T2 定时器

T2 定时器也比 T0 定时器复杂,也能实现许多功能,在此不做详细的讲解,只讲解如何利用编译器提供的应用向导实现所需要的硬件初始化。只是利用简单的溢出中断功能,这与前面使用 T0 定时器功能一样。

用一个实例来讲解,要求使用 T2 定时器,闪烁 LED4 灯,频率为 1 Hz。从软件结构来说,很简单,在此就不画其流程图。

1. 建立工程文件

还是以 5_1_3 工程文件为基础。首先在 5_3_4 文件夹中建立一个名为 5_3_4 工程,把 5_1_3 工程中的文件复制过来(注意将主文件改名),加入到工程中,编译下载验证。也即把工程 5_1_3 复制到工程 5_3_4 中。

2. 使用应用向导,生成 T2 定时器初始化代码

单击 图标,进入应用向导界面,在 CPU 标签栏选择目标 CPU 为 M8,晶振为 4.0 MHz。选择 Timer1 标签栏对 T2 定时器进行设定。其设置对话框如图 5-17 所示。
- 复选框 Use Timer2:此复选框必须选中,相当于使能 T2 模块;否则,编译器不会自动生成硬件初始化代码。
- 复选框 Overflow interrupt:选中此框,表明使能 T2 中断,在初始化中将加入 T2 中断函数,同时开 T2 中断。具体是什么中断,还要看 T2 在哪种工作模式下。
- 文本框 Desired value:填入所需要的溢出时间数。
- 下拉菜单 Units:选择溢出时间数的单位。有 uSec、mSec、Sec、MHz、kHz 和 Hz 选项,可以根据实际的使用情况选择,在此选择 mSec。
- 下拉菜单 Prescale select:此下拉菜单选择分频系数。随后计算出寄存器 TCNT2 中

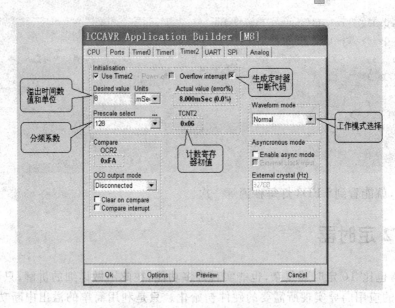

图 5-17 T2 定时器设置对话框

的值，如果设定的值实现不了，则会显示"???"，同时溢出时间数值为红色。

- 下拉菜单 Waveform mode：此菜单用于选择 T2 使用何种工作模式。T2 定时器共有 4 种工作模式，在此选择 Normal 模式。

设置完成后，单击 OK 按钮，就能自动生成相关的 T2 定时器硬件初始化程序。程序如下：

```
//TIMER2 initialize - prescale:128
// WGM: Normal
// desired value: 8mSec
// actual value:  8.000mSec (0.0%)
void timer2_init(void)
{
 TCCR2 = 0x00; //stop
 ASSR  = 0x00; //set async mode
 TCNT2 = 0x06; //setup
 OCR2  = 0xFA;
 TCCR2 = 0x05; //start
}
#pragma interrupt_handler timer2_ovf_isr:5
void timer2_ovf_isr(void)
{
```

```
    TCNT2 = 0x06; //reload counter value
}
```

把这个函数加入到主程序中,在初始化中加入 timer2_init()函数,同时不要忘了置位定时器中断允许位"TIMSK| = 0x40"。在中断函数中加入以下内容即可。

```
#pragma interrupt_handler timer2_ovf_isr:5
void timer2_ovf_isr(void)
{
    TCNT2 = 0x06; //reload counter value
    temp1 ++;
    if(temp1 > 61)
    {
        temp1 = 0;
        LED4B();
    }
}
```

编译下载,就能看到 LED4 灯每秒闪烁一次。

5.4 外部中断

5.4.1 外部中断简介

外部中断通过引脚 INT0/INT1 触发。只要使能了中断,即使引脚 INT0/INT1 配置为输出,如果电平发生了合适的变化,中断也会触发。这个特点可以用来产生软件中断。通过设置 MCU 控制寄存器 MCUCR,中断可以由下降沿、上升沿或低电平触发。当外部中断使能并且配置为电平触发(INT0/INT1)时,只要引脚电平为低,中断就会产生。若要求 INT0 与 INT1 在信号下降沿或上升沿触发,则 I/O 时钟必须工作。INT0/INT1 的低电平中断检测是异步的。也就是说,这些中断可以用来将器件从睡眠模式唤醒。在睡眠过程(除了空闲模式)中 I/O时钟是停止的。

通过低电平方式触发中断,将 MCU 从掉电模式唤醒时,要保证低电平保持一定的时间,以提高 MCU 对噪声的抗扰性。在 5.0 V、25℃的条件下,看门狗的标称时钟周期为 1 μs。只要在采样过程中出现了合适的电平,或者信号持续到启动过程的末尾,则 MCU 就会唤醒。启动过程由熔丝位 SUT 决定。若信号出现于两次采样之间,但在启动过程结束之前就消失了,则 MCU 仍将唤醒,但不再会引发中断了。要求的电平必须保持足够长的时间,以使 MCU 结束唤醒过程,然后触发电平中断。

5.4.2 外部中断寄存器

MCU 控制寄存器包含中断触发控制位与通用 MCU 功能,其各位定义如下:

Bit	7	6	5	4	3	2	1	0	
	SE	SM2	SM1	SM0	ISC11	ISC10	ISC01	ISC00	MCUCR
读/写	R/W	R/W	R/W	R/W	R/W	R/W	R/W	R/W	
初始值	0	0	0	0	0	0	0	0	

- Bit 3,2—ISC11,ISC10:中断触发方式控制 1 Bit1 与 Bit 0。

如果 SREG 寄存器的 I 标志位和相应的中断屏蔽位置位,则外部中断 1 由引脚 INT1 激发。触发方式如表 5-3 所列。在检测边沿前,MCU 首先采样 INT1 引脚上的电平。如果选择边沿触发方式或电平变化触发方式,那么持续时间大于一个时钟周期的脉冲将触发中断,过短的脉冲则不能保证触发中断。如果选择低电平触发方式,那么低电平必须保持到当前指令执行完成。

表 5-3 中断 x 触发方式控制(x 为 0 或 1)

ISCx1	ISCx0	说 明
0	0	INTx 为低电平时产生中断请求
0	1	INTx 引脚上任意的逻辑电平变化都将引发中断
1	0	INTx 的下降沿产生中断请求
1	1	INTx 的上升沿产生中断请求

通用中断控制寄存器 GICR 各位定义如下:

Bit	7	6	5	4	3	2	1	0	
	INT1	INT0	—	—	—	—	IVSEL	IVCE	GICR
读/写	R/W	R/W	R	R	R	R	R/W	R/W	
初始值	0	0	0	0	0	0	0	0	

- Bit 7—INT1 外部中断请求 1 使能。

当 INT1 为"1"且状态寄存器 SREG 的 I 标志置位时,相应的外部引脚中断使能。MCU 通用控制寄存器 MCUCR 的中断敏感电平控制 1 位 1/0(ISC11 与 ISC10)决定中断是由上升沿、下降沿,还是 INT1 电平触发。只要使能,即使 INT1 引脚被配置为输出,若引脚电平发生了相应的变化,中断也将产生。

- Bit 6—INT0:外部中断请求 0 使能。

当 INT0 为"1"且状态寄存器 SREG 的 I 标志置位时,相应的外部引脚中断使能。MCU 通用控制寄存器 MCUCR 的中断敏感电平控制 0 位 1/0(ISC01 与 ISC00)决定中断是由上升沿、下降沿,还是 INT0 电平触发。只要使能,即使 INT0 引脚被配置为输出,若引脚电平发生了相应的变化,中断也将产生。

通用中断标志寄存器 GIFR 各位定义如下:

Bit	7	6	5	4	3	2	1	0	
	INTF1	INTF0	—	—	—	—	—	—	GIFR
读/写	R/W	R/W	R	R	R	R	R	R	
初始值	0	0	0	0	0	0	0	0	

- Bit 7—INTF1:外部中断标志 1。
INT1 引脚电平发生跳变时触发中断请求,并置位相应的中断标志 INTF1。如果 SREG 的位 I 以及 GICR 寄存器相应的中断使能位 INT1 为"1",则 MCU 跳转到相应的中断向量。进入中断服务程序之后,该标志自动清零。此外,标志位也可通过写入"1"来清零。

- Bit 6—INTF0:外部中断标志 0。
INT0 引脚电平发生跳变时触发中断请求,并置位相应的中断标志 INTF0。如果 SREG 的位 I 以及 GICR 寄存器相应的中断使能位 INT0 为"1",则 MCU 跳转到相应的中断向量。进入中断服务程序之后,该标志自动清零。此外,标志位也可通过写入"1"来清零。当 INT0 配置为电平中断时,该标志会被清零。

5.4.3 外部中断实验

在硬件上 PB0 与 INT1 相连,可以通过 I/O 的电平翻转来触发中断。通过 K1 按键翻转 PB0 口的电平来触发中断,在 INT1 中断函数中往串口数据队列中写入一个数,并翻转 LED2 指示灯。

以 5_3_2 为基础来完成这个实验。复制 5_3_2 工程到 5_4_1 中。下面是应用向导设置外部中断的情况。选择 INT1 的下降沿中断,如图 5-18 所示。

相应的程序初始化如下。

外部中断 1 的下降沿中断:

```
#pragma interrupt_handler int1_isr:3
void int1_isr(void)
{
```

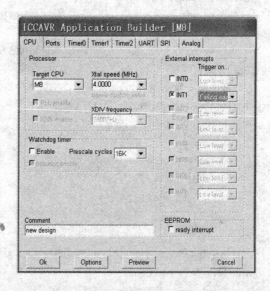

图 5-18 INT1 中断设置对话框

```
//external interupt on INT1
}
```

外部中断和定时器 0 中断相关寄存器的设置:

```
MCUCR = 0x08;
GICR = 0x80;
```

把这些函数和初始化的值加入到程序中。

具体的相关程序如下:在 INT1 中断中,往串口写入 0xA8,并翻转 LED2 灯。只要进入中断函数,就会在串口输出这个数,同时 LED2 灯会发生变化。key1()函数在按下键后翻转一次 PB0 口电平来触发中断。具体程序在工程 5_4_1 中。

```
//头文件部分
#include <iom8v.h>
#include <macros.h>
#include "port.h"              //注意:必须把这个头文件加进来
//I/O 口初始化部分
void port_init(void)
{
  PORTB = 0x00;
  DDRB = 0x03;                 //设定 PB1、0 为输出
  PORTC = 0x00;
  DDRC = 0x10;                 //PC4 为输出
  PORTD = 0x00;
  DDRD = 0xE0;                 //设定 PD5、6、7 为输出
}
//外部中断 1 部分
#pragma interrupt_handler int1_isr:3
void int1_isr(void)
  {
    uart_trx[uart_rx] = 0xA8;
    uart_rx ++ ;
    uart_rx &= 0x3F;
    LED2B();
  }
//初始化部分
void init_devices(void)
{
  //stop errant interrupts until set up
  CLI(); //disable all interrupts
```

```
    port_init();
    timer0_init();
    uart0_init();
    MCUCR = 0x08;                          // INT1 下降沿中断
    GICR = 0x80;                           //允许 INT1 中断
    TIMSK = 0x01;                          //T0 中断
    SEI(); //re - enable interrupts
    //all peripherals are now initialized
}
//按键 1 处理函数。通过跳转 PB0 口的值来触发中断
void key1(void)
    {
        // uart_trx[uart_rx] = 0xF1;
        // uart_rx ++ ;
        // uart_rx & = 0x3F;
        LED3B();                           //跳转 LED3 灯状态
        PORTB ^ = 0x01;                    //跳转 PB0 的 I/O 口值
    }
```

编译后下载,可以看到,每按 K1 键两次后,就会使 LED2 灯跳变一次,同时串口有数据输出。为什么按两次才出现一次 LED2 灯跳变和串口数据输出呢?请读者想一想。

5.5 SPI 接口

5.5.1 SPI 简介

串行外设接口 SPI 允许 ATMega8 与外设或其他 AVR 器件进行高速的同步数据传输。ATMega8 SPI 的特点如下:
- 全双工,3 线同步数据传输;
- 主机或从机操作;
- LSB 位先发送或 MSB 位先发送;
- 7 种可编程的比特率;
- 传输结束中断标志;
- 写冲突标志检测;
- 可以从闲置模式唤醒;
- 作为主机时具有倍速模式(CK/2)。

5.5.2 控制与数据传输过程

如图 5-19 所示,SPI 数据传输系统是由主机和从机两部分构成的,主要由主、从机双方的两个移位寄存器和主机 SPI 时钟发生器组成,主机为 SPI 数据传输的控制方。配置为 SPI 主机时,SPI 接口不自动控制 $\overline{SS}$ 引脚,必须由用户软件来处理。对 SPI 数据寄存器写入数据即启动 SPI 时钟,将 8 位的数据移入从机。传输结束后 SPI 时钟停止,传输结束标志 SPIF 置位。如果此时 SPCR 寄存器的 SPI 中断使能位 SPIE 置位,中断就会发生。主机可以继续往 SPDR 写入数据以移位到从机中去,或者将从机的 $\overline{SS}$ 拉高以说明数据包发送完成。最后进来的数据将一直保存于缓冲寄存器里,如图 5-19 所示。

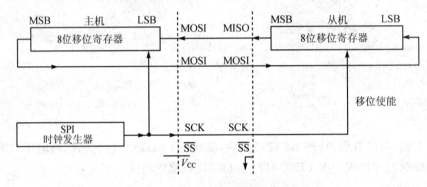

图 5-19 SPI 数据传输系统

配置为从机时,只要 $\overline{SS}$ 为高电平,SPI 接口将一直保持睡眠状态,并保持 MISO 为三态。在这个状态下,软件可以更新 SPI 数据寄存器 SPDR 的内容。即使此时 SCK 引脚有输入时钟,SPDR 的数据也不会移出,直至 $\overline{SS}$ 被拉低。一个字节完全移出之后,传输结束标志 SPIF 置位。如果此时 SPCR 寄存器的 SPI 中断使能位 SPIE 置位,就会产生中断请求。在读取移入的数据之前,从机可以继续往 SPDR 写入数据。最后进来的数据将一直保存于缓冲寄存器里。

SPI 系统的发送方向只有一个缓冲器,而在接收方向有两个缓冲器。也就是说,在发送时,一定要等到移位过程全部结束后,才能对 SPI 数据寄存器执行写操作。而在接收数据时,需要在下一个字符移位过程结束之前,通过访问 SPI 数据寄存器读取当前接收到的字符;否则第一个字节将丢失。工作于 SPI 从机模式时,控制逻辑对 SCK 引脚的输入信号进行采样。为了保证对时钟信号的正确采样,SPI 时钟不能超过 $f_{osc}/4$。

5.5.3 数据传输模式

数据传输模式相对于串行数据,SCK 的相位和极性有 4 种组合。CPHA 和 CPOL 控制组合的方式。表 5-4、图 5-20、图 5-21 分别详细说明了 4 种情况。

表 5-4　CPOL 与 CPHA 功能

CPOL,CPHA	起始沿	结束沿	SPI 模式
0,0	采样（上升沿）	设置（下降沿）	0
0,1	设置（上升沿）	采样（下降沿）	1
1,0	采样（下降沿）	设置（上升沿）	2
1,1	设置（下降沿）	采样（上升沿）	3

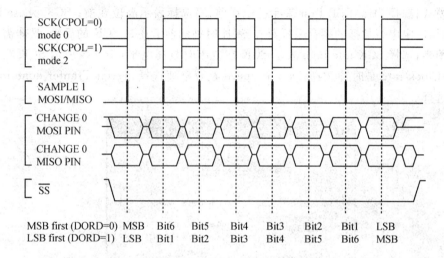

图 5-20　CPHA=0 时 SPI 的传输格式

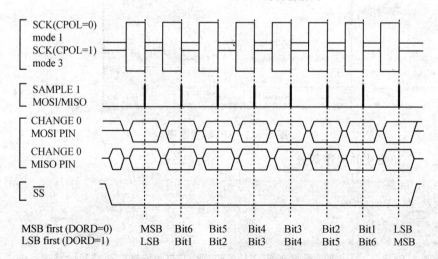

图 5-21　CPHA=1 时 SPI 的传输格式

5.5.4 SPI 的初始化

由于 SPI 是一个通信接口,需要有相应的接口硬件才能完成相应的实验。在与无线芯片的数据通信中,全部通过 SPI 接口来完成。在此只讲解如何通过应用向导来使用 SPI 接口。

单击应用向导图标,选择 SPI 标签,如图 5-22 所示。选择 Use SPI(前面方框中为对勾),表示使用 SPI,选择 Enable 是允许使用 SPI 硬件;选择 Master mode 是选择主机模式,不选择表示从机模式;选择 Data LSB first 表示低位在前,不选择表示高位在前;SCK phase high 时钟相位选择,决定串行数据的锁存采样是在 SCK 时钟的前沿还是 SCK 的后沿,具体需要设置看前面的图表;选择 SCK idle high 表示 SCK 在空闲时是高电平,不选择表示 SCK 在空闲时是低电平;Clock rate 是时钟选择;Double speed 是双倍速选择;Serial Tranfer done interrapt 表示中断选择。

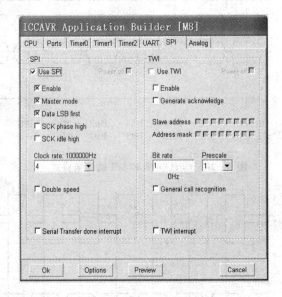

图 5-22 SPI 标签选项

下面是一个初始化的程序部分。

```
//SPI initialize
// clock rate: 1000000Hz
void spi_init(void)
{
    SPCR = 0x78; //使用 SPI,低位在前,主机模式,SPI 数据传输模式 2。1Mbps 速率
    SPSR = 0x00; //设置 SPI
```

5.5.5 接收和发送函数

SPI 接口的接收和发送数据是同时进行的，所以发送数据的同时，也在接收数据。下面这个函数是作为主机时的收发函数。

```
unsigned char spi_trx(unsigned char data)
{
    SPDR = data;
    while(!(SPSR & (1 << SPIF)));
    return SPDR;
}
```

5.6 EEPROM 读/写

ATMega8 包含 512 字节的 EEPROM 数据存储器。它是作为一个独立的数据空间而存在的，可以按字节读/写。EEPROM 的寿命至少为 100 000 次擦除周期。EEPROM 的访问由地址寄存器、数据寄存器和控制寄存器决定。

5.6.1 EEPROM 读/写访问

在程序中，对 EEPROM 的访问是通过位于 I/O 空间的寄存器的访问来实现的。

ATMega8 采用芯片内部可校准的 RC 振荡器的 1 MHz 作为访问 EEPROM 的定时器时钟。EEPROM 编程时间典型为 8.5 ms。自定时功能让用户软件监测何时可以开始写下一字节。用户操作 EEPROM 需要注意如下问题：在电源滤波时间常数比较大的电路中，上电/掉电时 V_{cc} 上升/下降速度会比较低。此时，CPU 可能工作于低于晶振所要求的电源电压。

为了防止无意间对 EEPROM 的写操作，需要执行一个特定的写时序。具体参看 EEPROM 控制寄存器的内容。执行 EEPROM 读操作时，CPU 会停止工作 4 个周期，然后再执行后续指令；执行 EEPROM 写操作时，CPU 会停止工作 2 个周期，然后再执行后续指令。

5.6.2 EEPROM 相关的寄存器

与 EEPROM 相关的寄存器有 3 个。EEPROM 地址寄存器 EEARH 和 EEARL，指定

EEPROM 空间的地址。EEPROM 数据寄存器 EEDR,对于写操作,EEDR 中的数据为即将写入的数据;对于读操作,读出的数据在 EEDR 寄存器中。EEPROM 控制寄存器 EECR 结构如下:

Bit	7	6	5	4	3	2	1	0	
	—	—	—	—	EERIE	EEMWE	EEWE	EERE	EECR
读/写	R	R	R	R	R/W	R/W	R/W	R/W	
初始值	0	0	0	0	0	0	x	0	

5.6.3 写 EEPROM 时序操作

写时序如下(第③步和第④步的顺序并不重要):
① 等待 EEWE 位变为零;
② 等待 SPMCSR 中的 SPMEN 位变为零;
③ 将新的 EEPROM 地址写入 EEAR(可选);
④ 将新的 EEPROM 数据写入 EEDR(可选);
⑤ 对 EECR 寄存器的 EEMWE 写"1",同时清零 EEWE;
⑥ 在置位 EEMWE 的 4 个周期内,置位 EEWE。

在 CPU 写 Flash 存储器时不能对 EEPROM 进行编程。在启动 EEPROM 写操作之前,软件必须检查 Flash 写操作是否已经完成。则步骤②仅在软件包含引导程序并允许 CPU 对 Flash 进行编程时才有用。如果 CPU 永远都不会写 Flash,则步骤②可省略。注意:如果在步骤⑤和⑥之间发生了中断,写操作将失败。因为此时 EEPROM 写使能操作将超时。如果一个操作 EEPROM 的中断打断了另一个 EEPROM 操作,则 EEAR 或 EEDR 寄存器可能被修改,引起 EEPROM 操作失败。建议此时关闭全局中断标志 I。经过写访问时间之后,EEWE 硬件清零。用户可以凭借这一位判断写时序是否已经完成。EEWE 置位后,CPU 要停止 2 个时钟周期才会运行下一条指令。

5.6.4 读 EEPROM 操作

当 EEPROM 地址设置好之后,须置位 EERE,以便将数据读入 EEAR。EEPROM 数据的读取只需要一条指令,且无须等待。读取 EEPROM 后,CPU 要停止 4 个时钟周期才可以执行下一条指令。用户在读取 EEPROM 时应该检测 EEWE。如果一个写操作正在进行,就无法读取 EEPROM,也无法改变寄存器 EEAR。

5.6.5 读/写 EEPROM 操作

假设全局中断已关。

```c
void EEPROM_wt(unsigned int address,unsigned char data)
{
    while(EECR & (1 << EEWE));
    EEAR = address;
    EEDR = data;
    EECR |= (1 << EEMWE);
    EECR |= (1 << EEWE);
}

unsigned char EEPROM_rd(unsigned int address)
{
    while(EECR & (1 << EEWE));
    EEAR = address;
    EECR |= (1 << EERE);
    return EEDR;
}
```

在程序中直接调用这两个函数,便可以完成对 EEPROM 的读/写操作。

5.6.6 EEPROM 读/写实验

本实验中,按 K1 键一次,往 EEPROM 中写入一个数,同时写地址和数加一,LED1 灯翻转一次;按 K2 键,从 EEPROM 中读一个数,并通过串口传出,同时读地址加一,LED2 灯翻转一次。

以 5_3_2 工程文件为基础。先把 5_3_2 工程复制到 5_6_1 工程中,编译下载验证。然后在主程序中加入上面的 EEPROM 的读和写函数。在 key1() 和 key2() 函数加上如下程序:

```c
void key1(void)
{
    CLI();
    EEPROM_wt(wt_dress,wt_data);
    wt_dress ++ ;
    wt_data ++ ;
    LED1B();
    SEI();
```

```
      }
void key2(void)
    {
        CLI();
            uart_trx[uart_rx] = EEPROM_rd(rt_dress);
        uart_rx ++ ;
        uart_rx &= 0x3F;
        rt_dress ++ ;
        LED2B();
        SEI();
    }
```

编译下载,按 K1 键,LED1 灯翻转,按 K2 键,LED2 灯翻转,同时串口有数据输出。

5.7 硬件的综合实验

前面讲了有关 I/O 部分的使用、异步串口的使用、定时器的应用、外部中断的引入以及 EEPROM 的读/写。这些都是一个个独立的功能模块,都起着各自不同的作用。为了以后程序读/写维护的方便,经常把这些各自相对独立的功能模块保存在一个独立的文件中。

下面有一个实例,把这些功能模块都使用起来,并把相关的部分保存在独立的文件中,需要这个功能模块,就把相应的文件加入进来即可。

实例的要求是,T0 定时器每 10 ms 中断一次,每 250 ms 跳变一次 LED1 灯。T1 定时器每 50 ms 中断一次,每 500 ms 跳变一次 LED5 灯。T2 定时器每 8 ms 中断一次,每 1 000 ms 跳变一次 LED2 灯。按键每次按下,处理一次,按 K1 键,往 EEPROM 中写入一个数,随后写入地址和数加一,同时通过串口传出 0xF1。按 K2 键,从 EEPROM 中读数,并通过串口传出来,读地址加一,同时通过串口传出 0xF2。按 K3 键,通过串口传出 0xF3,同时翻转 PB0。在 INT1 中断中,翻转 LED3 灯,同时通过串口输出 0xA8。按 K4 键,通过串口传出 0xF4,LED4 灯跳变。键盘延时通过 T1 来实现。外部中断 INT1 为下降沿中断。

从这个要求中可以看出,每个操作中都与灯和串口有关,通过键盘来实现。由此可知,读者在面对一个全新的具体要求时,是如何从头开始设计过程的。

在整个调试过程中,不可能一次把程序全写完再来调试,而应该是一步一步向前走,每次解决一个问题。这样使得我们每次面对的问题局限在某一块或某一个点上,从而使我们能很快很好地解决这个问题。

那么应该如何来划分这些问题呢?从功能要求来看,第一步,要使 LED 灯和串口能很好地工作;第二步,逐个地加入定时器;第三步,实现键盘功能;第四步,逐个实现各个按键的功能。下面具体介绍这四步。

第一步：使用 LED 和串口

由于在 5.2 节中的实例与第一步的要求相似，直接把 5_2_1 工程中的文件做些更改即可。把工程文件 5_2_1 复制到 5_7_1 文件夹中，编译下载验证。

增加设置 PB0、PB1 为输出，在 port.h 中增加对 LED5 的宏，同时新建一个文件，把异步串口有关的初始化、中断接收及发送全部移植到这个文件中，命名为 uart.c，新建相应的头文件 uart.h，并把它们加入到工程中。记住在 uart.c 文件中加入 ♯include ＜iom8v.h＞和 ♯include ＜macros.h＞这两个头文件。在主函数中包含这个头文件即可。

编译通过后，下载到实验板并测试，看串口是否能工作正常。按键后灯是否点亮。如果实现，那么第一步就完成了。第二步是在第一步的基础上来完善的。详细的工程文件在 5_7_1 中，不在此列出程序清单了。

第二步：加入定时器

先加 T0 定时器。把工程 5_7_1 复制到 5_7_2 文件夹中，编译下载验证。经过验证后，建立一个新文件，利用应用向导，导入 T0 定时器的初始化和中断函数部分。保存到工程文档所在的目录中，并命名为 timer0.c，同时创建 timer0.h 头文件，也保存在工程文件所在的目录中，并在主程序中包含这个头文件。当然，把它们加入到工程后才有真实的意义。

在主函数的初始化中，加入 T0 初始化函数 timer0_init()，并置位 TIMSK=0x01，将 T0 中断打开。在中断溢出函数中，加入对 LED1 的控制。由于使用到了 LED1 的相关宏，所以要把头文件 port.h 包含进来。删掉主循环中有关按键部分的程序。

编译下载，看 LED1 灯是否闪烁。如果达到目的，则按照这个方法一次加入 T1 和 T2 定时器。一个一个地加，一次一次地编译下载验证。

同时也看到，每前进一步，都把上一步的工程文件保留起来，这样可以在这一步走乱时，重新从最近的一步再开始，而不必从头再来。

第二步的详细程序在工程文件 5_7_2 中。

第三步：实现按键，用 T1 延时

同样，复制 5_7_2 工程到 5_7_3 文件中，编译下载验证。新建立一个文件，把前面介绍过的按键程序复制到此文件中，命名为 key.c，保存并加入到工程中。同时建立其相应的头文件加入到工程中，并包含到需要应用的文件中。

在 T1 中断函数中，加入有关延时的部分。编译下载验证。

第四步：实现各个按键功能

复制 5_7_3 工程到 5_7_4 文件中，编译下载验证。先完成 K1 和 K2 按键的功能。新建一个文件，把 EEPROM 的读/写函数复制到其中，命名为 eeprom.c，加入并保存到工程中，同时创建其相应的头文件，加入到工程中，并记住在调用 EEPROM 读/写的地方加入其头文件即可。编译下载，验证通过后来完成 K3、K4 键的功能。使能 INT1 中断，初始化为下降沿触发。加入 INT1 中断函数，编译下载验证。

这个程序是后面无线部分程序的基础。

到此便完成了这个实例的整个过程。在此，作者没有把程序的详细内容列举出来，其目的是希望读者在看这一节的过程中，先想一想面对这个实例自己应该如何去做，亲自动手编写代码，亲自测试代码，只有这样，才能掌握这些内容，能力才能提高。

这一节的内容前面都讲过，现在只是把它们包装在一起。所有的程序在工程文件中都有，希望读者不要只是把工程中的文件往实验板中下载验证通过，而是要自己去体会。

另外，本节中简单地实现了编程的模块化，可以看到主程序非常简洁明了，希望读者也是如此，不要在主程序文件中实现太多的功能，而应该让主程序去调用一个一个的功能模块。相对于主程序来说，这是一个个的黑盒子，主程序并不关心是如何实现的，只是需要给予必要的参数后，得到调用这些模块的结果。

第 6 章 无线芯片 CYWM6935 介绍

Cypress 公司的无线解决方案，是专门针对短距离多点到单点无线连接而设计的。为了给用户提供一种低成本的射频系统解决方案，Cypress 公司推出了低成本的芯片级远距离 2.4 GHz 射频系统——CYWM6935 方案。该方案可以在半径 50 m 甚至更大的范围内，为用户提供在众多有线应用中快速实现无线连接的途径。

本章先介绍 Cypress 公司全新推出的低成本 CYWM6935 系统的特性和基本结构；针对核心芯片 CYWM6935 的特点与内部结构，为用户提供最小系统的设计思想，并详细介绍其数据传输过程。CYWM6935 凭借其出色的远程无线通信能力和低廉的系统成本，将无线系统的应用扩展到建筑与家庭自动化、工业控制、医疗检测、数据采集、自动咪表等众多领域。

6.1 芯片的架构

芯片的功能架构图如图 6-1 所示，整体可以分为收发器和基带两部分。

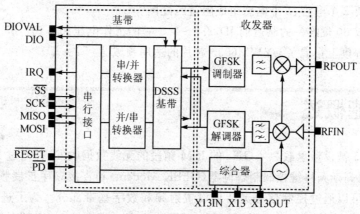

图 6-1 芯片的功能架构图

6.2 芯片主要特点

- 无线收发器工作在 2.4～2.483 GHz 的 ISM 公共频段内。工作于 2.4 GHz 频段的 CYWM6935,使用户能够在世界范围内推广使用其解决方案,而无须受地区性频率要求的约束,从而具备了全球通用性。对比以前使用的 27 MHz、315 MHz、433 MHz、868 MHz 以及 915 MHz 系统,合理的功率规格以及更高的通信频宽,能满足更多应用。
- 高达 0 dBm 的输出电平和低于 1 μA 的待机电流。CYWM6935 内部配备了耗电率自我校正机制,从而将 CYWM6935 射频设备的待机耗电降低到 1 μA 以下,且输出功率为 0 dBm,大大延长了设备电池的续航能力。
- −95 dBm 的接收灵敏度与超过 50 m 范围的全方位传输距离。接收灵敏度的提高和传输距离的延伸,确保在 50 m 甚至更大范围内、准确快速地获得全方向信号,使 CYWM6935 技术可用在远距离的商业和工业多点对单点应用领域,从而拓展了该无线系统的应用市场。
- CYWM6935 可实现 62.5 kbps 速率的 RF 传输,减少了延时;数据传输速率达 2 MHz 的 SPI 接口可轻松地实现基带与 MCU 的通信。
- 可配置的双向直接顺序扩展频谱(DSSS)基带相关器。借助 DSSS 技术,CYWM6935 可以避免来自如 2.4 GHz 频段中 802.11b、蓝牙(Bluetooth)、ZigBee 等其他系统的信号干扰,以及来自无绳电话和微波炉的无线干扰。
- 高集成、低成本的 48QFN 封装,只需外接晶体和 4 个电容、2 个电感组成的阻抗匹配外接元件,就可完成设计要求,完全可以达到用户的单片设计要求。如果使用双天线,则只需要 2 个电容、1 个电感组成阻抗匹配网。
- 片内集成 30 位唯一的制造商 ID,2.7～3.3 V 的工作电压和−40～85 ℃ 的工作环境,在很大程度上拓展了 CYWM6935 芯片的适用领域。

6.3 功能概述

CYWM6935 被设计承载 2.4 GHz 的 ISM 频段的无线数据收发,并通过 SPI 接口与微控制器相接。采用高斯频移键控调制解调器(GFSK Modem)和直接顺序扩展频谱(DSSS)数字基带模块,用户可以通过控制信号灵活地设置射频和数字基带部分。为了进一步优化性能,CYWM6935 将 49 个扩频编码调制到 78 个 1 MHz 宽度的频率域上,从而在理论上可以为用户提供 3 822 个独立的信道,让每个主系统能够连接多组外围设备,且通信距离可达到 50 m 或更远。

1. 2.4 GHz 无线收发机

接收和发送有一个单次转换低中频构建全频段中频匹配滤波,达到很高的抗干扰能力。一个完整的功率放大控制器实现在 30 dBm 间功率控制,并分成 7 个能量等级。接收和发送结合压控振荡和电子合成器包含了全部的 2.4 GHz 的 GFSK 无线传输的 ISM 频段。

2. GFSK 模块

发送使用一个 DSP 基带的向量调节器去转换为 1 MHz 信道精确的 GFSK 载波。接收使用完整的 FM 检波器自动对 GFSK 信号数据片段进行解调。

3. 双 DSSS 基带

数据经由一个延展器扩充为 DSSS 片段。DSSS 基带能消除伪噪声并能恰当地整理相互关联的数据字节。DSSS 基带有 3 种运行模式,64 位伪码单通道模式,32 位伪码单通道模式和 32 位伪码双通道模式。

64 位伪码单通道模式提供一个单一的数据流的速率为 15.625 kbps。这种模式能提高系统的抗干扰能力,这是因为一个 15.625 kbps 的数据流利用了一个长的 PN 码,因而有更高的可能性去回复从空中接收到的数据包。同时这种模式也使得系统的数据可以传输得更远。32 位伪码单通道模式提供一个单一的数据流的速率为 31.25 kbps,32 位伪码双通道模式可以提供一个双通道数据流的速率为 62.5 kbps。

4. 应用界面

CYWM6935 通过一个全功能的 SPI 接口与应用 MCU 相连。寄存器配置和数据的传输都通过这个接口进行。当有实时事件发生时,可以触发相应的中断引脚。

5. 时钟和功率管理

一个 13 MHz 的晶体直接与芯片相连,不需要外接电容。CYWM6935 有一个可编程的内部可调节的电容为外部晶振服务。无线回路有片上退耦电容。芯片运行在 2.7~3.6 V 电压之间。CYWM6935 可以通过 $\overline{PD}$ 引脚来关闭无线模块,进入休眠状态。对于无线模块,对晶振有以下具体要求:

- 标称频率为 13 MHz。
- 运行模式为基本模式。
- 共振模式为并联谐振。

- 频率的稳定性为±30 ppm。
- 等效串联电阻为小于或等于100 Ω。
- 负载电容为10 pF。
- 驱动功率为10~100 μW。

6. 接收信号强度指示

RSSI 寄存器返回一个信道能量水平，可用于以下的应用：
- 判断连接的品质。
- 判断当前的噪声水平。
- 在传输前，检查一个干净的通道。

内部 RSSI 电压通过一个 5 位的模/数转换器。一个独立的部分控制着转换的过程。在正常条件下，当一个信道的载波被接收或一个超过噪声水平的信号持续 50 μs 以上时，RSSI 转换开始。转换产生一个 5 位的值，并在前面加上一个转换有效位（RSSI 寄存器的 Bit5）。

模/数转换器在暂停模式下不会启动一个新的转换，除非接收模式被关后又重开。一旦链路连接被确定，通过读 RSSI 寄存器可以判断相关联的通道的连接质量。如果 RSSI 的值低于 10，则指示接收信号的能量比较低；如果高于 28，则说明是一个非常强的信号源。在发送数据前，检查一个干净信道的步骤是：首先，在接收模式读 RSSI 的值，如果有效位为 0，则使载波检查寄存器的 Bit7=1，开始一个 A/D 转换然后延时 50 μs，再读 RSSI 寄存器，随后清除载波检测寄存器 Bit7，然后关闭接收。测量一个信道的噪声水平，最好多次重复这个过程，计算一个平均值。RSSI 的值在 0~10 之间，说明是一个非常干净的信道；RSI 的值大于 10，说明这个信道有可能被使用；RSSI 的值大于 28，说明有一个强信号源在附近。

7. SPI 接口介绍

CYWM6935 与 MCU 通信采用 4 线的 SPI 接口，CYWM6935 作为一个从设备，可与其他从设备一起接到 MCU 的 SPI 接口上。CYWM6935 的 SPI 接口支持单数据和多数据的传输。四线 SPI 接口由 MOSI、MISO、SCK 和从机片选线 $\overline{SS}$ 构成。CYWM6935 为从机接口，其时钟为应用 CPU 提供。在进行通信时，片选线必须被拉低。

应用 CPU 在开始一个多字节数据传输时，第一个字节是命令和地址，随后的字节是数据。$\overline{SS}$ 在其整个过程中都必须保持低电平。单字节和多字节的读/写时序见图 6-2~图 6-5。

SPI 的命令结构如下：
- Bit7=0，使能 SPI 读寄存器；Bit7=1，使能写寄存器。
- Bit6=1，使能 SPI 地址自动增加，当设定后，地址在数据处理后自动加 1，在多字节读/写中有效；Bit6=0，地址不变。
- Bit5~bit0 为 6 个地址位。

第6章 无线芯片 CYWM6935 介绍

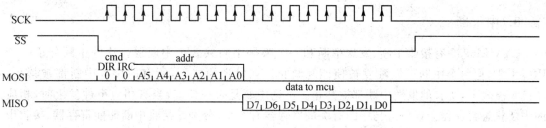

图 6-2　SPI 读单个数据时序

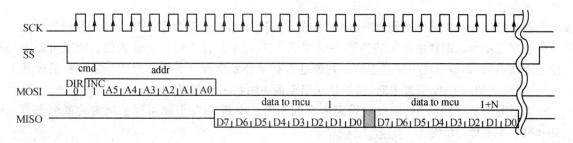

图 6-3　SPI 读多个数据时序

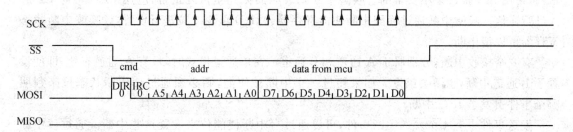

图 6-4　SPI 写单个数据时序

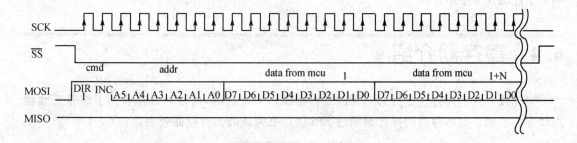

图 6-5　SPI 写多个数据时序

在一个多字节模式中,在命令字节后可以跟随多个数据,结束一个多字节的传输,只要拉高 $\overline{SS}$ 引脚即可。

8. 中断

CYWM6935有接收中断、发送中断和一个唤醒中断共3个中断源。这些中断分享一个IRQ引脚,但每个中断可以独立被使能和禁止。在发送模式下,所有的接收中断都被禁止。在接收模式下,所有的发送中断都被禁止。不论中断是否被使能,当有相应事件发生时,相应的中断状态寄存器会置位。与中断有关的寄存器有6个,分别是接收中断使能寄存器、接收中断状态寄存器、发送中断使能寄存器、发送中断状态寄存器、唤醒中断使能寄存器和唤醒中断状态寄存器。

如果超过一个中断被使能,则在中断来临后,需要读相应的中断状态寄存器来判断是什么事件触发了中断。即使中断未被使能,中断状态位在有中断发生时也会被置位。所以可以不使用中断引脚,而通过读中断状态位来判断是否有事件发生和什么事件发生。在实际的硬件开发中,喜欢使用IRQ引脚中断,而不是使用查询中断状态寄存器。

通过写配置寄存器0x05,可以设定所有的中断。中断IRQ引脚可以被配置为低电平有效和高电平有效。

当$\overline{PD}$引脚被拉低时,晶振停止工作,$\overline{PD}$引脚被置高后,晶振开始工作,在晶振恢复到正常前,使用SPI接口是不安全的。唤醒中断则表明晶振完全恢复正常,应用CPU可与RF芯片进行通信。唤醒中断通过唤醒中断使能寄存器(0x1C)的Bit0位进行设置,读唤醒中断状态寄存器可以清中断。

有8个接收中断,分别属于A通道和B通道。在单通道模式时,只有A通道有效,即使设置了B通道中断,也不会触发。如果超过一个中断被使能,则必须通过读中断状态位来判明哪个事件引发了IRQ中断。

发送事件中有4个发送中断事件,可以通过写中断使能位来设置这些中断。通过读中断状态位来判明发生了哪个事件。如果超过一个中断被使能,则必须通过读中断状态位来判明哪个事件触发了中断。

6.4 寄存器介绍

对无线芯片的操作全是针对芯片的寄存器操作来进行的,所以对寄存器的了解是无线数据收发的基础。对寄存器的操作是通过SPI接口来完成的。寄存器列表如表6-1所列。

表6-1 寄存器列表

寄存器名	标记符号	地 址	默认值	读 写
版本ID	REG_ID	0x00	0x07	只读

第6章 无线芯片 CYWM6935 介绍

续表 6-1

寄存器名	标记符号	地 址	默认值	读 写
控制寄存器	REG_CONTROL	0x03	0x00	读/写
数据速率寄存器	REG_DATA_RATE	0x04	0x00	读/写
中断方式寄存器	REG_CONFIG	0x05	0x01	读/写
串行解串控制寄存器	REG_SERDES_CTL	0x06	0x03	读/写
接收中断使能寄存器	REG_RX_INT_EN	0x07	0x00	读/写
接收中断状态寄存器	REG_RX_INT_STAT	0x08	0x00	只读
通道A数据接收寄存器	REG_RX_DATA_A	0x09	0x00	只读
通道A数据有效寄存器	REG_RX_VALID_A	0x0A	0x00	只读
通道B数据接收寄存器	REG_RX_DATA_B	0x0B	0x00	只读
通道B数据有效寄存器	REG_RX_VALID_B	0x0C	0x00	只读
发送中断使能寄存器	REG_TX_INT_EN	0x0D	0x00	
发送中断状态寄存器	REG_TX_INT_STAT	0x0E	0x00	
数据发送寄存器	REG_TX_DATA	0x0F	0x00	
数据发送有效寄存器	REG_TX_VALID	0x10	0x00	
伪码寄存器	REG_PN_CODE	0x11~0x18		
极低值寄存器	REG_THRESHOLD_L	0x19	0x08	
极高值寄存器	REG_THRESHOLD_H	0x1A	0x38	
唤醒中断使能寄存器	REG_WAKE_EN	0x1C	0x00	
唤醒中断状态寄存器	REG_WAKE_STAT	0x1D	0x01	
模拟控制寄存器	REG_ANALOG_CTL	0x20	0x00	
通道寄存器	REG_CHANNEL	0x21	0x00	
接收信号强度寄存器	REG_RSSI	0x22		
功率选择寄存器	REG_PA	0x23	0x00	读/写
晶体调整寄存器	REG_CRYSTAL_ADJ	0x24	0x00	读/写
压控振荡器校准寄存器	REG_VCO_CAL	0x26	0x00	读/写
功率控制寄存器	REG_PWR_CTL	0x2E	0x00	读/写
载波检测寄存器	REG_CARRIER_DETECT	0x2F	0x00	读/写
时钟人工重载寄存器	REG_CLOCK_MANUAL	0x32	0x00	读/写
时钟人工使能寄存器	REG_CLOCK_ENABLE	0x33	0x00	读/写
合成器锁存寄存器	REG_SYN_LOCK_CNT	0x38	0x64	读/写
芯片 ID	REG_MID	0x3C~0x3F	—	只读

第6章 无线芯片 CYWM6935 介绍

1. 版本 ID

版本寄存器格式如下:

Addr: 0x00				REG_ID			Default: 0x07
7	6	5	4	3	2	1	0
Silicon ID				Product ID			

Silicon ID:这是硅版本 ID 号,0000 为版本 A,0001 为版本 B。这些位为只读。
Product ID:产品版本 ID 号,固定为 0111。这些位为只读。

2. 控制寄存器

控制寄存器格式如下:

Addr: 0x03				REG_CONTROL			Default: 0x00
7	6	5	4	3	2	1	0
RX Enable	TX Enable	PN Code Select	Bypass Internal Syn Lock Signal	Auto Internal PA Disable	Internal PA Enable	Reserved	Reserved

RX Enable:接收使能位,用于设定 RF 芯片进入接收模式。
1=接收使能。
0=接收未被使能。
TX Enbale:发送使能位,用于设定 RF 芯片进入发送模式。
1=发送使能。
0=发送未被使能。
PN Code Select:伪码选择位,用于选择 64 位伪码的上半部分还是下半部分。
1=上半部分伪码被使用。
0=下半部分伪码被使用。
Bypass Internal Syn Lock Signal:此位推荐设定为 1。
Auto Internal PA Disable:自动内部功放失效位,用于决定内部功率放大器的控制方法。有通过基带控制和通过程序写寄存器控制两种方法。
1=寄存器控制内部功放被使能。
0=自动控制内部功放被使能。
当这个位被设定为 1 时,内部功放使能状态位直接控制内部功放。
Internal PA Enable:内部功放使能位,用于使能和关闭内部功放。
1=内部功放被使能。
0=内部功放被禁止。
这个位只有当 Auto Internal PA Disable 位设定为 1 时有效,否则该位将被忽略。

Reserved：保留位，向这些位写 0。

3. 数据速率寄存器

数据速率寄存器格式如下：

Addr: 0x04					REG_DATA_RATE			Default: 0x00	
7	6	5	4	3	2		1		0
Reserved					Code Width		Data Rate		Sample Rate

Reserved：保留位，向这些位写 0。

Code Width：编码宽度位，被用于选择是 32 位 PN 码还是 64 位 PN 码。

1＝32 位 PN 码。

0＝64 位 PN 码。

伪码的长度直接影响通信的距离、通信速率及通信的抗干扰能力。选择 32 位 PN 码，数据速率能成倍地提高，甚至提高 4 倍（如果选择双通道）。选择 64 位 PN 码比 32 位 PN 码的通信距离更长，具有更强的抗干扰能力。

Data Rate：数据速率选择位，允许选择双通道数据传输模式。

1＝选择双通道。

0＝选择单通道。

这个位只在 32 位 PN 码的应用中才有意义。

Sample Rate：采样速率位，允许使用 12 倍采样（当使用 32 位 PN 码的单通道模式时）。

1＝12 倍采样速率。

0＝6 倍采样速率。

使用 12 倍速率采样可以改变相关接收的灵敏度。当使用 64 位 PN 码或 32 位 PN 码双通道时，此位不考虑。只有一种情况可以选择 12 倍速率，这就是 32 位 PN 码的单通道模式。

注意：在数据速率寄存器的 Bit2：0 位，001、010、011、111 的值组合是不正确的。

4. 中断方式寄存器

配置寄存器格式如下：

Addr: 0x05					REG_CONFIG			Default: 0x01	
7	6	5	4	3	2		1		0
Reserved						IRQ Pin Select			

Reserved：保留位，必须写入 0。

IRQ Pin Select：中断请求引脚选择位，决定 IRQ 中断的方式。

11＝高电平中断，无中断时高阻。

第6章 无线芯片 CYWM6935 介绍

10＝低电平中断,无中断时高阻。
01＝高电平中断,无中断时低电平。
00＝低电平中断,无中断时高电平。

5. 串行解串寄存器

串行解串寄存器格式如下：

Addr: 0x06				REG_SERDES_CTL			Default: 0x03	
7	6	5	4	3		2	1	0
Reserved				SERDES Enable		EOF Length		

Reserved：保留位,必须写入 0。
SERDES Enable：串行解串使能位,用于选择 SPI 口还是 DIO 口进行数据通信。
1＝SPI 模式使能。
0＝SPI 禁止,位序列使能。
EOF Length：最大错误接收数,用于当接收到一个有效位后,如果在随后的接收中超过最大错误接收数的错误,就会发生一个 EOF 事件,在相应的状态寄存器中做标记,如果这个中断被使能,则会触发中断。

6. 接收中断使能寄存器

接收中断使能寄存器格式如下：

Addr: 0x07				REG_RX_INT_EN			Default: 0x00	
7	6	5	4	3	2	1	0	
Underflow B	Overflow B	EOF B	Full B	Underflow A	Overflow A	EOF A	Full A	

Underflow B：通道 B 下溢中断使能位,与 B 通道数据接收寄存器的下溢事件相关联。
1＝使能 B 通道下溢中断。
0＝禁止 B 通道下溢中断。
通道 B 的数据寄存器没有数据,如果还去读,则会产生一个下溢事件,标记相应的状态寄存器的值。
Overflow B：通道 B 上溢中断使能位,与通道 B 数据接收寄存器的上溢事件相关联。
1＝使能 B 通道的上溢中断。
0＝使能 B 通道的下溢中断。
一个上溢中断发生在当 B 通道接收数据寄存器中数据没有被读出,这时又有数据被接收要写入接收数据寄存器中时。
EOF B：最大错误接收事件中断使能位,用于 B 通道是否允许此中断。

1＝B 通道允许最大错误接收事件中断。
0＝B 通道禁止最大错误接收事件中断。

Full B：B 通道接收数据中断使能位，用于是否允许此中断。
1＝允许数据接收中断。
0＝禁止数据接收中断。

当有数据写入 B 通道数据接收寄存器(0x0B)时，就会产生一个数据接收事件。

Underflow A：通道 A 下溢中断使能位与 A 通道数据接收寄存器的下溢事件相关联。
1＝使能 A 通道下溢中断。
0＝禁止 A 通道下溢中断。

通道 A 的数据寄存器没有数据，如果还去读，则会产生一个下溢事件，标记相应的状态寄存器的值。

Overflow A：通道 A 上溢中断使能位，与通道 A 数据接收寄存器的上溢事件相关联。
1＝使能 A 通道的上溢中断。
0＝使能 A 通道的下溢中断。

一个上溢中断发生在当 A 通道接收数据寄存器中数据没有被读出，这时又有数据被接收要写入接收数据寄存器中时。

EOF A：最大错误接收事件中断使能位，用于 A 通道是否允许此中断。
1＝A 通道允许最大错误接收事件中断。
0＝A 通道禁止最大错误接收事件中断。

Full A：A 通道接收数据中断使能位，用于是否允许此中断。
1＝允许数据接收中断。
0＝禁止数据接收中断。

当有数据写入 A 通道数据接收寄存器(0x09)时，就会产生一个数据接收事件。

7. 接收状态寄存器

接收状态寄存器格式如下：

Addr: 0x08				REG_RX_INT_STAT				Default: 0x00	
7	6	5	4	3	2	1	0		
Valid B	Flow Violation B	EOF B	Full B	Valid A	Flow Violation A	EOF A	Full A		

Valid B：B 通道有效位，用于确信所有的 B 通道数据接收寄存器中数据的所有位是有效的。
1＝B 通道数据寄存器中所有位是可信的。
0＝B 通道数据寄存器中至少有一位数据不可信。

这个位不产生中断请求。

Flow Violation B：此位用于 B 通道不论是有上溢还是下溢事件发生时，均产生置位动作。

1＝B 通道有上溢或下溢事件发生。

0＝B 通道没有上溢或下溢事件发生。

EOF B：B 通道是否有此事件发生。

1＝B 通道有 EOF 事件发生。

0＝B 通道没有 EOF 事件发生。

读此寄存器会清除此位。

Full B：B 通道是否有数据接收。

1＝B 通道有数据接收。

0＝B 通道没有数据接收。

Valid A：A 通道有效位，用于确信所有的 A 通道数据接收寄存器中数据的所有位是有效的。

1＝A 通道数据寄存器中所有位是可信的。

0＝A 通道数据寄存器中至少有一位数据不可信。

这个位不产生中断请求。

Flow Violation A：此位用于 A 通道不论是有上溢还是下溢事件发生时，均产生置位动作。

1＝A 通道有上溢或下溢事件发生。

0＝A 通道没有上溢或下溢事件发生。

EOF A：A 通道是否有此事件发生。

1＝A 通道有 EOF 事件发生。

0＝A 通道没有 EOF 事件发生。

读此寄存器会清除此位。

Full A：A 通道是否有数据接收。

1＝A 通道有数据接收。

0＝A 通道没有数据接收。

8．A 通道数据接收寄存器

A 通道数据接收寄存器格式如下：

Addr: 0x09				REG_RX_DATA_A			Default: 0x00
7	6	5	4	3	2	1	0
Data							

Data：接收到的 A 通道数据,先接收到的是低位,后接收到的是高位。

9. A 通道数据有效寄存器

A 通道数据有效寄存器格式如下:

Addr: 0x0A				REG_RX_VALID_A				Default: 0x00	
7	6	5	4	3	2	1	0		
Valid									

Valid：接收到 A 通道数据各个位是否有效的指示。如果 Bit7＝1,则说明相应的 A 通道接收数据寄存器中的 Bit7 数据是有效的,确认是正确的位。如果 Bit7＝0,则说明相应的 A 通道接收数据寄存器中的 Bit7 数据是不可信的,可能正确,也可能不正确。

这个寄存器的作用相当重要,在以后的数据分析中,可以充分地利用硬件提供的这个功能,对数据进行纠错。

10. B 通道数据接收寄存器

B 通道数据接收寄存器格式如下:

Addr: 0x0B				REG_RX_DATA_B				Default: 0x00	
7	6	5	4	3	2	1	0		
Data									

Data：接收到的 B 通道数据,先接收到的是低位,后接收到的是高位。

11. B 通道数据有效寄存器

B 通道数据有效寄存器格式如下:

Addr: 0x0C				REG_RX_VALID_B				Default: 0x00	
7	6	5	4	3	2	1	0		
Valid									

Valid：接收到 B 通道数据各个位是否有效的指示。如果 Bit7＝1,则说明相应的 B 通道接收数据寄存器中的 Bit7 数据是有效的,确认是正确的位。如果 Bit7＝0,则说明相应的 B 通道接收数据寄存器中的 Bit7 数据是不可信的,可能正确,也可能不正确。

这个寄存器的作用相当重要,在以后的数据分析中,可以充分地利用硬件提供的这个功能,对数据进行纠错。

12. 数据发送中断使能寄存器

数据发送中断使能寄存器格式如下:

第6章 无线芯片 CYWM6935 介绍

Addr: 0x0D				REG_TX_INT_EN			Default: 0x00
7	6	5	4	3	2	1	0
Reserved				Underflow	Overflow	Done	Empty

Reserved：保留位，必须写入 0。

Underflow：是否允许下溢中断的发生。

1＝下溢中断使能。

0＝下溢中断禁止。

当发送数据寄存器中没有数据而执行一次发送操作时，就会产生一次下溢事件。

Overflow：是否允许上溢中断的发生。

1＝上溢中断使能。

0＝上溢中断禁止。

当发送数据寄存器中的数据没有移出发送，又有新的数据要写入时，则产生一个上溢事件。

Done：是否允许发送完中断发生。

1＝发送完中断允许。

0＝发送完中断禁止。

当 0x0F 寄存器中的所有数据都被发送完，没有数据可供发送时，会产生一个发送完事件。

Empty：是否允许寄存器空中断。

1＝寄存器空中断允许。

0＝寄存器空中断禁止。

当 0x0F 寄存器中的数据转向发送缓冲器，可以安全地向 0x0F 写数据时，寄存器空事件就会发生。

13. 发送状态寄存器

发送状态寄存器格式如下：

Addr: 0x0E				REG_TX_INT_STAT			Default: 0x00
7	6	5	4	3	2	1	0
Reserved				Underflow	Overflow	Done	Empty

Reserved：保留位，必须写入 0。

Underflow：下溢状态位，用于是否有下溢事件发生。

1＝有下溢事件发生。

0＝没有下溢事件发生。

读此寄存器可以清此状态标志位。

Overflow：上溢状态位，用于是否有上溢事件发生。

1=有上溢事件发生。

0=没有上溢事件发生。

Done：发送完状态位，用于是否有发送完事件发生。

1=有发送完事件发生。

0=没有发送完事件发生。

这个事件发生在最后一个数据的最后一位被发送完后，没有其他数据要发送时读此寄存器，可以清此位。

Empty：寄存器空状态位，用于是否有发送寄存器空事件发生。

1=有发送寄存器空事件发生。

0=没有发送寄存器空事件发生。

当此寄存器置位时，可以安全地向 0x0F 寄存器写入要发送的数据。

14. 发送数据寄存器

发送数据寄存器格式如下：

Addr: 0x0F				REG_TX_DATA					Default: 0x00
7	6	5	4	3	2	1	0		
Data									

Data：在发送状态，把要发送的数据写入此寄存器后，数据会自动发送出去。

15. 有效发送寄存器

有效发送寄存器格式如下：

Addr: 0x10				REG_TX_VALID				Default: 0x00
7	6	5	4	3	2	1	0	
Valid								

Valid：用来决定哪些位是要发送的有效位。

1=要发送的有效位。

0=要发送的无效位。

一般把这个寄存器设置为 0xFF，如果把某一位设为 0，那么在接收端会是什么结果呢？作者没有试过，如果在接收端是一个随机的结果，是否可以用于数据加密呢？读者可以自己试一试。

第6章 无线芯片CYWM6935介绍

16. PN码寄存器

PN码寄存器格式如下：

Addr: 0x18-11								REG_PN_CODE							Default: 0x1E8B6A3DE0E9B222								
63	62	61	60	59	58	57	56	55	54	53	52	51	50	49	48	47	46	45	44	43	42	41	40	39	38	37	36	35	34	33	32
Addr: 0x18								Addr: 0x17								Addr: 0x16								Addr: 0x15							

31	30	29	28	27	26	25	24	23	22	21	20	19	18	17	16	15	14	13	12	11	10	9	8	7	6	5	4	3	2	1	0
Addr: 0x14								Addr: 0x13								Addr: 0x12								Addr: 0x11							

在这8字节的寄存器中，存放着64位PN码，用于DSSS扩频。

17. 门限低值寄存器

门限低值寄存器格式如下：

Addr: 0x19				REG_THRESHOLD_L			Default: 0x08
7	6	5	4	3	2	1	0
Reserved	Threshold Low						

Reserved：保留位，必须写入0。

Thershold Low：门限低值决定最大的错误数值。在接收到一个扩展码后，与本机的PN码进行对比，如果有超过门限低值数的错误，则此位为不确定位。例如，如果设定此寄存器的值为0x08，则说明与PN码匹配过程中超过8个错误，认为这个位就不是一个有效的接收位，其接收的有效位会置0。如果小于8个，则被认为是可靠接收，其有效位被设为1。

此位的设置会影响数据接收的灵敏性、抗干扰能力、数据接收的可靠性和无线通信的距离。如果此位被设置太小，则可以增加数据的可靠性，降低接收链路的抗干扰能力。相反，如果此位被设置较大，则数据的可靠性降低，但数据链路的抗干扰能力增强，而且通信距离会增加。因此，此寄存器的设置对于通信的影响非常大。

18. 门限高值寄存器

门限高值寄存器格式如下：

Addr: 0x1A				REG_THRESHOLD_H			Default: 0x38
7	6	5	4	3	2	1	0
Reserved	Threshold High						

Reserved：保留位，必须写入0。

Threshold High：门限高值决定了最少接收正确值。在接收到一个扩展码后，与本机的 PN 码进行对比，如果没有超过门限高值数的正确位，则此位为不确定位。例如，如果设定此寄存器的值为 0x38，则说明与 PN 码匹配过程中超过 56 个正确位，认为这个位就是一个有效的接收位，其接收的有效位会置 1。如果小于 56 个，则被认为是不可靠接收，其有效位被设为 0。

此位的设置会影响数据接收的灵敏性、抗干扰能力、数据接收的可靠性和无线通信的距离。如果此位被设置太大，则可以增加数据的可靠性，降低接收链路的抗干扰能力。相反，如果此位被设置较小，则数据的可靠性降低，但数据链路的抗干扰能力增强，而且通信距离会增加。因此，此寄存器的设置对于通信的影响非常大。

这与门限低值相反，一般设定方法是门限高值＋门限低值＝64。

19．唤醒中断使能寄存器

唤醒中断使能寄存器格式如下：

Addr: 0x1C			REG_WAKE_EN			Default: 0x00	
7	6	5	4	3	2	1	0
Reserved							Wakeup Enable

Reserved：保留位，必须写入 0。
Wakeup Enable：唤醒中断使能位。
1＝使能唤醒中断。
0＝禁止唤醒中断。
一个唤醒中断发生在当 $\overline{PD}$ 引脚拉高后，无线芯片的 SPI 接口已经准备好。

20．唤醒状态寄存器

唤醒状态寄存器格式如下：

Addr: 0x1D			REG_WAKE_STAT			Default: 0x01	
7	6	5	4	3	2	1	0
Reserved							Wakeup Status

Reserved：保留位，只读。
Wakeup Status：唤醒状态位。
1＝没有唤醒事件发生。
0＝有唤醒事件发生。
读此寄存器可以清此中断。

21. 模拟控制寄存器

模拟控制寄存器格式如下：

Addr: 0x20			REG_ANALOG_CTL			Default: 0x00	
7	6	5	4	3	2	1	0
Reserved	Reg Write Control	MID Read Enable	Reserved	Reserved	PA Output Enable	PA Invert	Reset

Reserved：保留位，必须写入 0。

Reg Write Control：寄存器 0x2E 和 0x2F 使能位。

1＝允许写 0x2E、0x2F 寄存器。

0＝只能读 0x2E、0x2F 寄存器。

MID Read Enable：MID 读允许位。

1＝允许读 MID 数据。

0＝禁止读 MID 数据。

PA Output Enable：功率放大使能位，用于控制 PACTL 引脚控制外部放大器。

1＝能通过 PACTL 引脚控制外部 PA。

0＝不能通过 PACTL 引脚控制外部 PA。

PA Invert：指定 PACTL 的极性。

1＝PACTL 低有效。

0＝PACTL 高有效。

Reset：复位位，用于让所有的寄存器的值恢复到默认值。

1＝设备复位。

0＝没有设备复位。

22. 通道寄存器

通道寄存器格式如下：

Addr: 0x21			REG_CHANNEL			Default: 0x00	
7	6	5	4	3	2	1	0
Reserved	Channel						

Reserved：保留位，必须写 0。

Channel：通道寄存器位，用于决定合成器的频率。当值为 2 时，合成的频率为 2.402 GHz。在一般的应用中，一般把通道限定在 2~79 通道间，以符合 FCC 的规定。FCC 规定 0、1 通道以及大于 79 的通道号要避免使用。这些通道可能被管制。应用 MCU 在发送数据前，要将这个寄存器赋予一个正确的值。

23. 接收信号强度指示寄存器

接收信号强度指示寄存器格式如下：

Addr: 0x22							Default: 0x00
REG_RSSI							
7	6	5	4	3	2	1	0
Reserved	Valid	RSSI					

Reserved：保留位，必须写 0。

Valid：此位指示 RSSI 的值是否有效。此位只读。

1＝RSSI 的值有效。

0＝RSSI 的值无效。

RSSI：此值指示出接收信号的强度。高的值说明有一个强的信号。

24. 功率选择寄存器

功率选择寄存器格式如下：

Addr: 0x23							Default: 0x00
REG_PA							
7	6	5	4	3	2	1	0
Reserved					PA Bias		

Reserved：保留位，必须写 0。

PA Bias：功率大小选择位，其值越大，所选择的发送功率越高。最小值和最大值相差 29 dB。具体数据见表 6-2。

表 6-2　PA 设定及其典型输出功率

PA 设定	典型输出功率/dBm	PA 设定	典型输出功率/dBm
7	0	3	−16.4
6	−2.4	2	−20.8
5	−5.6	1	−24.8
4	−9.7	0	−29

25. 晶体调整寄存器

晶体调整寄存器格式如下：

Addr: 0x24							Default: 0x00
REG_CRYSTAL_ADJ							
7	6	5	4	3	2	1	0
Reserved	Clock Output Disable	Crystal Adjust					

Reserved:保留位,必须写 0。

Clock Output Disable:13 MHz 时钟输出允许位。

1=13 MHz 时钟不输出。

0=13 MHz 时钟输出。

如果在 X13OUT 引脚上输出时钟,则在 $5+13n$ 通道上减少 4 dB 的接收灵敏度。默认情况下 13 MHz 的输出是使能的。这个引脚被用于调整 13 MHz 时钟。推荐 13 MHz 时钟不输出。

Crystal Adjust:晶体调整值用于校准片上与晶体并联的电容,每增加一个调整值,典型增加 0.135 pF,总的变化在 8.5 pF 内,从 8.65 pF 开始,这个值不包括 PCB 板上的寄生电容,它们能额外增加 1~2 pF。

26. 压控振荡器校准寄存器

压控振荡器校准寄存器格式如下:

Addr: 0x26			REG_VCO_CAL			Default: 0x00	
7	6	5	4	3	2	1	0
VCO Slope Enable		Reserved					

VCO Slope Enable:压控斜率调整使能位,允许指定数量的调整。

11=-5/+5 VCO 调整。应用 MCU 必须设定此值。

10=-2/+3 VCO 调整。

01=保留。

00=没有调整。

读这些数所得结果没有意义。

Reserved:保留位,必须写 0。

27. 功率控制寄存器

功率控制寄存器格式如下:

Addr: 0x2E			REG_PWR_CTL			Default: 0x00	
7	6	5	4	3	2	1	0
Reg Power Control	Reserved						

Reg Power Control:当设定不使用时,没有使用电路,降低能量消耗;在使用前必须设定 0x20 的 Bit6=1。应用程序必须在初始化中设定这个值。

Reserved:保留位,必须写 0。

28. 载波检测寄存器

载波检测寄存器格式如下：

Addr: 0x2F				REG_CARRIER_DETECT				Default: 0x00	
7	6	5	4	3	2	1	0		
Carrier Detect Override	Reserved								

Carrier Detect Override：当设定时，将重新载波检测。在使用这个位前必须设定 0x20 的 Bit6＝1，才能写此位。

Reserved：保留位，必须写 0。

29. 时钟人工重载寄存器

时钟人工重载寄存器格式如下：

Addr: 0x32				REG_CLOCK_MANUAL				Default: 0x00	
7	6	5	4	3	2	1	0		
Manual Clock Overrides									

此寄存器在复位后必须写入 0x41。

30. 时钟人工使能寄存器

时钟人工使能寄存器格式如下：

Addr: 0x33				REG_CLOCK_ENABLE				Default: 0x00	
7	6	5	4	3	2	1	0		
Manual Clock Enables									

此寄存器在复位后必须写入 0x41。

31. 合成器锁存寄存器

合成器锁存寄存器格式如下：

Addr: 0x38				REG_SYN_LOCK_CNT				Default: 0x64	
7	6	5	4	3	2	1	0		
Count									

Count：决定合成器锁存的延时数，以 2 μs 为一个递增单位。当自动合成器被使能时，该位设置有效。

32. 芯片 ID 寄存器

芯片 ID 寄存器格式如下：

Addr: 0x3C-3F																															
								REG_MID																							
31	30	29	28	27	26	25	24	23	22	21	20	19	18	17	16	15	14	13	12	11	10	9	8	7	6	5	4	3	2	1	0
Addr: 0x3F								Addr: 0x3E								Addr: 0x3D								Addr: 0x3C							

31：30 Addr[31：30]：这些位读出来始终是零。

29：0 Addr[29：0]：这些位是芯片的唯一 ID 号。这些内容在读之前必须设定 0x20 寄存器中的 Bit5＝1，才能读芯片 ID 号。这些寄存器只能读。

6.5 无线参考设计

图 6-6 所示是无线的参考设计。ATMega8 与 CYWM6935 通过 SPI 接口通信，CYWM6935 外围电路特别简单，除了 5 个天线匹配元件和 1 个晶体外，再无其他元件。整个电路简洁，但由于优异的芯片功能，使得其无线功能表现得特别强。

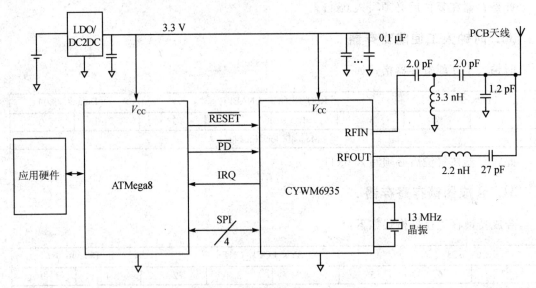

图 6-6 无线参考设计

6.6 芯片引脚图

芯片引脚图如图 6-7 所示。

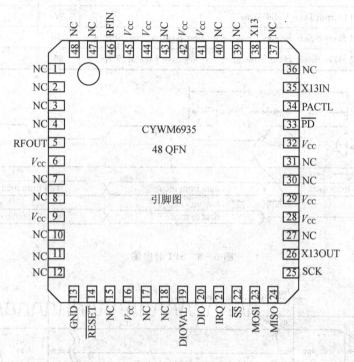

图 6-7 芯片引脚图

6.7 常见的时序图表

常见的时序图表分别见图 6-8~图 6-10、表 6-3 和表 6-4。

表 6-3 SPI 时序表

参 数	描 述	最小值	典型值	最大值	单 位
t_{SCK_CYC}	SPI Clock Period	476			ns
$t_{SCK\_HI(BURST\ READ)}$	SPI Clock High Time	158			ns
t_{SCK_HI}	SPI Clock High Time	158			ns

续表 6-3

参　数	描　述	最小值	典型值	最大值	单　位
t_{SCK_LO}	SPI Clock Low Time	158			ns
t_{DAT_SU}	SPI Input Data Set-up Time	10			ns
t_{DAT_HLD}	SPI Input Data Hold Time	97			ns
t_{DAT_VAL}	SPI Output Data Valid Time	77		174	ns
t_{SS_SU}	SPI Slave Select Set-up Time before first positive edge of SCK	250			ns
t_{SS_HLD}	SPI Slave Select Hold Time after last negative edge of SCK	80			ns

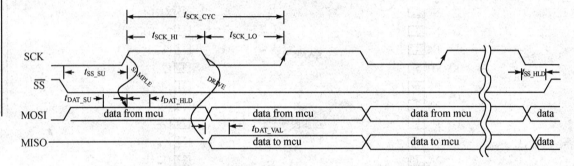

图 6-8　SPI 时序图

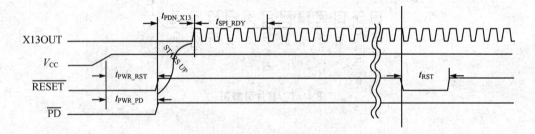

图 6-9　上电复位时序和复位时间

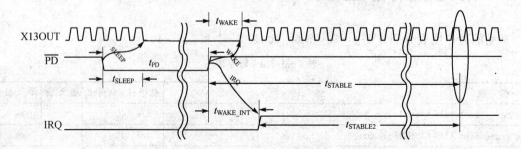

图 6-10　睡眠和唤醒时序

第6章 无线芯片 CYWM6935 介绍

表 6-4 上电复位时序和睡眠唤醒时序表

参数	描述	条件	最小值	典型值	最大值	单位
t_{PDN_X13}	Time from $\overline{PD}$ deassert to X13OUT			2 000		μs
t_{SPI_RDY}	Time from oscillator stable to start of SPI transactions		1			μs
t_{PWR_RST}	Power On to $\overline{RESET}$ deasserted	V_{CC}@2.7 V	1 300			μs
t_{RST}	Minimum $\overline{RESET}$ asserted pulse width		1			μs
t_{PWR_PD}	Power On to $\overline{PD}$ deasserted		1 300			μs
t_{WAKE}	$\overline{PD}$ deassert to clocks running			2 000		μs
t_{PD}	Minimum $\overline{PD}$ asserted pulse width		10			μs
t_{SLEEP}	$\overline{PD}$ assert to low power mode			50		μs
t_{WAKE_INT}	$\overline{PD}$ deassert to IRQ asser(wake interrupt)			2 000		μs
t_{STABLE}	$\overline{PD}$ deassert to clock stable	to within±10 ppm		2 100		μs
$t_{STABLE2}$	IRQ assert(wake interrupt)to clock stable	to within±10 ppm		2 000		μs

第 7 章

迈向无线的第一步——简单数据收发

经过前面几章的学习,已经完成了学习无线通信所需要的技术准备工作,马上就可以开始我们的无线之旅,进入神奇的无线世界了。

7.1 无线芯片的初始化

我们是如何来实现无线通信的呢?简单地说,是通过 MCU 控制无线芯片的寄存器来实现无线数据的发送和接收的。从这个意义上来说,无线芯片的寄存器是无线通信的基础。

7.1.1 无线芯片的 SPI 接口及复位

MCU 与无线芯片是通过 SPI 接口来进行通信的,若要控制无线芯片的寄存器,则必须按照无线芯片的 SPI 接口时序来操作。在 CYWM6935 与 MCU 进行 SPI 通信时,MCU 作为 SPI 接口的主设备,CYWM6935 作为 SPI 接口的从设备。CYWM6935 的读/写时序图见图 7-1 和图 7-2。

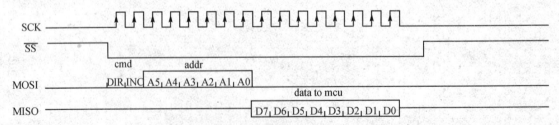

图 7-1 SPI 读单个数据时序图

第7章 迈向无线的第一步——简单数据收发

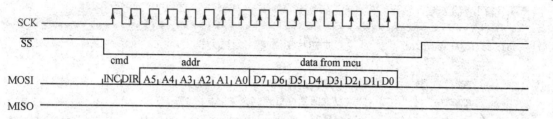

图 7-2 SPI 写单个数据时序图

从上面的时序图可知,SCK 平时为低电平,上升沿采样,下降沿改变数据,数据高位在前,这样就可以初始化 MCU 的 SPI 口。程序如下:

```
void spi_init(void)
{
    SPCR = 0x50;        //SPI 主机模式,上升沿采样,SCK 平时为低电平
                        //数据高位在前,使能 SPI
    SPSR = 0x00;
}
```

与单片机一样,CYWM6935 芯片只有经过正确的复位后,才能正常地工作,即寄存器能被正常地读和写,无线部分能正常地发送和接收数据。图 7-3 是无线芯片复位的时序图。

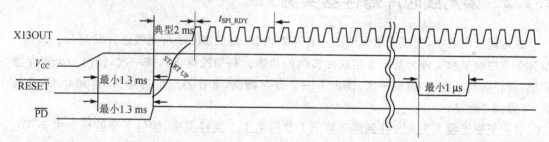

图 7-3 无线芯片复位时序图

从时序图中可知,上电后,复位引脚和 $\overline{PD}$ 引脚为低电平,在电源稳定 1.3 ms 后,拉高复位引脚和 $\overline{PD}$ 引脚,在复位引脚拉高 2 ms 后,无线芯片时钟才正常工作。单片机控制无线模块复位时,一定要按照这个时序来操作。下面是模块复位具体程序。

```
/****************************************************
* * 函数名称: radio_init(void)
* *
* * 描    述: CYWM6935 芯片复位。拉低 PD 和 RESET 引脚,延时大于 1.3 ms;置高
* *           PD 和 RESET 引脚,延时大于 2 ms
* * 输入参数: 无
```

第7章 迈向无线的第一步——简单数据收发

```
* * 输出参数：无
*********************************************************************/
void radio_init(void)              //RF 芯片复位
    {
        PDL;                        //拉低 PD 引脚
        RESETL;                     //拉低复位引脚
        delay();                    //延时
        delay();

        PDH;                        //置高 PD 引脚
        RESETH;                     //置高复位引脚
        delay();
        delay();
        delay();                    //延时
    }
```

MCU 与无线芯片是通过 SPI 来接口的。第一步要验证 MCU 与无线芯片间 SPI 通信是否正确和可靠。如何来验证呢？通过读 CYWM6935 芯片中寄存器的默认值，并用串口传出来，核对与芯片手册上提供的默认值是否一样。

7.1.2 读无线芯片寄存器实例

在这部分内容中，实现读取无线芯片寄存器内容，测试 MCU 与无线芯片间通信。以第5章 5.7 节中的工程文件为基础来实现此实例的功能。利用按键 K1，按一次，读出一个寄存器的值，寄存器地址增加；再按一次，读出下一个寄存器值，寄存器地址再增加；直到 0x2F 地址后，又回到 0 地址。

首先复制工程 5_7_4 文件到第 7 章 7.1 节的 7_1_1 文件夹中，编译下载验证。由于 T0、T1 和 T2 经过验证，定时器工作正常，把 T0 和 T2 中的指示灯注销掉，以便给随后程序测试用。由于增加了无线模块，在 port.h 头文件中加入有关控制无线模块的宏。具体如下：

```
#define PDH        PORTC |= 0x20
#define PDL        PORTC &= ~0x20
#define SSL        PORTB &= ~0x04
#define SSH        PORTB |= 0x04
#define RESETH     PORTD |= 0x10
#define RESETL     PORTD &= ~0x10
```

使用这些宏后，使得程序的可读性大大增强。出现 PDH，立即知道在这里是要把无线模块的 PD 引脚口线置高，PDL 则是把这个口线拉低。出现 SSL，立即知道是要片选无线模块；

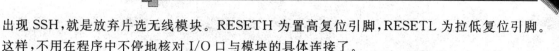

出现 SSH,就是放弃片选无线模块。RESETH 为置高复位引脚,RESETL 为拉低复位引脚。这样,不用在程序中不停地核对 I/O 口与模块的具体连接了。

由于增加了无线控制的 I/O 口线,I/O 口初始化中,增加 PC5、PB2、PC4 和 PB3 为输出,则 I/O 口初始化部分程序如下:

```
/***************************************************************
* * 函数名称：port_init(void)
* *
* * 描    述：I/O 口初始化
* *
* * 输入参数：无
* * 输出参数：无
***************************************************************/
void port_init(void)
  {
    PORTB = 0x00;
    DDRB  = 0x2F;              // 设定 PB5、PB3、PB2、PB1、PB0 为输出
    PORTC = 0x00;
    DDRC  = 0x30;              // PC4、PC5 为输出
    PORTD = 0x00;
    DDRD  = 0xF0;              // PD4、PD5、PD6、PD7 为输出
  }
```

根据 CYWM6935 的读/写时序,读/写 CYWM6935 寄存器的功能函数如下:

```
/***************************************************************
* * 函数名称：spiw(unsigned char  dre ,unsigned dhar data)
* *
* * 描    述：写数据 SPI 函数
* *
* * 输入参数：写入地址 dre,写入数据   data
* * 输出参数：无
***************************************************************/
void spiw(unsigned char dre,unsigned char data)
    {
        SSL;                        //拉低 SS,选中无线芯片
        SPDR = (dre + 0x80);        //发送写命令
        while(!(SPSR & 0x80));      //等待 SPI 发送完毕
        SPDR = data;                //发送数据
        while(!(SPSR & 0x80));      //等待 SPI 发送完毕
```

第7章 迈向无线的第一步——简单数据收发

```
            SSH;                              //置高 SS
        }
/***************************************************************
**函数名称：unsigned char spir(unsigned char Rdree)
**
**描    述：读数据 SPI 函数
**
**输入参数：读数据地址 Rdree
**输出参数：读到的该地址下的数据
***************************************************************/
unsigned char spir(unsigned char Rdree)
    {
        SSL;                              //拉低 SS,选中无线芯片
        SPDR = Rdree;                     //要读寄存器的地址
        while(!(SPSR & 0x80));            //等待 SPI 发送完毕
        SPDR = 0xFF;                      //启动 SPI 时钟,读数据
        while(!(SPSR & 0x80));
        SSH;                              //置高 SS
        return SPDR;                      //返回要读的数据
    }
```

在工程中新建一个文件,把有关 SPI 初始化、模块复位,通过 SPI 读/写数据函数放到这个文件中,命名为 spi.c,保存并加入到工程中,同时创建 spi.h 头文件,加入到工程中。在初始化部分调用 SPI 初始化和复位模块。

在按键 K1 中,要实现读寄存器内容,调用读寄存器函数,读取寄存器数据,并通过串口传出来。按键 K1 的程序如下：

```
/***************************************************************
**函数名称：key1(void)
**
**描    述：按键1处理函数。把 0xF1 放入串口发送数据队列中,
**          把寄存器地址和此地址下读出的数通过串口传出来
**输入参数：无
**输出参数：无
**
***************************************************************/
void key1(void)
    {
        uart_trx[uart_rx] = 0xF1;         //把 0xF1 通过串口传出来
        uart_rx ++;
```

```
            uart_rx &= 0x3F;
            uart_trx[uart_rx] = rt_dress;     //把寄存器地址通过串口传出来
            uart_rx ++ ;
            uart_rx &= 0x3F;
            uart_trx[uart_rx] = spir(rt_dress);   //把读出的寄存器数据写入串口队列中
            uart_rx ++ ;
            uart_rx &= 0x3F;
            rt_dress ++ ;
            if(rt_dress > 0x2F)               //当读到0x2F地址后,回到0地址
            {
                rt_dress = 0;
            }
        }
```

编译下载,按 K1 键,看串口调试软件是否有相应的数据传出来,同时对照数据手册,看各个寄存器地址下的寄存器值与读到的值是否一致,如果一致,则说明 MCU 与无线芯片通信正常。

在论坛上经常看到类似这样的问题,"我的无线没有数据传出,谁能给我一段初始化的代码"。其实,对于初始化,只要仔细看过芯片手册,一般配置都没有问题,即使有些配置不是十分清楚,也可以通过具体的实际测试来了解。那么问题出在哪里呢?在作者看来,它没有一步一步地来测试每一个功能部分的正确性。在这里面,包含有许多未知因素。在发送端,第一,MCU 与无线芯片是否通信正常;第二,各个寄存器的值是否写入正常,有没有读出验证一下;第三,数据发送程序是否正确调用;第四,数据是否正常发送出去。对于接收端,也同样存在许多问题,当把这些问题逐个验证后,自然就能按照自己的要求接收到无线数据。

7.1.3 芯片初始化

无线芯片如何实现其通信功能,均由芯片的寄存器所决定。对于由 CYWM6935 组成的一个无线系统,需要配置的内容有:
- 无线通信所使用的频道(0x21);
- 中断触发方式(0x05);
- 是否使用中断及哪些中断(0x07,0x0D,0x1C);
- 发送有效位数(0x10);
- 设置发送功率能级(0x23);
- 数据速率及 PN 码选择(0x03,0x04);
- PN 码设置(0x11~0x18);

- 时钟是否输出(0x24);
- 发送还是接收状态(0x03)。

其他一些寄存器的值,采用芯片的默认值。

初始化的结果是:中断采用下降沿有效;SERDES 有效;使能接收中断;用 64 位 PN 码,通信速率为 15.625 kbps;发送功率能级选用 7,最大;时钟不输出;发送 8 个数据位都有效。对于频道号,PN 码设置和发送接收使能,有专门的函数,这些在程序中是要经常变化的参数。下面是这些设置的具体函数。

```
/*****************************************************************
**函数名称:reg_init(void)
**
**描    述:CYWM6935 寄存器初始化
**
**输入参数:无
**
**输出参数:无
*****************************************************************/
void reg_init(void)              //寄存器初始化
{
    spiw(0x05,0x00);             //IRQ 下降沿中断有效
    spiw(0x06,0x0B);             //SERDES 有效
    spiw(0x07,0x01);             //接收中断使能,FullA(bit0)
    spiw(0x10,0xFF);             //发送的 8 位均有效
    spiw(0x20,0x44);             //0x2E 和 0x2F 写有效,PA 输出使能
    // spiw(0x21,0x30);          //设置频道号为 0x30
    spiw(0x23,0x07);             //设置 PA 为 7
    spiw(0x24,0x40);             //13 MHz 时钟不输出
    spiw(0x26,0xC0);             //REG_VCO_CAL
    spiw(0x2E,0x80);             //REG_PWR_CTL
    spiw(0x32,0x41);             //必须写 0x41
    spiw(0x33,0x41);             //必须写 0x41
}
/*****************************************************************
**函数名称:radio_receive_on(void)
**
**描    述:使能无线模块接收,开 INT0 中断
**
**输入参数:无
**
**输出参数:无
```

```c
****************************************************************/
void radio_receive_on(void)
   {   //清除旧的数据和中断
      spir(0x09);
      spir(0x08);
      spiw(0x03,0x90);            //使能接收
      GICR = 0x40;                //开 INT0 中断
    }
/****************************************************************
 * * 函数名称：radio_trans_on(void)
 * *
 * * 描    述：使能无线模块发送,关 INT0 中断
 * *
 * * 输入参数：无
 * * 输出参数：无
 ****************************************************************/
void radio_trans_on(void)
   {
      GICR = 0x00;                //关 INT1 中断
      spiw(0x03,0x50);            //使能发送
    }
/****************************************************************
 * * 函数名称：radio_off(void)
 * *
 * * 描    述：关无线模块
 * *
 * * 输入参数：无
 * * 输出参数：无
 * *
 ****************************************************************/
void radio_off()
   {
      spiw(0x03,0x00);
      GICR = 0x00;                //关 INT1 中断
    }
/****************************************************************
 * * 函数名称：radio_pn(unsigned char pncode)
 * *
```

```
**描    述：装载 PN 码
**
**输入参数：PN 码组号    pncode
**输出参数：无
******************************************************************/
void radio_pn(unsigned char pncode)
  {
     spiw(0x11,pn_code[pncode][0]);
     spiw(0x12,pn_code[pncode][1]);
     spiw(0x13,pn_code[pncode][2]);
     spiw(0x14,pn_code[pncode][3]);
     spiw(0x15,pn_code[pncode][4]);
     spiw(0x16,pn_code[pncode][5]);
     spiw(0x17,pn_code[pncode][6]);
     spiw(0x18,pn_code[pncode][7]);
  }
/******************************************************************
**函数名称：radio_chanle(unsigned char ii)
**
**描    述：选择无线频道
**
**输入参数：无线频道号    ii
**输出参数：无
******************************************************************/
void radio_chanle(unsigned char ii)
  {
     spiw(0x21,ii);
  }
/******************************************************************
**函数名称：rf_init(void)
**
**描    述：复位和初始化无线芯片
**
**输入参数：无
**输出参数：无
******************************************************************/
```

```
void rf_init(void)
{
    spi_init();              //初始化 SPI 口
    radio_init();            //复位无线芯片
    reg_init();              //初始化无线芯片
}
```

把这些程序全部加入到 spi.c 文件中,并对头文件做相应补充。

7.1.4 芯片初始化程序实例

有了对上面有关初始化的了解以及相应初始化功能实现函数,无线芯片初始化的程序流程图如图 7-4 所示。

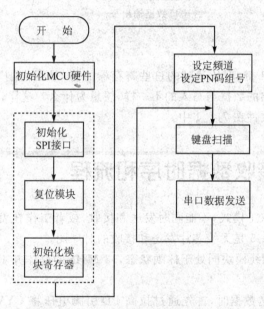

图 7-4 无线模块初始化流程图

上面这些有关初始化的函数都已经加入到 spi.c 文件中,同时,把 64 位 PN 码数据库加入到文件中,并把它定义到程序区,就可以随时调用这些函数了。

主循环函数如下:

```
/******************************************************************
* * 函数名称:main(void)
* *
* * 描    述:主函数,初始化硬件,复位初始化无线模块。循环调用键盘扫描和串口发送函数
```

```
**
**输入参数：无
**输出参数：无
*****************************************************************/
void main(void)
{
    init_devices();         //初始化 MCU
    rf_init();              //初始化无线芯片
    radio_chanle(0x15);     //设定无线频道
    radio_pn(0x23);         //赋值 PN 码
    while(1)
    {
        key_work();         //按键扫描
        uart_tx_data();     //串口数据输出
    }
}
```

编译下载，通过按 K1 键，对比读到的这些寄存器的值，是否为刚写入的那些值。如果仔细观察，会发现 0x26 读出的数据与写入的不一样，想想为什么？这样，对于无线芯片的初始化就完成了。详细的工程文件在 7_1_1 中。

7.2 发送和接收数据时序和流程

无线发送模块为半双工模式，不能同时发送和接收，或者工作在发送状态，或者工作在接收状态，或者待机。图 7-5 是无线芯片发送和接收的时序图。

① 传输开始之前，无线模块同处于休眠状态，13 MHz 的晶体并不工作，此时待机电流小于 1 μA。

② 当 MCU 需要发送数据时，首先通过拉高 PD 引脚电压将 CYWM6935 从休眠状态中唤醒。此时，晶体开始工作。一旦晶体工作稳定，CYWM6935 通过 IRQ 引脚告诉 MCU（如果此中断使能），它已经准备好接收串行接口（SPI）命令。

③ MCU 将无线模块设置为发送的数据指令写入控制寄存器，为发送作好准备，同时 CYWM6935 的高频综合器自动开始工作，经过短暂的延时后，综合器就可以达到稳定状态。此时，MCU 可将待发送数据字节下载到数据传输寄存器中。

④ 综合器稳定工作后，CYWM6935 将自动发送 1 个位周期的引导信号（如 10101…），用于帮助接收机锁定发送机信号，并自动将发送数据寄存器中的数据下载到发送移位寄存器中，并向 IRQ 引脚发送"传输数据寄存器空"中断（如果传输数据寄存器空中断使能）。

第 7 章　迈向无线的第一步——简单数据收发

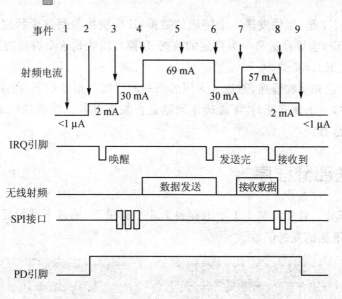

图 7-5　CYWM6935 发送和接收的时序图

⑤ 在一段时间内(125~512 μs,其长度取决于所选择的数据率),无线模块把数据发送出去,并向 IRQ 引脚发送"数据发送完中断"(如果数据发送完中断使能)。

⑥ 数据发送完后,MCU 将 CYWM6935 设置成接收模式,准备接收数据。此时,高频综合器会降低工作频率(在接收模式下,综合器被用作本地振荡器,其频率将会从发送频段混频降至 2 MHz 的中频,用于解调无线信号)。

⑦ 当综合器频率稳定后,CYWM6935 准备接收无线数据。如果在 CYWM6935 综合器达到稳定之前,无线数据就已经到达,则无线模块无法成功地接收到数据;若无线模块成功地接收到数据,则一个接收寄存器满信号将送至 IRQ 引脚。

⑧ 如果 CYWM6935 顺利接收到有效数据,则 MCU 会通过控制寄存器将 CYWM6935 设置到空闲模式下。

⑨ 在完成所有的传输后,MCU 可以利用 PD 引脚把 CYWM6935 置于休眠模式。

由上可知,CYWM6935 无线芯片对于无线数据的接收和发送不仅操作非常简单,而且具有卓越的性能。

7.3　简单的发送和接收程序

下面用具体的实例来说明如何实现无线数据的接收和发送。这时需要两个模块:一个 A 模块,里面写入发送程序的例程;一个为 B 模块,里面写入接收的例程。当两个模块都打开后,按 A 模块上的 K1 键,模块发送一个特定的数据,B 模块接收到这个特定的数据后,LED1 跳变一下。按 K2 键,模块发送另一个特定的数据,B 模块接收到这个特定的数据后,LED2 跳变一下。依次实现 K3、K4 键。

这个简单的发送和接收程序,是进入无线的第一道门槛。难点在于,在接收和发送这一相匹配的两个部分中,当出现问题时,不能确定问题是在数据没有成功发送出来,还是接收程序有问题,或者两者都有。

7.3.1 发送部分程序

先介绍发送部分。首先复制 7_1_1 工程到 7_3_1 目录下,编译下载验证。根据 7.2 节所述的发送时序,有下面的发送函数。

```c
/*************************************************************
**函数名称: radio_trans(unsigned char tx_dat)
**
**描    述: 单个字节发送函数
**
**输入参数: 要发送的数据 tx_dat
**输出参数: 无
*************************************************************/
void radio_trans (unsigned char tx_dat)
{
    radio_trans_on();                    //使能发送
    spiw(0x0F,tx_dat);                   //向发送寄存器中写要发送的数据
    while(! (spir(0x0E)&0x02));          //查发送完成标志位,等待数据发送完成
    radio_off();                         //关模块
}
```

可以看到,在发送函数中,第一步是使能无线模块到发送状态,随后向发送寄存器中写入要发送的数据。这时,无线模块将自动启动无线发送过程,不需要程序干预,这时唯一要做的是等待无线发送完,随后关无线模块。

根据实例的要求,按不同的键,会发送不同的数据,建立一个发送数据队列。把按键响应后要发送的值装入发送缓冲队列中,在主循环中发送。新建一个文件,把有关无线发送部分的函数都装入到这个文件中,命名为 tx_data.c,把上面的发送函数复制到这个文件中,保存并加入到工程中,并创建相应的头文件 tx_data.h。在不同的阶段,都放入了指示灯,用于指示程序执行的情况。发送部分的流程图如图 7-6 所示。

下面分别是按键部分函数(以 K1 键为例,其他相同,只是装入的数不同而已)和主循环函

第7章 迈向无线的第一步——简单数据收发

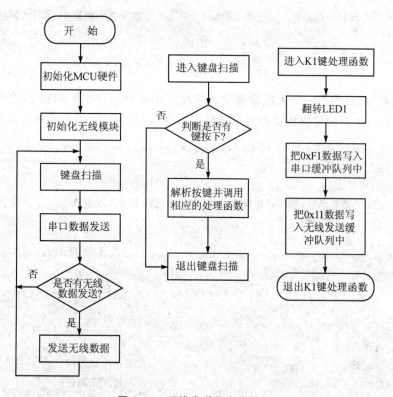

图7-6 无线发送程序流程图

数部分。

下面是 K1 按键函数。

```
/****************************************************************
* * 函数名称：key1(void)
* *
* * 描    述：按键1函数,进入后把 0xF1 标志量写入串口队列中
* *           把 0x11 特定数据写入无线发送队列中
* * 输入参数：无
* * 输出参数：无
****************************************************************/
void key1(void)
 {
    LED1B();
    uart_trx[uart_rx] = 0xF1;          //把标志量通过串口发送出来
    uart_rx ++ ;
    uart_rx &= 0x3F;
```

```
        rf_trx[rf_rx] = 0x11;              //要发送的数据 0x11 写入发送队列中
        rf_rx ++ ;
        rf_rx &= 0x0F;
    }
```

在按键函数中,启用了一个无线数据发送队列 rf_trx[16],这个队列有 16 个缓冲空间,rf_rx 和 rf_tx 分别为队列的接收指针和发送指针。有关队列的介绍,请查看第 5 章的串口部分。

```
/****************************************************************
* *函数名:while(void)
* *
* *描    述:主循环函数,循环调用键盘扫描、串口发送函数和无线发送
* *
* *
* *输入参数:无
* *输出参数:无
****************************************************************/
while(1)
   {
       key_work();
       uart_tx_data();                     //发送串口数据
       if(rf_rx != rf_tx)                  //发送无线数据
         { LED2B();
           radio_trans (rf_trx[rf_tx]);    //调用发送函数
           rf_tx ++ ;
           rf_tx &= 0x0F;
           LED3B();
         }
   }
```

从中可以看出,在按键部分加入了 LED1,在无线发送的入口放入了 LED2,判断是否进入发送部分,在调用完发送函数后,加入了 LED3,用于判断发送函数是否执行。

编译下载到 A 实验板,按任意键查看 LED1、LED2 和 LED3 三个指示灯的情况及串口调试软件收到的数据。

7.3.2 接收部分程序

由于接收是被动的过程,不知道什么时候有数据发送过来。无线接收用中断方式,同时接收时,无线模块始终处于接收状态,这与发送不同——只是在有数据发送时才将模块置为发送

状态。

首先把工程 7_3_1 复制到 7_3_2 文件夹中,编译下载验证。在 7_3_1 的基础上,先把发送部分和 INT1 中断函数注销掉,然后启用 INT0 中断,设置为下降沿有效。

更改后的主程序如下：

```
/************************************************************
 * * 函数名称：main(void)
 * *
 * * 描    述：主函数,初始化硬件,循环调用键盘扫描和串口发送函数
 * *
 * * 输入参数：无
 * * 输出参数：无
 * *
 ************************************************************/
void main(void)
{
    init_devices();          //初始化 MCU
    rf_init();               //复位和初始化无线芯片
    radio_chanle(0x15);      //设置频道
    radio_pn(0x23);          //设置 PN 码
    while(1)
    {
        key_work();          //键盘扫描
        uart_tx_data();      //发送串口数据
    }
}
```

新建一个文件,把接收函数和 INT0 中断函数这些与接收有关的功能模块都放在这个文件中,命名为 rx_data.c,并创建同名的头文件 rx_data.h,保存并加入到工程中。将外部中断 INT0 设置为下降沿中断。其具体设置如下：

```
MCUCR = 0x02;
GICR  = 0x40;
```

中断函数如下,在中断中调用接收函数。

```
#pragma interrupt_handler int0_isr:2
void int0_isr(void)
{
    LED1B();
}
```

第7章 迈向无线的第一步——简单数据收发

把外部中断 INT0 的设置加入到初始化中,同时把外部中断 INT0 的中断函数加入到 rx_data.c 文件中,并把文件加入到工程中,先来测试 INT0 中断。

经过上面的添加后,编译工程文件,下载到 B 实验板上,用一根连接地的引线去触碰 INT0 引脚,看 LED1 灯是否发生变化。如果能跳变,则说明进入 INT0 中断函数中,外部中断 INT0 中断功能正常。

外部 INT0 中断正常后,在初始化中使能无线接收。根据上面介绍的接收时序,有下面的接收函数:

```
/***************************************************************
**函数名称: data_receive(void)
**
**描    述: 无线数据接收函数。接收无线数据,把接收到的数据放入到串口队列中
**
**输入参数: 无
**输出参数: 无
****************************************************************/
void data_receive(void)
{
    unsigned char valid;
    valid = spir(0x09);              //读接收到的数据
    uart_trx[uart_rx] = valid;       //把读到的数据通过串口传出来
    uart_rx ++ ;
    uart_rx &= 0x3F;
    uart_trx[uart_rx] = spir(0x0a);  //读有效位数据并通过串口传出来
    uart_rx ++ ;
    uart_rx &= 0x3F;
}
```

在接收函数中,把接收到的数据和数据有效位读出后,放到串口队列中,通过串口把数据传送出来,让读者能观察到接收到的是什么数据。

把接收函数加入到 rx_data.c 文件中,并对头文件做相应的添加。在主函数的初始化部分,加入 radio_receive_on() 函数,编译下载到 B 实验板。这时外部中断 INT0 和无线接收部分关联着,如果有无线数据接收到,则通过 IRQ 引脚来触发中断。

把 A、B 实验板上的电源打开,按 A 实验板上的 K1 键,看 B 实验板上的 LED1 灯是否有变化,如果有变化,则说明 B 实验板接收到 A 实验板发来的数据了。

下面把接收到的数据通过串口发送出来。在中断函数中加入如下无线数据接收函数。

```
#pragma interrupt_handler int0_isr:2
void int0_isr(void)
```

```
{
    LED1B();
    data_receive();          //调用接收函数
    LED2B();
}
```

接收部分的流程图如图 7-7 所示。

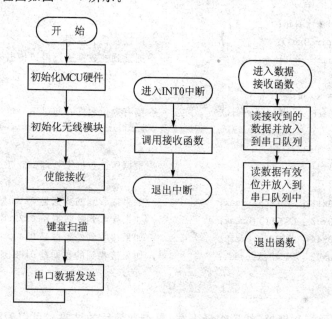

图 7-7 接收流程图

做完上述更改后进行编译。把程序下载到 B 实验板，按 A 实验板上的按键，看 B 实验板上的 LED1 和 LED2 是否跳变，同时看 B 实验板串口是否有数据输出。如果指示灯跳变且有相应的数据输出，则说明无线传输正常。

在这个过程中，可以看到先验证 INT0 中断程序的正确性。有时，可能是中断部分有一点小问题，无线数据收到了，IRQ 引脚也有信号了，可就是中断有问题进不去，这时往往会怀疑是无线部分的问题。这样对每个部分进行充分的验证，目的是让每一步都非常可靠。

无线数据接收到了，但还没有完成实例要求，按一个键，对方相应的灯跳变，在接收程序中加入一个对接收数据的处理部分，即可完成这个实例。加入对数据的判断部分，程序具体如下。

```
/***************************************************************
* * 函数名称：data_receive(void)
* *
```

```
** 描    述：无线数据接收函数。接收无线数据，把接收到的数据放入到串口队列中，
**           同时对接收到的数据进行解析处理
** 输入参数：无
** 输出参数：无
****************************************************************/
void data_receive(void)
  {
    unsigned char valid;
    valid = spir(0x09);                    //读接收到的数据
    uart_trx[uart_rx] = valid;             //把读到的数据通过串口传出来
    uart_rx ++ ;
    uart_rx &= 0x3F;
    uart_trx[uart_rx] = spir(0x0F);        //读有效位数据并通过串口传出来
    uart_rx ++ ;
    uart_rx &= 0x3F;
    switch(valid)                          //根据所读数据来处理 LED 灯
      {
        case 0x11 : LED1B();break;         //如果接收到的数据是 0x11,则跳转 LED1
        case 0x22 : LED2B();break;         //如果接收到的数据是 0x22,则跳转 LED2
        case 0x44 : LED3B();break;         //如果接收到的数据是 0x44,则跳转 LED3
        case 0x88 : LED4B();break;         //如果接收到的数据是 0x88,则跳转 LED4
      }
  }
```

将中断中的指示灯注销掉，然后编译下载，再查看最后的结果。可以看到，按 A 实验板上的 K1 键，B 板上的 LED1 跳转；同样，其他的按键也是如此。

至此，已经进入了无线的世界，实现了简单的无线功能。当然，这只是一个简单的无线演示。要想实现有实际价值的无线数据传输，这是远远不够的。在随后的内容中，将介绍更具实际意义的一些方法和技术。

7.4 双向无线数据收发

在上面的实例中，已经完成了数据通信的无线过程。对于上述实例，可能有人会提出一个更深入的问题，即能否实现一方按键，另一方相应指示灯发生变化，而反过来另一方按键，这一方指示灯发生变化呢？答案是肯定的。下面就来介绍如何实现这个功能。

要实现这个功能，就需要模块有接收和发送功能，需要在接收和发送间转换。以接收程序为基础来介绍应该如何完成这个功能。

复制 7_3_2 工程到 7_4_1 文件夹中，编译下载到 C 板上验证。这时，A 实验板是无线的发送部分，B 和 C 实验板上是无线的接收部分。若按 A 板上的按键，则 B 实验板和 C 实验板上相应的灯都会发生变化。它们都能接收从 A 板发送来的无线数据。

从这里开始利用已有的实验板来辅助进行程序的调试，这是与纯单片机系统调试不一样的地方。如果使用仿真器进行调试，则可能需要三个仿真器同时工作，这在现实中是不可能的。在此，只需要串口延长线和串口就能实现多个模块一起联调。

在编写接收部分时，是以发送部分为原型来更改的，在接收程序中把发送部分注销了。把接收程序中被注销的发送部分恢复其功能，这样不就既有接收又有发送了吗？的确如此，经过更改后的程序，编译下载到 C 实验板，按 A 实验板上的按键，可以看到 B 实验板和 C 实验板上相应的灯会发生变化；依次测试各个键，前后颠倒测试，都没有问题，便说明 C 板上的接收功能是正常的。

由于在 C 实验板上的程序中打开了数据发送功能，因此来试一试 C 实验板的发送功能如何。小心按一下 C 实验板上的 K1 按键，发现 B 实验板上的 LED1 灯发生了变化，依次测试其他按键，发现都能使其他相应的灯发生变化。这时，便实现了无线的双向通信了。

再次测试一遍。当按下 A 实验板上按键时，发现只有 B 实验板上相应的灯发生变化，C 实验板上的灯却没有变化。按其他的键，亦如此。按 C 板上的键，B 实验板能收到数据，说明 C 实验板上的发送没有问题，接收出现了问题。复位 C 实验板，发现能收到无线数据，只要启用了发送后，就接收不到数据了。问题在哪里？这种现象说明问题出现在发送数据后，程序不能接收数据，而对于接收部分的程序来说，是正确的。数据发送函数如下：

```
void radio_trans(unsigned char tx_dat)
{
    radio_trans_on();              //使能发送
    spiw(0x0F,tx_dat);             //向发送寄存器中写要发送的数据
    while(!(spir(0x0E) & 0x02));   //查发送完成标志位,等待数据发送完成
    radio_off();                   //关模块
}
```

函数的第一句是使能发送；第二句是往发送寄存器写要发送的数据；第三句是等待发送完成；第四句是关闭无线模块，执行这一句后，无线模块既不能发送，也不会接收数据，无线模块处于空闲模式，能减少电流的消耗。问题就在此处，执行发送后，应该打开无线模块，使之处于接收状态，这样就能接收到无线数据了。

找到问题后，在调用完发送函数后，调用 radio_receive_on() 使能接收，使系统处于接收状态之中。重新编译下载，发现上述问题解决了。在 A、B 和 C 实验板上都下载这个程序，按其中一块板上的键，其他两块板上相应的指示灯会发生变化。详细的程序文件见 7_4_1 工程。

发现有了接收和发送程序后，把它变成双向数据收发的过程就简单得多，可以看出这是在

第7章 迈向无线的第一步——简单数据收发

逐步丰富我们的程序,逐步完善我们的功能。

在无线通信的测试中,要对发送和接收反复测试,才能发现一些隐藏的问题。只有发现这些问题,才能很好地解决这些问题。同时遇到问题,只要我们仔细地分析问题,都是能解决的。

这个程序作为实验板的板载程序,用户拿到的实验板中烧写的也就是这个程序,可以用它来测试无线模块的好与坏。当然,该程序可以做一个简单的双向无线遥控器,遥控一些开关量,如窗帘开、关和停的遥控,灯开关的遥控,等等。当然,该程序的功能还很简单,在随后的讲解中,其功能将越来越强,也越来越接近实用。

使用上面的程序,可以简单地测试模块的通信距离,当然这需要两个人的配合。

7.5 点对点数据通信

在现代通信中,数据都是以数据包的方式来传递的,无线数据通信也不例外。由于无线通信的复杂性和不可预知性,对于发送的数据,如何才能保证数据的完整性和正确性呢?这就需要在数据传输的过程中使用一种机制或约定,我们称之为通信协议。通信协议具体表现在对数据包结构的定义上。

所谓通信协议,是指通信双方对数据传送控制的一种约定。约定中包括对数据格式、同步方式、传送速度、传送步骤、检纠错方式以及控制字符定义等问题做出统一规定,通信双方必须共同遵守,它也叫做链路控制规程。

通信协议三要素如下:
- 语法 确定通信双方通信时数据报文的格式。
- 语义 确定通信双方的通信内容。
- 时序规则 指出通信双方信息交互的顺序,如建链、数据传输、数据重传和拆链等。

为了处理比较复杂的各种通信情况,一般协议比较复杂。本章中所介绍的协议相对简单,可满足简单的无线通信需要。

在无线通信中,数据是以包的形式来传输的,那么每次传输的不是一个数据字节,而是一串数据,在上一节中只是介绍过一个数据的发送,若要进行数据包的传送,则必须先实现多字节的发送。

7.5.1 多字节数据的发送和接收实例

以 7_4_1 工程中的程序为基础来实现这个功能。首先复制 7_4_1 工程文件到 7_5_1 文件夹中,编译下载验证。

以 4 字节为一个数据包,每次按键后,就发送 4 个数据。可以先发送 4 个固定内容的数据,然后再发送变化内容的数据。在主循环调用发送函数的地方,改成发送 4 个数据的内容。
具体程序如下:

```
/***************************************************************
* * 函数名称:while(void)
* *
* * 描    述:主循环函数,键盘扫描,串口数据发送,无线数据发送,
* *          一次发送 4 个无线数据
* * 输入参数:无
* * 输出参数:无
***************************************************************/
while(1)
  {
     key_work();
     uart_tx_data();                    //发送串口数据

     if(rf_rx ! = rf_tx)                //发送无线数据
       { LED2B();
         // radio_trans (rf_trx[rf_tx]);   //调用发送函数
         radio_trans(0x11);
         radio_trans(0x22);
         radio_trans(0x33);
         radio_trans(0x44);
         rf_tx ++ ;
         rf_tx &= 0x0F;
         LED3B();
         radio_receive_on();           //使能无线接收
       }
  }
```

编译下载到 B 实验板,按 B 板上的按键,看 A 板上串口是否有这 4 个数据输出。

7.5.2 数据打包发送

接下来,把这 4 个数据变成一个有实际意义的数据包,并给其不同的数据位赋予不同的意义。第一字节为 ID 号,第二字节为数据变化变量,第三字节为数据,第四字节为前三字节的"异或"。把数据变成数据包的过程,称之为打包。程序的软件结构没有变化,只是发送数据时,增加了打包和发送包数据。其发送数据的流程图如图 7-8 所示。

第7章 迈向无线的第一步——简单数据收发

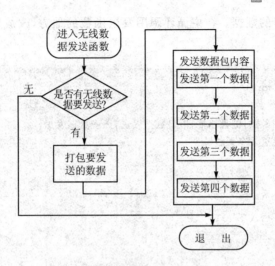

图7-8 数据打包发送流程图

增加一个数组 rf_buf[4]来存放要发送数据包的内容,增加一个变量用于数据变化标志变量。具体定义如下:

```
unsigned char rf_buf[4];              //存放数据包数组
unsigned char change_sig;             //数据变化标志变量
/************************************************
* * 函数名称：pack_data(unsigned char dat)
* *
* * 描    述：数据打包函数,把一个数据按照一定的规则进行打包
* *
* * 输入参数：无
* * 输出参数：无
************************************************/
void pack_data(unsigned char dat)
    {
    rf_buf[0] = 0x55;                 //设定 ID 号为 0x55
    rf_buf[1] = change_sig;
    change_sig ++ ;
    rf_buf[3] = rf_buf[0] ^ rf_buf[1];
    rf_buf[2] = dat;
    rf_buf[3] ^= rf_buf[2];           //前三个数据的"异或"
    }
/************************************************
* * 函数名称：tx_data()(void)
```

```
**  
**  描    述：无线数据发送函数，发送数据包缓存数组中的数据
**  
**  输入参数：无
**  输出参数：无
*****************************************************************/
void tx_data(void)
    {
        //**************************************************************
        //         判断是否有无线数据要发送
        //**************************************************************
        if(rf_rx != rf_tx)
            {
                pack_data(rf_trx[rf_tx]);
                radio_trans(rf_buf[0]);
                radio_trans(rf_buf[1]);
                radio_trans(rf_buf[2]);
                radio_trans(rf_buf[3]);
                rf_tx ++ ;
                rf_tx &= 0x0F;
                radio_receive_on();           //使能接收
            }
    }
```

主循环中改为

```
/*****************************************************************
**  函数名称：while(void)
**  
**  描    述：主循环函数，键盘扫描，串口数据发送，无线数据发送，
**            发送数据包，包括4个无线数据
**  输入参数：无
**  输出参数：无
*****************************************************************/
while(1)
    {
        key_work();
        uart_tx_data();              //发送串口数据
        tx_data();                   //发送无线数据
    }
```

第7章 迈向无线的第一步——简单数据收发

可以看到,主循环越来越简洁了。编译后,下载到B板,按动B板上的按键,查看A板串口输出的数据,第一位是否为0x55,第二位是否为一个自增的数,第三位是否与按键数据相对应。

7.5.3 数据包的接收和解析

对于接收端,关心的是实际有用的数据,也就是第三个数据。那么在接收到数据包后,要按照数据打包的规则来解开这个数据包。若要解开这个数据包,则必须知道这个数据包的包头和包尾后,才能对数据包进行正确的解析。这样,在接收函数中加入了一个接收数据的计数器,用它来判断接收数据包的包头和包尾。其流程图如图7-9所示。

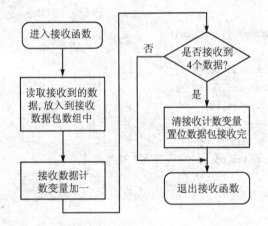

图7-9 数据包接收流程图

具体程序如下:

```
/*****************************************************************
* *函数名称: data_receive(void)
* *
* *描    述: 接收数据函数。接收无线数据,把接收到的数据放入到串口队列中,
* *          同时放入到处理数组中,接收数据计数,判断数据包尾
* *          变量加一,判断是否接收到一个完整的数据包(4个数据)
* *
* *输入参数: 无
* *输出参数: 无
* *
*****************************************************************/
void data_receive(void)
```

```
    {
        unsigned char valid;
        valid = spir(0x09);              //读接收到的数据
        uart_trx[uart_rx] = valid;       //把读到的数据通过串口传出来
        uart_rx ++ ;
        uart_rx &= 0x3F;
        uart_trx[uart_rx] = spir(0x0A);  //读有效位数据并通过串口传出来
        uart_rx ++ ;
        uart_rx &= 0x3F;
        rx_dat[nub_i] = valid;
        nub_i ++ ;
        if(nub_i >3)
          {
            nub_i = 0;
            receive_all = 1;
          }
    }
```

在主循环中,增加对接收到数据包的处理程序。数据包处理部分的流程图如图 7 - 10 所示。

具体程序如下:

```
/***************************************************************
* * 函数名称: rx_data(void)
* *
* * 描    述: 处理接收到的数据包数据
* *
* * 输入参数: 无
* * 输出参数: 无
***************************************************************/
void rx_data(void)
  {
    receive_all = 0;          //清零数据包接收完成标志
    switch(rx_dat[2])         //对接收到的数据进行处理
      {
          case 0x11 : LED1B();break;
          case 0x22 : LED2B();break;
          case 0x44 : LED3B();break;
          case 0x88 : LED4B();break;
      }
```

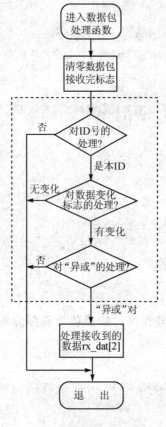

图 7-10 数据包数据处理流程图

```
        uart_trx[uart_rx] = rx_dat[2];
        uart_rx ++ ;
        uart_rx &= 0x3F;
}
```

在主循环中调用数据包处理函数的具体程序如下:

```
while(1)
   {
      key_work();
      uart_tx_data();           //发送串口数据
      tx_data();                //发送无线数据
      if(receive_all)
        {
           rx_data();           //处理接收到的数据包
```

```
        }
    }
```

编译工程文件。由于 B 板中程序能发送打包数据,把这次编译的程序下载到 A 板上,按 B 板上的按键,可以看到 A 板上相应的灯会发生变化,同时,串口能输出相应的按键数值。把程序再下载到 B 板,这样按 A 板,B 板上相应的灯会发生变化,按 B 板,A 板上相应的灯会发生变化。详细的程序在工程文件 7_5_1 中。

这样便实现了数据的打包和解包,虽然从目前来看,这个数据的打包和解包没有任何实际意义,但它可为以后的程序打下了良好的基础。有关数据包的作用,将在可靠数据传输中详细介绍,数据包的作用是为数据的可靠传输服务的。

7.6 灯光控制实例

本节利用前面学过的内容来讲解一个具体的实例——家居灯光的控制。在 ZigBee 中这是一个经典的应用,ZigBee 协议中已经将其标准化了。利用刚学过的这些知识,就可以自己设计完成一个非常实用的灯光无线控制器。

7.6.1 方案分析

作为一个项目,需要考虑这个项目用在什么地方,客户群是谁,所能承受的价格,选用什么样的技术方案,实现什么样的具体功能,如何实现安装调试方便。

在此总结一下所具备的功能:①能开关灯;②能调光;③开灯时,能由暗到亮而开,关灯时由亮到暗而关。

可以看到,调光是整个功能的核心部分。如何实现调光呢?首先日光灯不可调光,这个功能不能在这样的灯具上使用,那么剩下的就是白炽灯。可以通过 PWM 方式来改变电压调光。

众所周知,生活中使用的是 220 V 的高压,而控制系统是低压,这种接口需要隔离驱动。同时还需要提供两个独立的低压电源。这样电源部分的成本和体积很大,对于应用来说很昂贵。

这时,你要有勇气把你的想法提出来,这个方案看似好,没有市场价值。如果你这么做了,并说出你的理由,肯定会得到老板的夸奖,同时也会得到老板的批评。为什么呢?表扬你,是因为你在认真仔细地研究这个项目,而不是盲目地去做;批评你,是因为你的市场用户群定位发生错误,对新技术和新产品的动向了解不足。

当老板说出 LED 灯时,你会恍然大悟。现在 LED 灯的技术突飞猛进,价格不断下降,以及其高效率、高可靠性和长寿命,是一种理想的节能光源产品,是灯具的明日之星。由于 LED

灯使用的也是低压直流,并且高效,在电源的体积和成本上,会有很大的压缩。

至此,前期的方案分析完成。

7.6.2 硬件规划

方案分析完成,下面就是设计到具体的硬件规划了。在灯具端有以下几个功能部分,下面分别讨论。

① LED 灯驱动部分:使用单片机的定时器硬件来实现 PWM 波形,驱动功率部分,实现调光。在实验板上,用一个三极管来驱动 LED 灯,在实际的应用中,有专门用于照明的 LED 驱动器,替换到三极管的位置即可。

② 电源模块:使用电源模块把 220 V 交流变成直流,经稳压滤波,一部分直接给 LED 灯供电,另一部分经过一个 LDO 给系统提供 3.3 V 电源。

③ 无线模块部分和主芯片部分:不论采用什么方案,这个部分基本上没有什么变化。

遥控器侧的硬件就简单得多。定义三个按键:一个用于把光线调亮;一个把光线调暗;一个用于开灯和关灯。当然,无线和主芯片部分也有。由于使用电池供电,在这一侧要注意如何减少待机功耗,延长电池的使用寿命。

硬件的规划也完成了,具体的硬件连接关系定义如下:在遥控器侧,K1 键控制开和关,K2 键调亮,K3 键调暗;在灯具侧,LED5 为被控制的灯,接 PB2(CC1B)。

7.6.3 软件规划

硬件规划完成后,接下来完成软件框架的设计。

1. 遥控端的软件程序设计

由前可知,在遥控器端需要的功能是:按开关键,实现灯的开关;按增加键,能使灯变亮;按减小键,能使灯光变暗。图 7-11 是软件的具体流程图。

可以看到,主程序非常简单,初始化硬件后,进入主循环,不停地进行键盘扫描、无线数据的发送、串口数据的发送(为调试的需要,在最终程序中注释掉)以及系统掉电处理。

还可以看到,在这个软件框架中,键盘扫描可以直接调用 key.c 文件,然后把 K1、K2 和 K3 按键函数中的值做一下修改即可。无线数据发送,可以直接把有关无线的部分加入进来即可。加入 spi.c 文件,这个文件中包含与无线初始化和模块底层操作有关的函数;加入 tx_data.c 文件,这个文件中有数据发送函数。这部分基本不需要修改。串口发送数据,直接加入 uart.c 文件即可。在这里,需要加入一个新的部分,即掉电处理函数。掉电处理函数的软件流程图如图 7-12 所示。

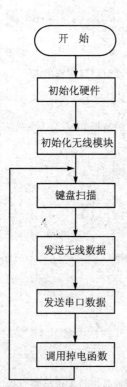
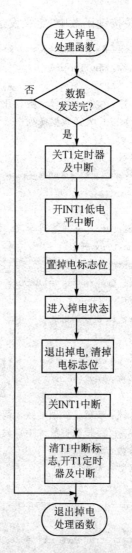

图 7-11 遥控器侧主程序流程图　　图 7-12 掉电处理函数程序流程图

把按键与外部中断连接起来,通过按键响应来唤醒 MCU。可以看到,在进入掉电前,要将 T1 定时器和中断关掉,打开 INT1 中断;退出掉电后,要恢复 T1 定时器和关 INT1 中断。这一进一出的关断和恢复是必不可少的,也是容易遗漏和疏忽的地方。

以无线双向数据传输中的工程为基础,复制该工程,并命名为 yaokong。编译下载验证,看复制是否正确。把这个复制的工程文件经编译后下载到 A 和 B 两个实验板上,看通信是否正常。

在 K2 调亮按键函数中,定义发送的数据为 0x09;在 K3 调暗按键函数中,定义发送数据为 0x06；在开关按键函数中,定义发送数据为 0x50。这样,按键函数程序如下：

```
/***************************************************************
* * 函数名称：key1(void)
* *
* * 描    述：按键1处理函数。开关灯功能,发送 0x50 数据,并把数据放入串
* *           口发送数据队列中
* * 输入参数：无
* * 输出参数：无
***************************************************************/
void key1(void)
    {
        uart_trx[uart_rx] = 0x50;          //把数据通过串口传输出来
        uart_rx ++ ;
        uart_rx &= 0x3F;
        rf_trx[rf_rx] = 0x50;              //要发送的数据 0x50 写入发送队列中
        rf_rx ++ ;
        rf_rx &= 0x0F;
    }

/***************************************************************
* * 函数名称：key2(void)
* *
* * 描    述：按键2处理函数。调亮灯光功能,发送 0x09 数据,
* *           并把数据放入串口发送数据队列中
* * 输入参数：无
* * 输出参数：无
***************************************************************/
void key2(void)
    {
        uart_trx[uart_rx] = 0x09;          //把数据通过串口发送出来
        uart_rx ++ ;
        uart_rx &= 0x3F;
        rf_trx[rf_rx] = 0x09;              //要发送的数据 0x09 写入发送队列中
        rf_rx ++ ;
        rf_rx &= 0x0F;
    }

/***************************************************************
* * 函数名称：key3(void)
* *
```

```
**      描      述：按键 3 处理函数。调暗灯光功能,发送 0x06 数据,
**              并把数据放入串口发送数据队列中
**  输入参数：无
**  输出参数：无
*****************************************************************/
void key3(void)
    {
        uart_trx[uart_rx] = 0x06;           //把数据通过串口发送出来
        uart_rx ++ ;
        uart_rx &= 0x3F;
        rf_trx[rf_rx] = 0x06;               //要发送的数据 0x06 写入发送队列中
        rf_rx ++ ;
        rf_rx &= 0x0F;
    }
```

为了能清楚地知道是否进入到掉电状态,在正常状态时,LED1 点亮,进入后,LED1 熄灭。把这个函数加入到主函数文件中,掉电处理函数具体程序如下:

```
/*****************************************************************
**  函数名称：power_down_mode(void)
**
**  描      述：掉电处理函数,进入掉电后,熄灭 LED1 灯,退出掉电后,点亮 LED1 灯
**
**  输入参数：无
**  输出参数：无
*****************************************************************/
void power_down_mode(void)
    {
        if(rf_tx == rf_rx)                  //如果没有无线数据发送,则进入掉电状态
        {
            TIMSK &= ~0x04;                 //关 T1 定时器中断
            TCCR1B = 0x00;                  //关 T1 定时器
            LED1OFF();                      //关 LED1
            GICR |= 0x80;                   //进入掉电模式前,开 INT1 中断
            MCUCR |= 0xA0;                  //掉电模式
            asm("SLEEP");
            MCUCR &= ~0xA0;
            GICR &= ~0x80;                  //退出掉电模式后,关 INT1 中断
            TIFR |= 0x04;                   //清 T1 中断标志位
            TCCR1B = 0x02;                  //开 T1 定时器
```

```
            TIMSK |= 0x04;              //开 T1 定时器中断
            LED1ON();                   //点亮 LED1
        }
    }
```

这样就能直观地看到是否进入到了掉电状态。

编译正确后,下载到 A 实验板,看按一下键,B 实验板能否收到数据。我们发现,平时 LED1 灯一直是熄灭状态,当按一下键后,LED1 灯只是闪亮一下,马上进入熄灭状态。这说明只有在要发送数据时,系统才激活,平时系统处于掉电状态。

2. 灯具端的软件设计

遥控端程序编写完成,休息一会儿,出门去转转。回来发现有人在找电视遥控器,遥控器不见了,这怎么办,怎么看电视。还好,电视上还有按键可以进行调台和调音量。我一下愣住了,要是灯具遥控器找不着,那灯也就没法控制了。遥控器一时找不到,是很常见的事,可能许多人都有找遥控器的经历。我们要在灯具端加上相应的按键,把控制和电源部分放到墙壁的开关盒中,这样就不用更改任何线路了,实际的安装就变得特别简单了。

在灯具端增加了按键部分。控制部分既接收遥控器发送来的指令,又接收自身键盘命令,并对这些命令作相应的解析后,执行相应的操作,实现变亮、变暗、渐亮开及渐暗关功能。

把无线接收到的指令数据和键盘产生的指令数据都放到同一个数据队列中,而不去分辨这个数据是无线还是本地按键产生的。它们的作用是相同的,都是对灯的控制指令。键盘部分的程序和遥控器端程序一样,可以直接使用。

使用 T1 定时器的快速 PWM 模式来产生 PWM 波形,通过控制其占空比来调节 LED 灯的明暗。根据实际的需要,使用 8 位的 PWM 波形占空比分辨率。启用 T2 定时器每隔 60 ms 改变一次占空比,每次步长为 1。把无线数据和自身的键盘数据都放到一个队列中,在 T2 中断函数中对这个数据进行分析,然后处理分析结果,对 PWM 进行控制,进而控制了灯的开关和亮度变化。

无线数据的接收是在外部 INT0 中断函数中完成的。

综上所述,其主程序软件流程图如图 7 - 13 所示。

可以看到,主程序的结构非常简洁,大部分功能都分配到各个独立的中断去处理了。这样的结构方式,可以非常方便地调试各个功能部分。

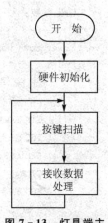

图 7 - 13 灯具端主程序软件流程图

3. 关键代码的编写

对于程序其他部分的功能前面都已讲过,可以直接使用相应的文件。现在首先要解决的是 PWM 波形的控制。还是以无线双向通信程序为基础,复制该工程,并命名为 deng,编译下载到实验板 A 板和 B 板上验证,看能否接收到正确的数据。

使用 T1 的工作 5 模式,快速 8 位 PWM 模式,时钟 8 分频,比较匹配时清零 CC1。下面是 T1 定时器的初始化设置。把 timer1.c 文件中对 T1 定时器的初始化用以下程序代替。T1 定时器的具体初始化程序如下:

```
/****************************************************************
* * 函数名称:timer1_init(void)
* *
* * 描    述:定时器 1 初始化,使用模式 5,时钟 8 分频,比较器匹配时清零
* *
* * 输入参数:无
* * 输出参数:无
****************************************************************/
void timer1_init(void)
{
    TCCR1B = 0x00; //stop
    TCNT1H = 0xFF; //setup
    TCNT1L = 0x01;
    OCR1AH = 0x00;
    OCR1AL = 0x8F;
    OCR1BH = 0x00;
    OCR1BL = 0xFF;
    ICR1H = 0x00;
    ICR1L = 0xFF;
    TCCR1A = 0x81;          //比较匹配时,清零 CC1A,T1 工作于模式 5 中
    TCCR1B = 0x0A;          //8 分频,T1 工作在模式 5 中
}
```

编译下载后,看到 LED5 被点亮了,将 OCR1AL 的值改为 0x0F,编译下载,发现 LED5 的灯变得特别弱,把 OCR1AL 的值改为 0xF8,可以看到 LED5 灯特别亮。这样,就可以通过改变 OCR1AL 的值来调节亮度了。

由于灯具端没有数据要发送,在主函数中把相关发送部分的函数注释掉。主程序部分如下:

```
/****************************************************************
* * 函数名称:main(void)
* *
* * 描    述:主函数,初始化硬件,循环调用键盘扫描和串口发送函数
* *
```

```
**输入参数：无
**输出参数：无
**
***************************************************************/
void main(void)
{
  init_devices();
  rf_init();              //复位无线模块和初始化 CYWM6935 寄存器
  radio_chanle(0x15);     //设置频道号
  radio_pn(0x23);         //设置 PN 码组号
  radio_receive_on();     //使能无线接收
  while(1)
    {
      key_work();
      uart_tx_data();     //发送串口数据
      if(receive_all)
        {
          rx_data();      //处理接收到的数据包
        }
    }
}
```

在 key.c 文件中，把遥控器端的按键处理函数复制过来；在按键函数中，指令数据放到一个 rf_trx[ ] 的队列中。在无线接收数据函数中，经过解析后把有用数据也放到 rf_trx[ ] 这个数据队列中。在 T2 中断函数中来处理这些指令数据。

无线数据包处理函数要做相应的更改，解析后的数据放入到 rf_trx[ ] 队列中。具体程序如下：

```
/***************************************************************
**函数名称：rx_data(void)
**
**描    述：处理接收到的数据包数据
**
**输入参数：无
**输出参数：无
***************************************************************/
void rx_data(void)
  {
```

```
        receive_all = 0;                        //清零数据包接收完成标志
        uart_trx[uart_rx] = rx_dat[2];
        uart_rx ++ ;
        uart_rx &= 0x3F;
        rf_trx[rf_rx] = rx_dat[2];              //把指令数据写入队列中
        rf_rx ++ ;
        rf_rx &= 0x0F;
    }
```

在 T2 中断函数中,程序逻辑比较复杂,是灯具端的核心程序。在中断函数中,首先判断指令队列中有无未执行的指令数据,如果有,则解析指令,按指令要求进行相应处理。处理完指令数据后,对 PWM 占空比寄存器进行处理,以实现灯光的亮和暗的调节。其软件结构流程图如图 7-14 所示。

其程序如下:

```
/*****************************************************************
 * * 函数名称 : timer2_ovf_isr(void)
 * *
 * * 描    述 : 定时器 2 溢出中断函数。在函数中先对各种指令进行处理,
 * *            然后对 T1 定时器的占空比寄存器进行处理和赋值
 * * 输入参数 : 无
 * * 输出参数 : 无
 *****************************************************************/
#pragma interrupt_handler timer2_ovf_isr:5
void timer2_ovf_isr(void)
    {
        TCNT2 = 0x64;                           //重新装载 T2 定时器
        if(rf_tx != rf_rx)                      //如果有指令数据
          {
            switch(rf_trx[rf_tx])               //对接收到的指令进行解析
              {
                case 0x09:   if(pwm_new < 231)  //若是增加键,且亮度没有到顶
                                 pwm_new += 24;break;
                case 0x06 :  if(pwm_new > 37)   //若是减少键,且亮度没有到底
                                 pwm_new -= 24; break;
                case 0x50 :  if(lamp_sig)       //若是开关键,且现在灯亮着
                               {
                                 pwm_new = 14;  //灯变暗,然后灭
                               }
                             else               //若灯是灭的,则开灯
```

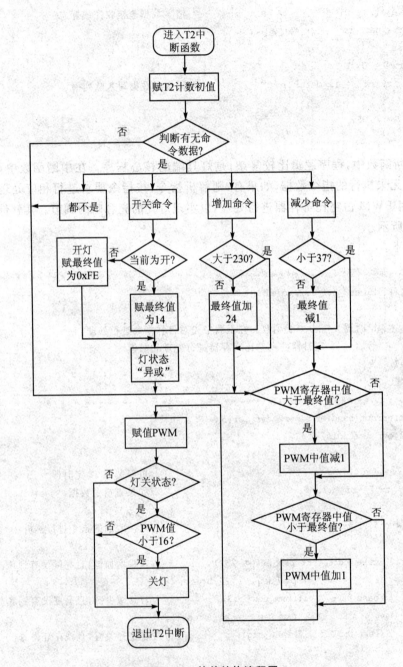

图 7-14 软件结构流程图

```c
                    {
                        DDRB |= 0x02;              //开灯
                        pwm_old = 14;
                        pwm_new = 0xFE;
                    }
                    lamp_sig ^= 0x01;
                    break;
            }
        rf_tx ++ ;
        rf_tx &= 0x0F;
    }
    if(pwm_old > pwm_new)        //若PWM中的值比最终值大,则减小PWM中的值
      {
        pwm_old -- ;
      }
    else if(pwm_old < pwm_new)   //若PWM中的值比最终值小,则增大PWM中的值
      {
        pwm_old ++ ;
      }
 OCR1AH = 0x00;
 OCR1AL = pwm_old;               //把变化后的值写入PWM寄存器中
 if(key_bit & 0x04)              //按键延时
    {
        if(key_bit & 0x80)       //加入这个判断,只有当两次进入中断后才置位延时标志
          {
              key_bit |= 0x01;   //置位延时标志,表明经过延时
              key_bit &= ~0x04;  //清允许延时标志位置位标志位
          }
        else                     //若第7位没有置位,则说明是第一次进入中断
          {
              key_bit |= 0x80;   //第一次进入时,把key_bit第7位置位
          }
    }
 if(! lamp_sig)                  //若是关灯状态
    {
        if(pwm_old < 16)         //当灯暗到一定程度时,关灯
        DDRB &= ~0x02;           //关灯
    }
}
```

第7章 迈向无线的第一步——简单数据收发

T2中断函数为核心函数,其中实现了对命令的解析和执行。读者要仔细分析这个核心程序,认真理解为什么要这么写,有没有更好的算法来实现这个功能。

编译下载到A板上,板遥控器侧下载到B板上,可以发现,通过B板上的按键可以控制A板上LED5灯的亮灭,以及亮和暗,开关灯都是一个渐变的过程。同时A板上的按键也能实现对灯光的控制。

在这个例程中,只有在灯侧驱动硬件上换成专用的LED灯驱动芯片,把LED5灯换成大功率的LED灯,就是一个非常实用的灯控制器。与ZigBee方案相比,该方案更灵活,而且成本更低。

第 8 章

无线连接的必经过程——绑定

无线系统需要一种方法在需要相互通信的不同设备间建立有效的通信信道,同时要阻止不需要的无线设备的连接。这就是本章需要讲解的内容。在所有的无线系统中,绑定是一个必需的过程,只不过有些系统自动完成了绑定过程,作为系统的使用者没有感觉到,有些系统的绑定需要使用者的参与,这时才感觉到这个过程。

8.1 绑定概论

当连接一个有线设备到主机上,"绑定"是一个直接的过程。本质上,如果电缆被检测到,则这个外围设备被验证,因此"绑定"到主机。例如,一个 USB 设备,如果插入到主机 PC,则电线连接能自动通过上拉电阻识别到。

在无线系统中,绑定是一个相当复杂的过程。因为它们没有物理连接,其他方法必须有一个连接。这就是绑定。

简单地说,绑定决定无线设备是否能与其他设备通信,绑定是必要的。在外界环境中,存在许多无线系统,都在共享同一个频带进行通信。一个主机可能接收到许多在其附近的外围设备的数据,但它需要被确认哪个需要接收,哪个被忽略。

无线系统有着非常灵活的拓扑结构,被程序详细地说明最多的、使用最为普遍的是多对一的星形拓扑结构。我们主要讨论这个拓扑结构,但其他的拓扑结构也可以被参考使用。

选择一个正确的绑定方法取决于最终用户实际体验的满意度。在绑定过程中,许多参数要在绑定时间内完成。如果两个设备第一时间要相互沟通或加入一个已有的网络,则它们必须找到相互间使用同一个频道、同一个 PN 码和检验种子的特定时间段,这是一个更为复杂的问题,也是我们讨论的重点。

需要说明的是,稳健的协议和绑定方法并不一定要满足所有的应用。在一些情况下,可能接受固定一个或几个值(如频道),甚至允许少量选择如按键或一个 I/O 口线的物理连接。

对于大部分应用,有一些情况必须考虑。第一个是使用者的习惯。为了使用一个新设备或者把它加入到一个存在的系统中,使用者必须做什么呢?按一下键然后复位,发送一个软件请求,当然目标是让这个过程简单、直观,使用者容易操作和减少用户的使用费用。但这是一件主观事物,而且可能在不同应用中的结果不一样。

8.2 不同的绑定方法介绍

8.2.1 工厂绑定

尽管经常被忽略,工厂绑定还是能对终端用户产生很大的影响。

1. 概 述

供应商在产品制造和载运期间,在同一个包装内提供的产品已经经过了绑定。因此,当用户收到产品时,不需要进行任何操作即可使用。具有其他绑定方式的产品,通常也会用工厂绑定的方式,其他绑定方式作为终端用户的一个备份。它有预载必要数值至非易失性存储器的测试软件。

2. 优 点

- 用户成功体验机会最高,方式最简单。真正的即插即用,开箱即可使用。
- 技术支持赎回风险最小,因此支持成本最低。
- 在电池供电系统中不影响电力消耗。

3. 弊 端

- 生产线上有交叉风险。
- 可能需要额外增加生产步骤,这就导致了时间和成本的小幅增加。
- 当额外的装置独立于桥接器被出售时,此方式不能使用。

8.2.2 按键绑定

在多数 Cypress Wireless USB 系统中,普遍使用这种绑定方式。这很直截了当而且容易可靠、实用地绑定,是用得最多的方式。

1. 概 述

在系统的每侧(节点和主机)都有一个特殊的按键用来启动绑定。当用户在主机上按下绑定按键时,这个动作进入一种监听方式,准备接收绑定请求。当节点设备侧的按键被按下时,绑定请求就被持续发送。在有按键处于不便利位置的情况下,双方都有约 20 s 的延时,用以缓冲按键动作。此外,多信道被使用,以增加成功绑定的机率。主机和节点设备必须循环通过定义的子信道。降低额定输出功率放大器(PA)电平被使用,它能对其绑定范围加以限制。主机接收到请求便会做出响应,把网络参数序列数据发送到节点上。

2. 优　点

- 系统简单,用户体验好,由于使用普遍,相对比较容易被用户认可。
- 技术支持风险小。
- 适当的延时可在当一个设备不能很快被访问时,保证用户两个按键的按下。按键在任何状态下均可按下。

3. 弊　端

- 双方按键的硬件对成本有小幅度影响。
- 当按下按键时,系统的绑定要归之于延时的需求。
- 新的无线用户可能不了解绑定要求,设备首次使用前需要按下按键。有一定的潜在的技术支持风险。

8.2.3　主机上的软件激发绑定

我们讨论的大部分系统都是通过中央主机连接到处理器(PC、机顶盒等)的,它们通过使用一个主机的软件接口使桥接器进入绑定方式,而不是使用一个物理按键。这就实现了"软"按键。

1. 优　点

通过删除按键可节省成本。

2. 弊　端

- 非明显的,需要用户文档,技术支持风险增加。
- 增加了主机软件的程序调试时间和成本。

8.2.4　上电绑定

高级别的上电绑定,意味着此上电过程与绑定按键的触发相似。

第8章 无线连接的必经过程——绑定

1. 概述

每当设备上电或复位时,绑定序列将被启动。在某些情况下,例如当电源很少被移动时,与上面讨论的按键绑定不会有很大差异。在循环供电情况下,这种方式是不合适的,或者必须做一些改变,以防止侵入性装置对正常装置的操作。

上电绑定仅仅在一方被典型应用,同时另一方使用一个按键。一般来说,会有短时间的延时。如果很少开关电源,则具有较长延时的上电绑定也可能被使用。例如,桌面用户使用的键盘和鼠标(Cypress 电池的寿命一般为一年或更长一些)。建筑物内传感器可控制网络或者嵌入式系统内的主机。

很明显,在任一方或者双方,上电绑定有多种组合,并且延时有长有短。系统设计师必须充分考虑这些用户在选择上电绑定时可能遇到的情况。

例1:USB 主机上电绑定,节点设备按键绑定。

主机,由于是以 USB 为基础的,当从 PC 机上拔下,或者 PC 机关机或休眠时,会看到频繁的开关循环,因此会有 1 s 的短时延时。相对于 USB 枚举过程而言,这是不明显的。此装置使用标准按键。绑定时,节点上的按键首先被按下,然后把桥接器插入 USB 接口。

例2:楼宇传感器上电绑定,主机按键绑定。

传感器通常每隔几年才有电池的更换。节点装置侧长延时被使用,以保证按键绑定动作的完成。长延时不会影响装置的正常运作。用户可以从任何一侧开始此绑定:首先按下主机上的按键,然后把电池插入传感器,或者相反。绑定通道分设备用于健壮性,使用功率放大 PA 以防主机距其距离太大。

例3:鼠标/键盘上电绑定,主机按键绑定。

这是一个通过删除鼠标和键盘上的按键来节省成本的机会。此上电绑定方式采用一个非常简短的绑定序列对节点装置进行上电(1 s 或者更少),并且在主机上有一个具有长延时的标准按键。一般情况下,1 s 的延时是不够的,当给产品上电时是方便的,但是当开关循环频繁的情况下,装置的电力消耗略有增加。为了绑定装置,主机必须启动绑定程序,然后把电池插入鼠标或键盘,或电源开关开启。如果两个装置都在进行绑定,则每一个装置的绑定程序是重复的。

这种方法的优点是,设备侧绑定过程由上电或复位来启动,能消除一个或更多按键的需要,因此节省了成本。缺点是,此步骤不易被用户察觉,因此需要写进用户文档(用户不一定经常阅读此文档)。

可能由于用户不了解上电操作,存在潜在地增加技术支持的风险。(短期延时需要测序。长期延时可能使装置出现无法操作,直至超时。)

8.2.5 传统 KISSBind

KISSBind 是 Cypress 公司研发的一种用于提供简单的动态绑定的方法。它主张"保持简单的解决方案",但它是通过 Kiss 其元件来激活的——使装置选择最近的主机。请注意,KISSBind 并不是取代其他绑定方式。它可与上述手动绑定方法共存,因此增强了功能。

1. 概 述

迄今为止,一些对于 KISSBind 方式的描述有很大的差异。首先,作为主机自身正常运作的一部分,只是在监听通信量时,支持 KISSBind。

在设备侧,有两种情况可以使用 KISSBind 方式。一种情况是,当装置上电前任何时候都没有被绑定过;另一种情况是,装置从其主机上未能获得响应。如果没有得到确认,则无法在另一通道找到主机,装置将尝试 KISSBind 序列。如果 KISSBind 序列也失败了,则装置会进入休眠状态。当再次被唤醒时,它将再次进入整个过程,直到在此过程中成功为止。

主机可以使用任何信道和任何 PN 代码。因此,另外关于 KISSBind 独特的一点是,此装置必须尝试所有可能的信道组合和 PN 代码,以便定位新的主机。

KISSBind 有两种类型的信息包。一种是专门的 KISSBind 请求,另一种是绑定请求。装置使用 KISSBind 请求在所有信道和 PN 代码组合中搜寻合适的主机。它不去等待 KISSBind 请求的响应,而是周期性地进入 0 频道和 PN 码选用 0 组码元,并且低功耗地传送绑定请求。接收到 KISSBind 请求的主机将自动进入 0 频道和 PN 码选用 0 组码元来监听绑定请求。如果节点装置和主机在这里相互被发现,并且满足 RSSI 请求,便完成了绑定过程。KISSBind 序列范例如图 8-1 所示。

2. 优 点

- 由于允许装置动态再绑定,因此 KISSBind 具有很大的适应性。只要旧的连接不再有效,便会建立新的连接。
- 由于从装置中消除了按键的可行性,因此可节省成本。
- 使用的发送功率和 RSSI 可由开发商进行某种程度的控制。供应商能够选择他们是否区分嵌入式装置或允许装置远离使用 KISSBind 的绑定。

3. 弊 端

这种方法不直观而且增加了技术支持的风险,尽管概念上简单——把装置紧密放在一起然后绑定。只要不被需要,具有电池供电装置的微控制器便进入典型的休眠状态。为了运行 KISSBind 请求,用户必须采取行动去唤醒此微控制器并且尝试通信。因此这些不足以保持与

第8章 无线连接的必经过程——绑定

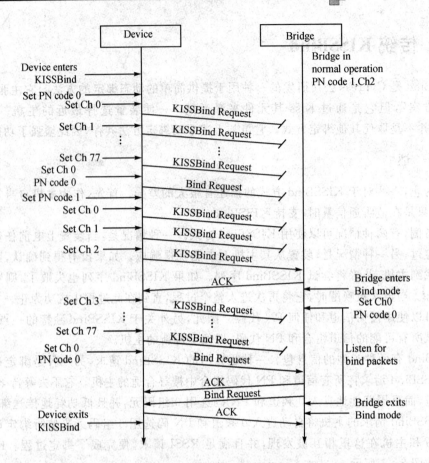

图 8-1 KISSBind 序列范例

主机附近的节点装置的同步。为了确认微控制器处于工作状态,用户按下按键、移动鼠标或者采取任何一种动作都是必需的。用户可能不知道即有的需求,甚至不知道什么时候微控制器是休眠的还是工作的。

  这种方式也导致了交叉绑定风险的增加。尽管用户有距离的概念,但目前的装置仅仅能读出信号强度,如同在前面部分讨论的一样。在某些情况下,可能有 2 倍、3 倍或更多于现存的距离。这也就意味着,如果 KISSBind 的目标范围确定为"12",那么就有可能从"6"到"24",甚至"3"到"36"均能绑定。因为 KISSBind 请求在每个信道和 PN 代码中传输,这也就意味着响应的主机不是用户想去绑定的主机。例如,有可能我的鼠标绑定到坐在我旁边的另一个人的主机上。RSSI 的校准可以帮助维护这一点,但仍然有很多未被研发者控制的参数,这些参数仍然能够对大的范围变化有所帮助。也可以采用额外的固件去减少或管理这种情况的发生。

如果非计划中的主机偶然产生了绑定,暂停这种绑定可能是麻烦的。一旦绑定,正常的无线参数便会建立,信息就会传送到 50 m 或者更远的地方。

在开发过程中,以节点装置的天线到主机天线的范围为基础的理想的接收信号强度值是确定的。当内部透明传输时,终端用户未必知道天线的安装位置,尤其对于键盘或另外的大型装置。如果开发商严格控制范围值,那么有可能此绑定范围比节点装置的物理尺寸还要小。因此用户可能绑定失败,因为现实中的天线距离太远,即使主机和节点装置在物理上距离很近。通过使用插图、丝网图或者类似的方法用来标定隔外部天线位置的方法,可以减少这种情况的发生,但是用户必须知道这意味着什么。处理这种情况的范围值的增加,可能增加前期讨论的不慎绑定的风险。

由于要搜索所有信道和 PN 代码,KISSBind 所需时间会长一些。基于即有的 Cypress 执行程序,几秒钟便可完成。一般来说这是不可接受的,一个小的风险就是它比用户期望的时间要长,这将导致装置的状态变得混乱。

目前 Cypress 公司的执行程序中,所有实际的绑定请求都会放入 0 频道和默认的 PN 代码中。如果在此信道中与其他信息发生冲突,则可能导致绑定失败。没有跳频的运算法则。也有可能将来会开发这一运算法则,但这无疑会增加完成这一过程的时间,并将加剧前面所讨论的情况。

当主机接收到 KISSBind 请求时,它会停止正常的运作,去 0 频道和默认的 PN 码监听绑定请求。因为节点装置可能仍在以浏览 PN 码列表的方式运行着,主机必须在此信道中作短暂的停留。在此期间,主机不会对已经对其绑定的节点装置做出响应,并会尝试正常的通信。这是一个非常短暂的过程,很容易被终端用户所忽视。如果节点装置仍然没有接收到绑定新主机的请求,这就非常严重了。如果节点装置多次重复这一过程——KISSBind,则这种情况也将周期性地发生。

由于额外信息包的增加,因此导致了装置上电力消耗的增长。假设信息量的丢失在允许范围内,从而强制装置进入 KISSBind 方式,这种影响将会非常小。

相对于其他方式来说,代码大小增加了。

8.2.6 即开即用的 KISSBind

它是与特殊应用相匹配的绑定方案。

之所以使用 KISSBind 这个名称,是因为它为终端用户保留了"保持简单"的理念。增加"即开即用",是因为它一般保持静止,只有这个设备没有进行任何绑定时会使用即开即用绑定方法。

第8章 无线连接的必经过程——绑定

1. 概　述

虽然它可以绑定多种装置,但仅能绑定给定装置中的一个,例如一个鼠标、一个键盘等。每种类型的装置绑定时,主机都必须保留其路径,比如一些简单的标识存储在 Flash 内,并且将不再接受来自另外同类型装置的 KISSBind。如果以前从未绑定过,则装置侧仅仅是发送 KISSBind 请求;否则,前面描述的同样的基本运算法则仍然会被使用。一种可以放宽这种限制的可能情况是,降低 RSSI 限定在稍长一些(1 m 左右)的范围的绑定距离。

理论上说,静态体验交叉绑定是可行的,但这意味着用户在首次应用时必须对装置上电,而且此节点装置和主机处于近距离,且此前同类型的装置从未被绑定过——这种情况是极少见的。制造商也可以提供一种手动方法来控制此过程,例如,为了技术支持。因此,一种备份的手动绑定方案便产生了。

备份绑定方案主要是上电绑定和按键绑定的一种修正和综合。只要主机被上电,它便进入瞬时(约 1 s)备份绑定监听时隙。节点装置将有一个上电绑定前导。当装入电池并且专门的按键或按钮序列也已经准备就绪,装置便会进入备份绑定方式。例如,当装入电池准备进行备份绑定时,鼠标就可能命令左边或右边的按键保持同步。

备份绑定方式不同于前面讨论的上电绑定方式。首先使节点装置进入绑定方式,然后把主机插入 USB 端口。如果在这种方式下有新的节点装置被绑定,则主机将忽视标记一个同样类型的装置先前已经被绑定的标识。

2. 优　点

由于按键的消除而降低了成本。
- 简单的用户体验——用户开始使用"近距"装置去桥接,然后它们将开始绑定并且自动运行——看起来好像是工厂绑定。
- 手动备份方式允许程序控制和修正跨界情况的方法。

3. 弊　端

- 由于采用了多种方法,代码大小有少许增加。
- 在少数情况下,交叉绑定风险仍然存在。
- 电源消耗有些许增加,但仅仅在绑定前。
- 由于要搜索所有信道和 PN 代码,KISSBind 所需时间仍稍微有些长。

综上所述,在一个无线系统中有许多种绑定方法可供选择。按钮绑定是一种非常可靠的方式。为了其强大功能或者低成本捆绑的实现,有一些创造性的解决方案,但并不是这些方案都适用于所有系统。请记住,问题的关键是打算围绕什么类型的用户体验。如果基于这个概念,将会帮助指导开发人员通过决策过程。

第 8 章 无线连接的必经过程——绑定

这一部分提供了一些关键的概念并讨论了多种具体的实现方式,但这还远远不够。尽管这些方式可以解决多数普遍问题,但这些基本概念也只能对发展其他解决具体实现的方案起到抛砖引玉的作用。

绑定方式汇总表如表 8-1 所列。

表 8-1 绑定方式汇总表

方 法	典型应用	优 点	弊 端
工厂绑定	多数系统	• 用户成功体验机会最高,方式最简单 • 技术支持风险低,维护成本低 • 在电池供电系统中不影响电力消耗 • 如果没有替代方法,则可减少代码大小	• 生产线上的交叉风险 • 成产步骤增加可潜在地引起成本增加 • 当额外的装置独立于主机被出售时,此方式不能使用
按钮绑定	多数系统——无论何时双方都容易到达	• 系统简单,用户体验好 • 技术支持赎回风险小 • 支持所有命令,时间需求自由 • 电力需求适度 • 代码大小标称	• 按钮硬件可引起成本的小幅度增长 • 不慎按下绑定按钮时,会有延时 • 新的无线用户可能不了解绑定要求
主机上软件激发绑定	具有强大用户界面的系统选择	• 按钮的删除成本较低	• 非标准的或明显的——需要用户文档、技术支持赎回风险 • 主机软件的开发成本
上电绑定	当按钮不方便或成本增加太多时	• 按钮的删除成本较低	• 非标准的或明显的——需要用户文档、技术支持赎回风险 • 潜在地增加了电力消耗
传统 KISSBind	可能需要被动态绑定系统	• 动态释放和再绑定 • 通过删除按钮可潜在地节约成本(不推荐) • 可区分远近设备	• 不是很直观——有技术支持风险 • 好的远程控制比较困难,增加了交叉的可能性 • 知道设备的哪一部分必须被 KISS 对用户来说是困难的 • 绑定时间较长(几秒钟) • 如果仅有一个信道用作绑定,则干扰可造成绑定失败 • 其他桥接器可能被暂时中断 • 电力消耗有少许增加 • 代码大小较大

续表 8-1

方 法	典型应用	优 点	弊 端
即开即用的 KISS-Bind		• 通过删除按钮可潜在地节约成本 • 用户体验简单 • 当需要更好的控制时可手动备份	• 代码较大 • 交叉风险小 • 电力消耗增加——但仅在上下限时 • 绑定时间较长（几秒钟） • 其他桥接器可能被暂时中断

8.3 绑定实例讲解

在这部分中，以实例来讲解绑定的实现方法。在这个系统中，有主机和节点两种类型的设备，通过绑定，可以把节点加入到主机系统中，实现主机和节点的无线通信。在这里，介绍使用最多、最可靠和最简单的按键绑定方法，在主机和节点上用绑定按键来开启一次绑定过程。

要设定一个固定的频道作为绑定频道，设定一个固定 PN 码作为绑定通信的 PN 码。在绑定键被按下后，无线模块按预先设定好的参数进行设定，这样需要绑定的模块就能进行有效的通信。绑定的目的简单地说，就是让要加入的节点模块知道主机模块的无线工作参数，使节点模块与主机模块的无线参数一致，这样节点就可与主机顺利地进行联系。

在这个实例中选择绑定使用的频道号是 1 频道，选用的 PN 码是第 10 组。在绑定过程中，主机需要传输给节点的无线参数是频道号和 PN 码组号这两个数据。

当绑定按键使能进入绑定状态时，节点程序发送绑定请求码，然后等待主机程序发送绑定码。程序不停地循环这个过程，当接收到绑定码时，退出绑定状态。如果一直没有收到绑定码，则绑定超时到时，退出绑定状态。那么主机进入绑定状态后，等待绑定请求的到来，然后发送绑定码，并退出绑定状态。如果绑定超时时间到，则主机也退出绑定状态。

绑定协议中，节点发送的绑定请求码定义是：第一字节的第 7 位为 1，第 6 位为 0；第二字节的第 7 位为 1；第三字节定义为 0x55；第四字节为前三字节的"异或"。主机发送的绑定数据定义是：第一字节的高两位为 1，后六位为 ID 号；第二字节为频道号；第三字节为 PN 码组号；第四字节为前三字节的"异或"。绑定数据保存在主机中。

把 K4 键定义为绑定按键，LED4 为绑定指示灯。当 LED4 点亮时，表明在绑定状态；当 LED4 熄灭时，表明在正常状态；节点模块快闪 3 下，说明绑定成功；节点模块慢闪 6 下，说明绑定不成功。

与前面一样，还是把这个问题分成几步来进行。

8.3.1 建立一个与绑定参数一致的测试程序

先建立一个在绑定频段和使用绑定 PN 码的接收和发送程序,其发送的数据是绑定请求码。这个程序将在绑定程序的编写中做测试使用。以 7_5_1 中的程序为基础,把工程复制到 8_3_1 文件夹中,编译下载到 A 实验板和 B 实验板,看是否复制正确。

把初始化的参数设定绑定通道的参数,接下来按照绑定协议的要求,将数据格式更改为绑定的数据格式,即更改打包程序即可。其程序如下:

```
radio_chanle(1);                    //设置频道号
radio_pn(10);                       //设置 PN 码组号
/****************************************************
* * 函数名称:pack_data(unsigned char dat)
* *
* * 描   述:打包绑定请求数据包
* *
* * 输入参数:要打包的数据
* * 输出参数:无
****************************************************/
void pack_data(unsigned char dat)
{
    rf_buf[0] = 0x80;               //定义一个绑定请求
    rf_buf[1] = 0x80;               //定义一个绑定请求
    rf_buf[3] = rf_buf[0] ^ rf_buf[1];   //"异或"
    rf_buf[2] = 0x55;
    rf_buf[3] ^= rf_buf[2];         //"异或"
}
```

编译后下载到 A 实验板,按键后,发现对方串口没有数据输出。按对方的按键,这边也没有数据流输出。这说明程序有问题。仔细查看更改过的地方,发现现在下载的程序所运行的是频道 1,而另一块板上的程序运行的频道是 0x15。把另一块板上也下载绑定测试程序,就可以看到对方串口输出的数据是绑定请求数据。这样,用于绑定测试和调试的辅助程序就完成了。下面将进行实际绑定程序的调试。

无线程序协议的功能是否能实现,要看能否按自己的要求发送和接收数据,这就是编写这个辅助程序的目的。通过这个测试程序,能知道问题是在发送还是接收部分。

无线绑定是一个双向的过程,可以借用绑定辅助程序来分别调试节点和主机部分的绑定程序。

8.3.2 主机绑定程序调试

还是以 7_5_1 工程文件为基础,先来完成主机绑定功能的实现。先把程序复制到 8_3_2 中,编译下载测试,确认复制正确。

由于绑定可以出现在任何状态,程序可以随时进入绑定状态,所以程序运行就分成两部分——绑定部分和正常通信部分。

在绑定函数中,需要配置无线模块到绑定频道上,接收绑定请求数据包,分析接收到的数据包。如果为绑定请求包,则发送绑定码数据,退出绑定状态,回到绑定前的参数;如果绑定超时到,则退出绑定状态,回到绑定前的参数。

这部分的内容很多,不可能一次把它们全部完成,还是逐步来实现这部分的功能。①置绑定标志位,测试绑定超时。②首先实现把无线模块配置到绑定频道上,测试是否能接收到绑定测试程序发来的数据;超时后,退出绑定并回到绑定前的参数,看是否能收发正常工作频道的数据。③接收数据,并分析是否为绑定请求数据包。④发送绑定码数据,退出绑定状态,回到绑定前的参数。

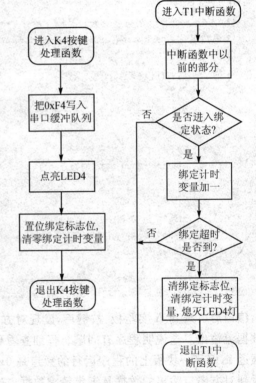

图 8-2 绑定标志置位和绑定超时流程图

1. 置绑定标志位,测试绑定超时

首先做以下更改,加入绑定标志位和绑定超时计数变量。在 K4 按键中,置位绑定标志,清零绑定超时变量,点亮 LED4 灯,指示进入绑定状态,需要更改按键程序。在 T1 中断程序中,如果绑定标志置位,则开始计数绑定超时计数变量,当超时计数到达预定值时,退出绑定状态,熄灭 LED4 灯。程序流程图如图 8-2 所示。

按键程序更改如下:

```
unsigned char bang_sig = 0;              //绑定标志变量
unsigned char bang_time_num = 0;         //绑定计时变量
/****************************************************************
* * 函数名称:key4(void)
```

```
**
**描    述：绑定按键函数
**
**输入参数：无
**输出参数：无
*****************************************************************/
void key4(void)
  {
    uart_trx[uart_rx] = 0XF4;            //把标志量经过串口传出来
    uart_rx ++ ;
    uart_rx &= 0x3F;
    bang_sig = 1;                        //置绑定标志变量
    LED4ON();                            //点亮 LED4 灯
    bang_time_num = 0;                   //绑定计时变量清零
  }
```

T1 中断函数内容如下：

```
/****************************************************************
**函数名称：timer1_ovf_isr(void)
**
**描    述：T1 溢出中断函数,在 500 ms 事件中翻转 LED1 指示灯,键盘延时功能实现
**          绑定超时处理
**输入参数：无
**输出参数：无
**
*****************************************************************/
#pragma interrupt_handler timer1_ovf_isr:9
void timer1_ovf_isr(void)
  {
    TCNT1H = 0x9E;  //reload counter high value
    TCNT1L = 0x58;  //reload counter low value
    temp2 ++ ;
    if(temp2 > 9)
      {
        temp2 = 0;
        LED5B();
      }
    //****************************************************
    //绑定超时处理
```

第8章 无线连接的必经过程——绑定

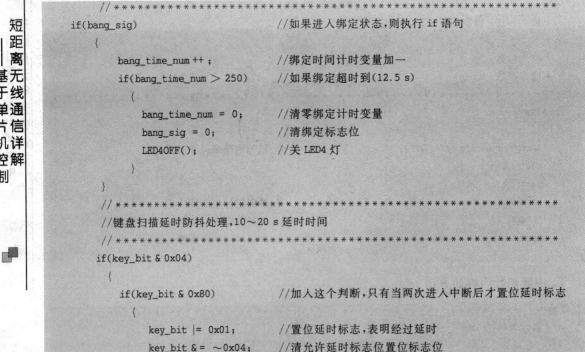

编译下载,按 K4 键后,查看 LED4 灯是否点亮,等待 12 s 后是否熄灭,同时,把 7_5_1 中的程序下载到另一块板,查看两块板是否能正常通信。完成上面的调试后,要在程序中加入绑定部分内容。

2. 进入绑定频道,超时退出,恢复到绑定前的参数

这一步,主循环程序中变成两部分:绑定部分和正常数据接收部分。正常程序部分为以前已有的程序,绑定部分为调用绑定函数。绑定函数中,首先把绑定参数配置到无线模块中,然后等待循环中发送串口数据,一直到绑定超时,退出循环,最后把无线模块恢复到绑定前的参数,退出绑定状态。其程序流程图如图 8-3 所示。

在主循环中,利用绑定标志位将程序分成两个分支——绑定分支和正常程序分支。主循

第8章 无线连接的必经过程——绑定

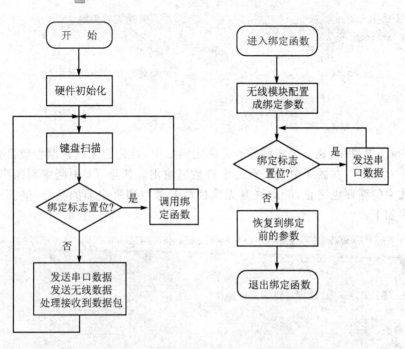

图8-3 主函数和绑定函数流程图

环程序如下：

```
/****************************************************************
**函数名称：while(1)
**
**描    述：主循环函数。键盘扫描、绑定部分和正常收发数据部分
**
**输入参数：无
**输出参数：无
****************************************************************/
while(1)
 {
      key_work();
      if(bang_sig)              //若绑定标志置位,则调用绑定函数
        {
            banging();          //调用绑定函数
        }
      else
        {
            uart_tx_data();     //发送串口数据
```

```
        tx_data();                          //发送无线数据
        if(receive_all)
        {
            rx_data();                      //处理接收到的数据包
        }
    }
}
```

在 rx_data.c 文件中，建立绑定函数。在绑定函数中，首先把无线数据参数设置成绑定参数，然后进入一个循环，在循环中判断有无串口数据输出。如果 T1 中断中判断绑定超时到，则在绑定函数中的循环也终止，随即恢复无线模块的参数到绑定前的状态，进而退出绑定状态。具体程序如下：

```
/*****************************************************************
* * 函数名称：banging(void)
* *
* * 描    述：绑定函数,处理绑定相关的操作
* *
* * 输入参数：无
* * 输出参数：无
* *
******************************************************************/
void banging(void)
{
    radio_chanle(1);              //设置为绑定频道号
    radio_pn(10);                 //设置为绑定用 PN 码组号
    while(bang_sig)               //若在绑定状态,则循环执行 while 语句内容
    {
        uart_tx_data();           //发送串口数据
    }
    radio_chanle(0x15);           //恢复绑定前的频道号
    radio_pn(0x23);               //恢复绑定前的 PN 码组号
}
```

在这个程序中看到，先设置成绑定参数，然后是一个循环，等待超时的到来；超时到来后，退出循环，恢复无线模块参数，退出绑定状态。在绑定状态中，可以接收绑定测试程序发来的数据，退出绑定后，可以接收正常频道的数据。

下面来进行程序的测试。把程序编译后下载到 A 实验板，在 B 实验板上下载 7_5_1 工程中的程序，在 C 板上下载 8_3_1 中的绑定测试程序。按 A 板和 B 板上的 K1、K2 或 K3 键，若正常，则可以看到对方板上相应的指示灯会发生变化，串口有数据输出。按下 A 实验板上的

K4 键，A 板进入绑定状态，这时，按 C 板的 K1、K2 或 K3 键，A 板上串口有数据输出，而按 B 板上的 K1、K2 或 K3 键，A 板上的串口没有数据输出。这说明 A 板进入绑定状态后，能正常接收数据。等待 A 板 LED4 灯熄灭，退出绑定状态，这时 A 板和 B 板应该能正常通信。这样，就实现了在不同的状态下，无线模块可以在不同的频道上进行正常的通信了，这一步就完成了。

3. 在绑定状态接收数据，并分析接收到的数据

在上一步中，处于绑定状态的无线模块能接收到数据，那么就要把接收到的数据进行分析处理，以实现绑定函数的目的。通过判断 receive_all 标志位，知道一个数据包是否接收完成，然后对数据进行处理。这里只讨论如何对接收到的数据包进行处理，其他部分没有变化。其处理数据流程图如图 8-4 所示。

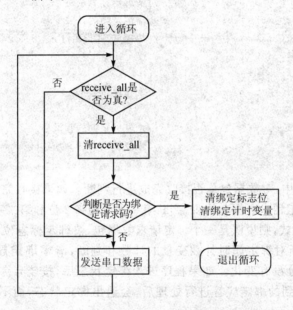

图 8-4　绑定状态中对接收数据处理流程图

具体程序如下：

```
/****************************************************************
**函数名：banging(void)
**
**描    述：绑定函数，加入对在绑定状态接收到数据的处理
**
**输入参数：无
**输出参数：无
****************************************************************/
```

第8章 无线连接的必经过程——绑定

```c
void banging(void)
  {
    radio_chanle(1);                      //设置为绑定频道号
    radio_pn(10);                         //设置为绑定用 PN 码组号
    while(bang_sig)                       //若在绑定状态,则循环执行 while 语句内容
      {
        if(receive_all)
          {
            receive_all = 0;
            if(((rx_dat[0] & 0xC0 ) == 0x80) && (rx_dat[1] & 0x80))//若为绑定请求数据包
              {
                bang_sig = 0;             //清绑定标志变量
                bang_time_num = 0;        //清绑定超时计数变量
                LED4OFF();                //熄灭 LED4 指示灯,退出绑定状态
              }
          }
        uart_tx_data();                   //发送串口数据
      }
    radio_chanle(0x15);                   //恢复绑定前的频道号
    radio_pn(0x23);                       //恢复绑定前的 PN 码组号
  }
```

程序说明：在程序中,对数据包是否接收完成进行判断。如果接收完成,则对接收到的数据包进行分析,根据绑定请求数据包协议,判断第一字节的高2位和第二字节的最高位。如果符合绑定请求包数据格式,则说明是一个绑定请求数据包,清绑定标志位,以退出循环和绑定状态,同时停止 T1 中断对绑定超时计数变量的计数和判断,清零绑定超时计数变量,熄灭 LED4 指示灯,其他部分没有变化。如果程序进入绑定状态后,按装有绑定测试程序的 C 板上按键,则程序对接收到的绑定应答进行处理后,会退出绑定状态,而不一定要等到延时的到来。

编译,把程序下载到 A 板,按 B 板上 K1、K2 或 K3 键,可以看到 A 板上相应的指示灯会发生变化,同时串口有数据输出。按下 A 板上的 K4 键,进入绑定状态,这时按 C 板上的按键,发现 A 板串口有数据输出,同时 LED4 指示灯熄灭,退出绑定状态。此时 A 板和 B 板又可以正常通信了。

在程序的测试中,要反复地以不同顺序进行多次测试,看程序是否按自己的意愿来实现其功能。

4. 发送绑定码数据

这是最后一步,也是最简单的一步。在接收到数据判断为是绑定请求包的语句中,加入发

送函数,即可实现绑定码的发送。由于要把主机的正常工作参数发送出去,在 port.h 中用宏定义这些参数,并且把相应的地方全部改成使用宏。这段程序结构简单,这里就不画出流程图了。具体程序如下。

增加的宏定义如下:

```
#define CHANE    0x15
#define PN_N     0x23
#define IDD0     0x19
```

相应地,在主函数的模块初始化部分也使用如下宏定义:

```
//radio_chanle(x015);              //恢复绑定前的频道号
//radio_pn(0x23);                  //恢复绑定前的 PN 码组号
radio_chanle(CHANE);               //恢复绑定前的频道号
radio_pn(PN_N);                    //恢复绑定前的 PN 码组号
```

绑定函数如下:

```
/***************************************************************
**函数名称: banging(void)
**
**描    述:绑定函数,加入对在绑定状态接收到数据的处理,若为绑定
**          请求,则发送绑定码数据
**输入参数:无
**输出参数:无
***************************************************************/
void banging(void)
{
    radio_chanle(1);                //设置为绑定频道号
    radio_pn(10);                   //设置为绑定用 PN 码组号
    while(bang_sig)                 //若在绑定状态,则循环执行 while 语句内容
    {
        if(receive_all)
        {
            receive_all = 0;
            if(((rx_dat[0] & 0xC0 ) == 0x80) && (rx_dat[1] & 0x80))//若为绑定请求数据包
            {
            //****************************************************
            //绑定码数据打包
            //****************************************************
                bang_pack_dat[0] = (0xC0 | IDD0);
```

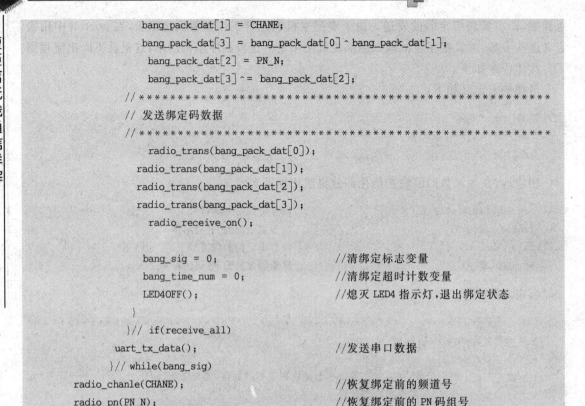

为了使程序更容易看懂,对不同的"{ }"对进行了标注,这样程序的结构就更清楚,各自的界限也就非常明了。

编译后,把程序下载到 A 板,按下 K4 键,让 A 板进入绑定状态,此时 LED4 点亮,然后按下 C 板上的 K1 键,A 板上的串口有数据输出,LED4 灯会熄灭,同时在 C 板的串口上也会有数据输出,这个数据就是 A 板发送的绑定码数据。

至此,主机的绑定程序完成了。由上可知,可以充分地利用三个模块来进行程序的开发调试,大大提高了开发的速度。

8.3.3 节点的绑定程序的调试

按照主机绑定程序调试的思路来调试节点的绑定程序。与主机程序一样,把节点的 K4 键也定义为绑定键,在按键函数中加以更改。按 K4 键,节点进入绑定状态,LED4 灯点亮,把无线模块设定到绑定频道上。发送绑定请求数据,随即进入接收状态,等待接收绑定码数据。如果接收到绑定码数据,则把绑定码数据存入 EEPROM 中,用接收到的参数配置无线模块,然后退出绑定状态。在绑定状态中,程序循环发送绑定请求码,直到接收到绑定码数据或超时退出。超时退出时,恢复到绑定前的参数。

把节点绑定程序的完成过程像主机一样,分成几个小步来完成:①实现 K4 键绑定的进入和超时退出;②进入绑定状态,设定无线模块,超时退出时返回绑定前参数;③发送绑定请求数据;④接收绑定码数据,用接收到的数据设置无线模块,并把数据写入 EEPROM 中,退出绑定状态。

1. 实现 K4 绑定按键,进入绑定和超时退出

还是以 7_5_1 工程中的程序为基础,复制该工程文件到 8_3_3 文件夹中,编译下载验证。

首先做以下更改,增加绑定标志变量和绑定超时计数变量两个变量。在 K4 按键函数中,置位绑定标志,清零绑定超时变量,点亮 LED4 灯,指示进入绑定状态,需要更改按键程序。在 T1 中断程序中,如果绑定标志置位,则开始计数绑定超时计数变量,当超时计数到达预定值时,退出绑定状态,熄灭 LED4 灯。程序流程图如图 8-5 所示。

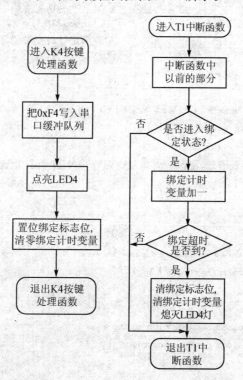

图 8-5 绑定标志置位和绑定超时流程图

增加变量如下:

```c
unsigned char bang_sig = 0;                    //绑定标志变量
unsigned char bang_time_num = 0;               //绑定计时变量
/***************************************************************
**函数名称：key4(void)
**
**描    述：绑定按键函数
**
**输入参数：无
**输出参数：无
***************************************************************/
void key4(void)
  {
    uart_trx[uart_rx] = 0xF4;                  //把标志量经过串口传出来
    uart_rx++;
    uart_rx &= 0x3F;
    bang_sig = 1;                              //置绑定标志变量
LED4ON();                                      //点亮 LED4 灯
bang_time_num = 0;                             //绑定计时变量清零
  }
```

T1 中断函数内容如下：

```c
/***************************************************************
**函数名称：timer1_ovf_isr(void)
**
**描    述：T1 溢出中断函数，在 500 ms 事件中翻转 LED1 指示灯，键盘延时功能实现
**         绑定超时处理
**输入参数：无
**输出参数：无
**
***************************************************************/
#pragma interrupt_handler timer1_ovf_isr:9
void timer1_ovf_isr(void)
  {
    TCNT1H = 0x9E; //reload counter high value
    TCNT1L = 0x58; //reload counter low value
temp2++;
    if(temp2 > 9)
      {
        temp2 = 0;
        LED5B();
```

```
    }
//**********************************************************
//绑定超时处理
//**********************************************************
if(bang_sig)                          //若进入绑定状态,则执行 if 语句
  {
    bang_time_num ++ ;                //绑定时间计时变量加一
    if(bang_time_num > 250)           //若绑定超时到(12.5 s)
      {
        bang_time_num = 0;            //清零绑定计时变量
        bang_sig = 0;                 //清绑定标志位
        LED4OFF();                    //关 LED4 灯
      }
  }

//**********************************************************
//键盘扫描延时防抖处理,10～20 s 延时时间
//**********************************************************
if(key_bit & 0x04)
  {
    if(key_bit & 0x80)                //加入这个判断,只有当两次进入中断后才置位延时标志
      {
        key_bit |= 0x01;              //置位延时标志,表明经过延时
        key_bit &= ～0x04;            //清允许延时标志位置位标志位
      }
    else                              //若第 7 位没有置位,则说明是第一次进入中断
      {
        key_bit |= 0x80;              //第一次进入时,将 key_bit 第 7 位置位
      }
  }
}
```

编译后,下载到 A 实验板,按 K4 键,查看 LED4 灯是否点亮,等待 12 s 后是否熄灭,同时,将 7_5_1 中的程序下载到 B 实验板,查看两块板是否能正常通信。

2. 进入绑定频道,超时退出,恢复到绑定前的参数

这一步,主循环程序中变成两部分:绑定部分和正常数据接收部分。正常程序部分为以前已有的程序,绑定部分为调用绑定函数。绑定函数中,首先将绑定参数配置到无线模块中,然后在循环中发送串口数据,一直等待到绑定超时,最后将无线模块恢复到绑定前的参数。其程序流程图如图 8-6 所示。

第 8 章 无线连接的必经过程——绑定

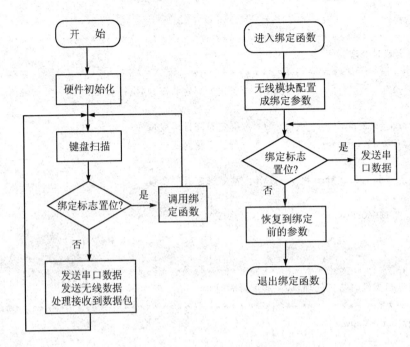

图 8-6 主函数和绑定函数流程图

在主循环中,把程序分成两个走向:一个是执行绑定功能走向;一个是执行正常数据收发的走向。具体程序如下:

```
/***************************************************************
 * * 函数名称:while(1)
 * *
 * * 描    述:主循环函数。键盘扫描、绑定部分和正常收发数据部分
 * *
 * * 输入参数:无
 * * 输出参数:无
 ***************************************************************/
while(1)
   {
       key_work();
       if(bang_sig)                //若绑定标志置位,则调用绑定函数
         {
            banging();              //调用绑定函数
         }
       else
```

```
    {
        uart_tx_data();              //发送串口数据
        tx_data();                   //发送无线数据
        if(receive_all)
        {
            rx_data();               //处理接收到的数据包
        }
    }
}
```

在 tx_data.c 文件中,建立绑定函数。在绑定函数中,首先将无线模块配置为绑定参数,然后循环等待延时的到来,延时到后,恢复无线模块绑定前的参数,退出绑定。具体程序如下:

```
/****************************************************************
* * 函数名称:banging(void)
* *
* * 描    述:绑定函数,处理绑定相关的操作
* *
* * 输入参数:无
* * 输出参数:无
* *
****************************************************************/
void banging(void)
{
    radio_chanle(1);                 //设置为绑定频道号
    radio_pn(10);                    //设置为绑定用 PN 码组号
    while(bang_sig)                  //若在绑定状态,则循环执行 while 语句内容
    {
        uart_tx_data();              //发送串口数据
    }
    radio_chanle(0x15);              //恢复绑定前的频道号
    radio_pn(0x23);                  //恢复绑定前的 PN 码组号
}
```

从上面程序可以看出,循环的退出是依靠 T1 中断函数中绑定超时判断后,对绑定标志量的清零来实现的。同时,也可以看出,进入绑定状态后,系统可以在绑定频道上进行数据的收发,可以接收绑定测试程序发来的数据。

下面来进行程序的测试。把程序编译后下载到 A 实验板,在 B 实验板上下载 7_5_1 工程中的程序,在 C 板下载 8_3_1 中的绑定测试程序。按 A 板和 B 板上的 K1、K2 或 K3 键,若正常,则可以看到对方板上相应的指示灯会发生变化,串口有数据输出。按 A 实验板上的 K4

键，A板进入绑定状态，这时，按C板的K1、K2或K3键，A板上串口有数据输出，而按B板上的K1、K2或K3键，A板上的串口没有数据输出。这说明A板进入绑定状态后，能正常接收数据。等待A板LED4灯熄灭，退出绑定状态，这时A板和B板应该能正常通信。这样这一步就完成了。

3. 发送绑定请求数据

在上一步中，已经能进入绑定频道进行有效的数据传输了。在这一步中，加入绑定请求码数据的发送。由于在绑定状态中绑定请求码不停地循环发送，为了更好地实现绑定请求码的发送，需要每隔一个时间间隔发送一次绑定请求码。使用延时函数来实现。发送部分的程序流程图如图8-7所示。

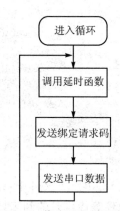

图8-7 绑定函数循环发送绑定请求码流程图

延时函数如下：

```
/*********************************************************
* * 函数名称：delay_ms(unsigned char num)
* *
* * 描    述：延时函数,延时约 num 毫秒
* *
* * 输入参数：要延时时间 num
* * 输出参数：无
* * 返 回 值：无
*********************************************************/
void delay_ms(unsigned char num)
   {  unsigned int ikk;
      unsigned char ikl;
      for(ikl = 0; ikl < num ;ikl ++ )
         for(ikk = 0;ikk<570;ikk ++ );
   }
```

在绑定函数的循环部分，加入发送绑定请求码。程序如下：

```
/*********************************************************
* * 函数名称：banging(void)
* *
* * 描    述：绑定函数,处理绑定相关的操作
* *
* * 输入参数：无
* * 输出参数：无
```

```
/******************************************************************/
void banging(void)
{
    radio_chanle(1);            //设置为绑定频道号
    radio_pn(10);               //设置为绑定用 PN 码组号
    while(bang_sig)             //若在绑定状态,则循环执行 while 语句内容
    {
        delay_ms(50);           //延时 50 ms
        radio_trans(0x80);      //发送绑定请求码
        radio_trans(0x8A);
        radio_trans(0x55);
        radio_trans(0x5F);
        uart_tx_data();         //发送串口数据
    }
    radio_chanle(0x15);         //恢复绑定前的频道号
    radio_pn(0x23);             //恢复绑定前的 PN 码组号
}
```

编译后,下载到 A 实验板。在 B 实验板上下载主机绑定程序,在 C 实验板上下载绑定测试程序(8_3_1)。上电后,A 板和 B 板是可以正常通信的。按 A 板上的绑定键,可以看到 C 板串口不停地传出数据,这些是 A 板在不停地发送绑定请求数据。复位 A 板,按 B 板上的绑定键,这时 B 板进入绑定状态,LED4 指示灯点亮,这时如果按 A 板上的绑定键,会发现 B 板上的 LED4 指示灯马上熄灭了,同时串口有绑定请求码数据输出。这说明节点发送的绑定请求码数据主机能接收到,并做正确的处理。当然,C 板上的串口会不停地向外传数据,直到 A 板超时退出。如果仔细查看这些接收到的数据,就会发现有主机发送的绑定码数据。

4. 接收绑定码数据

在上一步中,加入了发送绑定请求码,现在需要在发送绑定请求码后,接收绑定码数据,并对接收的数据进行处理。如果是绑定码数据,则把绑定参数从数据包中分解出来,保存到 EEPROM 中,并用接收到的参数配置无线模块,退出绑定状态。其绑定程序的流程图如图 8-8 所示。

在发送完数据后,有一个等待时间,把这个时间定为 15 ms。如果在 15 ms 后,还没有接收到完整的数据包,说明这次绑定请求失败。接着进行下一次绑定请求的发送。如果接收到完整的数据包,则对数据进行处理,首先看是否为绑定码数据。如果不是,则接着进行下一次的绑定请求的发送;如果是,则把数据解析出来,写入到 EEPROM 中,用这些参数配置无线模块,退出绑定状态。

第 8 章 无线连接的必经过程——绑定

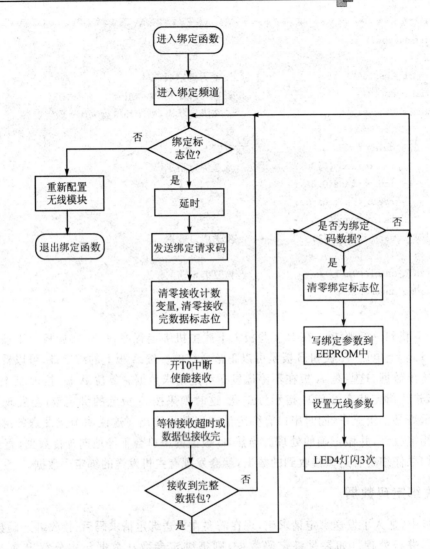

图 8-8 节点绑定函数流程图

增加两个变量,用于保存频道号和 PN 码组号。在初始化中,使用变量对频道和 PN 码进行初始化。具体程序如下:

```
//增加的全局变量
unsigned char idd;              //保存 IDD 号变量
unsigned char change_num;       //频道号变量
unsigned char  pn_num;          //PN 码组号变量
```

无线模块初始化改为:

```
//radio_chanle(0x15);              //设置频道号
//radio_pn(0x23);                  //设置 PN 码组号
  change_num = 0x15;
  pn_num = 0x23;
  radio_chanle(change_num);        //设置频道号
  radio_pn(pn_num);                //设置 PN 码组号
```

绑定函数程序如下：

```
/****************************************************************
**函数名称：banging(void)
**
**描    述：绑定函数，处理绑定相关的操作
**
**输入参数：无
**输出参数：无
****************************************************************/
void banging(void)
 {
    radio_chanle(1);                         //设置为绑定频道号
    radio_pn(10);                            //设置为绑定用 PN 码组号
    while(bang_sig)                          //若在绑定状态，则循环执行 while 语句内容
     {
        delay_ms(2);                         //延时 2 ms
        radio_trans(0x80);                   //发送绑定请求码
        radio_trans(0x8A);
        radio_trans(0x55);
        radio_trans(0x5F);
        timeover_sig = 0;                    //超时标志清零
        nub_i = 0;                           //清接收计数变量
        receive_all = 0;                     //清数据接收完成标志位
        TCNT0 = 0x16;                        // 0x16——15 ms
        TCCR0 = 0x04;                        //开 T0 定时器
        radio_receive_on();
        while(!(timeover_sig || receive_all)); //等待 15 ms 超时或全部接收完
        if(receive_all)                      //若有数据包接收到
         {
            if((rx_dat[0] & 0xC0) == 0xC0)   //若高两位为 1，则说明是一个绑定数据包
             {
                bang_sig = 0;                //清绑定标志位
```

第8章 无线连接的必经过程——绑定

```
            idd = rx_dat[0] & 0x3F;
            change_num = rx_dat[1] & 0x7F;    //将绑定参数写入到相应的变量中
            pn_num = rx_dat[2] & 0x3F;
            EEPROM_wt(0x62,idd);              //将接收到的绑定参数写入到EEPROM中
            EEPROM_wt(0x64,change_num);
            EEPROM_wt(0x66,pn_num);
            LED4OFF();
            LED4ON();                         //LED4 灯闪 3 次
            delay_1s();
            LED4OFF();
            delay_1s();
            LED4ON();
            delay_1s();
            LED4OFF();
            delay_1s();
            LED4ON();
            delay_1s();
            LED4OFF();
          }
        }
        uart_tx_data();                       //发送串口数据
      }
      radio_chanle(change_num);               //若绑定成功,则配置的参数为接收到的频道号
                                              //若绑定不成功,则恢复绑定前的频道号
      radio_pn(pn_num);                       //若绑定成功,则配置的参数为接收到的 PN
                                              //码组号
                                              //若绑定不成功,则配置的参数为绑定前的 PN
                                              //码组号
```

至此,主机和节点的绑定程序编写完毕。将主机有绑定的程序下载到 B 实验板,将节点有绑定的程序下载到 A 实验板。测试第一步,先来看看两个板上电后能否通信,分别按 A 板和 B 板上的 K1、K2 或 K3 键,查看对方所对应的指示灯是否有变化,串口是否有数据输出。测试第二步,按下 B 板上的绑定键,B 板进入绑定状态,按 A 板上的绑定键,A 板上的 LED4 灯闪了,B 板上的 LED4 灯也熄灭了,绑定上了。

虽然已绑定上了,但还要进行测试。这次,先按 A 板上的绑定键,然后按 B 板上的绑定键,不论怎样,都能很好地绑定上。不过,绑定后能正常通信吗?测试第三步,绑定成功后,再次测试第一步的内容,一切正常。

即使绑定不成功,其实两块板在正常状态下也是能进行通信的,若把绑定的参数改得不一

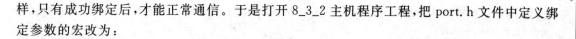

样,只有成功绑定后,才能正常通信。于是打开 8_3_2 主机程序工程,把 port.h 文件中定义绑定参数的宏改为:

```
#define CHANE    0x21
#define PN_N     0x13
```

然后编译下载到 B 板,再次进行测试。上电后,发现两块板不能进行通信。马上进行绑定操作,很快两个模块绑定上了,而且绑定后,两个模块能进行通信,能接收到对方的数据了。于是将模块都关闭。

再次打开两个模块随手按了一个键,发现对方没有反应,是键没有按下去吗?可这边串口已输出了按键特征码数据,按键能识别,再次测试,也不行。这是怎么回事?

再次绑定,又能进行通信了。问题出在何处?这两次有什么差别呢?原来为了节省电池的电力,将模块的电源关闭了。进行测试,果然如此。经过多次测试,发现只要系统复位后,问题就会出现,模块就不能进行通信。

看来是系统复位后没有得到绑定参数,仔细查看程序,原来问题在这里:

```
change_num = 0x15;
pn_num = 0x23;
radio_chanle(change_num);    //设置频道号
radio_pn(pn_num);            //设置 PN 码组号
```

初始化时,系统没有从 EEPROM 中读取数据,而是配置为这个固定参数,这样问题就好解决了。在初始化模块前,读 EEPROM 中的数据,然后配置无线模块。EEPROM 在没有写入数据时,其读出来的数据是 0xFF,如果没有经过绑定处理,那么 EEPROM 就没有被写过,其值为 255。从 CYWM6935 的芯片手册和 Cypress 公司给予的 PN 码组数据中可知,频道号要小于 79,PN 码组号要小于 49。如果把读出来的 EEPROM 数据直接赋值给无线模块,就有可能出现超界问题。所以在读出数据后,对数据进行判断,如果超界,则说明系统没有进行过绑定处理,系统使用默认的 0x15 频道,使用默认的 0x23 号 PN 码组号;如果没有出界,则使用读出的数据初始化无线模块。这样问题就解决了。下面具体程序如下,它们加在对无线模块初始语句前。

```
init_devices();
    rf_init();                        //复位无线模块和初始化 CYW6935 寄存器
    idd = EEPROM_rd(0x62);            //读 IDD 号
    if(idd > 0x3F)
        idd = 0x19;
    change_num = EEPROM_rd(0x64);     //读频道号
    if(change_num > 0x7F)
        change_num = 0x15;
```

第8章 无线连接的必经过程——绑定

```
pn_num = EEPROM_rd(0x66);              //读 PN 码组号
if(pn_num > 0x3F)
    pn_num = 0x23;
radio_chanle(change_num);              //设置频道号
radio_pn(pn_num);                      //设置 PN 码组号
radio_receive_on();                    //使能接收
```

在这里,加入 if 判断语句的作用,上面讲过,这个判断非常重要,是读者容易忽略的地方。

编译下载后,问题解决了。对于程序的测试,越往后,越要测试全面,同时,在写程序前,每添加一个功能,它改动了哪些地方?有哪些地方和这次更改有关联?最好能在纸上写一下,画一下,同时,希望在做开发时,准备好纸和笔,随时记录,把程序的流程在纸上多推演几次,这样就能减少错误。

8.4 多对一无线通信

多对一通信也即常说的星形网络拓扑结构。这种网络拓扑结构在现实中使用最多,应用最广。从某一个层面来讲,它是网状网络的一个特例,即只具有一跳的网状网络。网状网络是一个具有广义概念的星形网络,只是在网络节点中,每一个点,既扮演节点身份,也扮演主机身份,数据传输可以跳转多次。

点对点通信是星形网络的基础,星形网络是网状网络的基础。所有的无线通信,归根到底,只是一个简单的点对点通信。

无线星形网络,不同于有线星形网络,不需要——对应的物理连接,因此避免了有线星形网络的一个缺点——物理连接成本高,线缆的利用率不高。但同时也带来了一个缺点,同一时刻,只能有一个节点与主机通信,数据通信速率不高,有一定的通信延时。实际的可靠通信速率和通信延时,随着网络节点的增加而恶化。

按照常规,介绍完点对点后,接着就应该介绍多对一通信。由于星形网络的构建需要绑定过程来完成,所以先介绍绑定,这样在介绍星形网络时,就能很好地理解网络构建的过程。

8.4.1 星形网络通信的数据结构

在星形网络中,有数量众多的无线模块在工作,对于每一个主机和节点模块来说,要明确地知道,哪些数据是应该接收的,哪些数据是要忽略的。如何对此进行判别,就需要对数据包结构进行明确的定义,也即通过通信协议来保证。数据包结构的明确定义就是通信协议的具体体现。

第 8 章　无线连接的必经过程——绑定

对于主机来说,能接收到三种数据:一种是自己网络中的节点发送来的数据;一种是其他非本网络中的无线模块发送的数据;一种是节点发送来的绑定请求数据。主机发送两种数据:接收数据后的回传数据(也即应答数据)和发送绑定数据。

对于节点来说,可能收到的数据有四种:一是自己网络其他节点发送的数据;二是主机发送的应答数据;三是主机发送的绑定码数据;四是其他非网络成员发送的无线数据。节点只发送两种类型数据:要传输的数据和绑定请求数据。

由于有以上的不同发送和接收情况,要在协议中处理每一种可能发生的情况。回顾前面所提及的数据包结构,每一个包有四个字节:第一个字节为 ID 号,第二个字节为数据变化标志变量,第三个字节为数据,第四个字节为"异或"位。对于每一个字节,它们在数据的传输过程中都有很重要的作用。下面分别介绍不同数据包其结构是如何具体定义的。

- 绑定请求数据包:第一字节的高两位为 10;第二字节的最高位为 1;第三字节为 0x55;第四字节为前三字节的"异或"。
- 节点发送数据包:第一字节为 ID 号,小于 64;第二字节为数据变化标志变量;第三字节为要发送的有效数据;第四字节为前三字节的"异或"。
- 应答数据包:第一字节高两位为 01,后六位为 ID 号,小于 64,表明是应答谁的数据包;第二字节为应答内容,0x55 表明数据接收正确,0xAA 表明数据接收错误;第三字节为接收到的有效数据;第四字节为前三字节的"异或"。
- 绑定数据包:第一字节高两位为 1,第六位为 ID 号;第二字节为频道号;第三字节为 PN 码组号;第四字节为前三字节的"异或"。

由于 ID 号是每个节点的唯一识别号,所以每个节点的 ID 号是唯一的,主机就是利用 ID 号来识别不同的节点数据。

8.4.2　星形网络的构建

那么如何来组建自己的星形网络呢?先要从绑定这个过程来说。在上一节中介绍了绑定的过程,给出了完整的绑定程序。其实使用上一节的内容,也可以组成一个伪多对一的星形网络。多个节点可以共同与一个主机相联系,可以把自己的数据传给主机,只是主机不知道是谁传来的而已。

严格意义上的星形网络中,要求每一个节点具有唯一识别码,即唯一的 ID 号。在上一节介绍的绑定程序的基础上,需要进行必要的完善,才能满足这个要求。

由于分配给每一个节点的 ID 号要求具有唯一性,所以要求主机记住已经绑定过节点的 ID 号。可以采用在绑定时 ID 号顺序增加,这样就只需记住最后一个 ID 号。这个 ID 号,可以把它保存在 ATMega8 的 EEPROM 中。

由于在绑定过程中,节点是被动地接收主机的绑定信息,因此只需改变该主机相关的绑定

第8章 无线连接的必经过程——绑定

程序即可。先把 8_3_2 中的工程文件复制到 8_4_1 中,并编译下载,测试复制是否正确。由于有对 EEPROM 的读/写,把头文件包含到需要使用读/写 EEPROM 的文件中。

由于 EEPROM 在没有数据写入前,其读出值为 0xFF,对于一个新写入主机的程序第一次运行来说,需要把相应的 EEPROM 的值改为 0,表示没有绑定任何节点。定义 ID 号存放的地址为 0x12。那么有关 ID 号与 EEPROM 间操作的具体程序为:

```
idd = EEPROM_rd(0x12);          //读 ID 号的值
if( idd > 64 )                  //若 ID 号大于最大值
{
    idd = 0;                    //置零 ID 号
    EEPROM_wt(0x12,0);          //把 0 写入 ID 号存放的 EEPROM 地址
}
```

在程序中,看到只要读出的数大于 64,就判断是主机程序第一次运行,置零 ID 号。这也要求在随后的绑定运行过程中,要对 ID 号设置限定条件,ID 号小于 64,即最多只有 63 个节点设备(一般把 ID=0 给主机设备)。对于每一次成功绑定,ID 号加 1,并在绑定成功时,把 ID 号写入 EEPROM 中。绑定中对 IDD 号进行判断处理,如果小于 64,则可以进行绑定;否则,退出绑定。对 IDD 号判断处理的软件结构流程图如图 8-9 所示。

添加了 IDD 号判断处理的绑定函数具体程序如下:

```
/***********************************************
* * 函数名称: banging(void)
* *
* * 描    述: 绑定函数。进入绑定频道,接收绑定请求码,对 IDD 号
* *           进行判断处理发送绑定码数据。退出绑定频道,恢复
* *           正常参数
* * 输入参数: 无
* * 输出参数: 无
***********************************************/
void banging(void)
{
    radio_chanle(1);        //设置为绑定频道号
    radio_pn(10);           //设置为绑定用 PN 码组号
    while(bang_sig)         //若在绑定状态,则循环执行 while 语句内容
    {
        if(receive_all)
        {
            receive_all = 0;
```

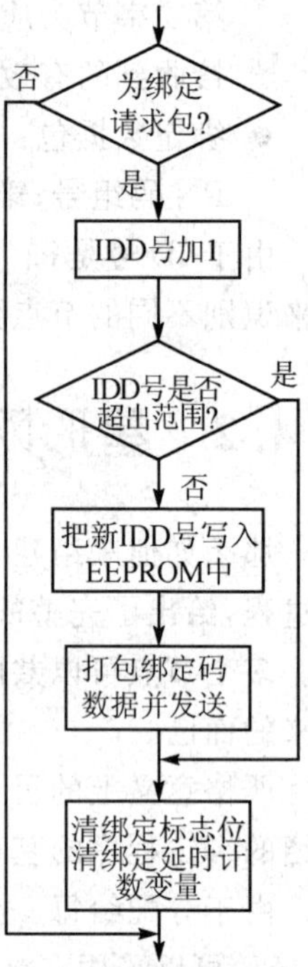

图 8-9 对 IDD 号判断处理流程图

第8章 无线连接的必经过程——绑定

```c
        if(((rx_dat[0] & 0xC0 ) == 0x80) && (rx_dat[1] & 0x80))    //若为绑定请求数据包
            {
              idd ++ ;
              if(idd < 64)                                          //若绑定节点数没有超过,则进行绑定
              {
                bang_pack_dat[0] = (0xC0 | idd);                    //绑定数据打包
                bang_pack_dat[1] = CHANE;
                bang_pack_dat[3] = bang_pack_dat[0]^bang_pack_dat[1];
                bang_pack_dat[2] = PN_N;
                bang_pack_dat[3] ^= bang_pack_dat[2];

                EEPROM_wt(0x12,idd);                                //把 ID 号写入 0x12 地址中
                radio_trans(bang_pack_dat[0]);                      //发送绑定数据包
                radio_trans(bang_pack_dat[1]);
                radio_trans(bang_pack_dat[2]);
                radio_trans(bang_pack_dat[3]);
                radio_receive_on();
              }
              bang_sig = 0;                                         //清绑定标志变量
              bang_time_num = 0;                                    //清绑定超时计数变量
            }
        }
        uart_tx_data();                                             //发送串口数据
    }
        LED4OFF();                                                  //熄灭 LED4 指示灯,退出绑定状态
        radio_chanle(CHANE);                                        //恢复绑定前的频道号
        radio_pn(PN_N);                                             //恢复绑定前的 PN 码组号
}
```

编译后,将 8_3_4 中的程序下载到 A 板。然后将 8_3_3 中节点绑定程序下载到 B 板和 C 板上。先与 B 板进行绑定,可以看到 B 板串口上输出 F4 C1 FF 21 FF 13 FF F3 FF。第一个数据 F4 是 K4 按键响应标志,第二个数据 C1 是 IDD 号,最高两位是绑定码标记,所以真实的 IDD 号是 1。接着与 C 板进行绑定,可以看到 C 板串口输出 F4 C2 FF 21 FF 13 FF F0 FF,并且看到 IDD 号变成 2 了。

如果一块板不停地与主机进行绑定,则其 IDD 号会一直累加下去,其节点的 IDD 号为最后一次绑定的值。当然可以一直测试下去,当绑定到 ID 号为 63 时,后面的绑定就不能进行了。

至此,有的读者会问,如果一个节点不停地进行绑定,是否会把 ID 号资源浪费掉?那么怎

样才能实现一个节点,不管绑定多少次,都会分给同一个 ID 号呢?这是可以实现的,请读者想一想,通过什么途径来实现呢?

8.4.3 星形网络中不同数据的标记输出

由于一个网络中及其周围,有许多不可预知的无线模块的存在,对于主机,只接收与自己绑定过的节点的数据。这就要求在数据分析中,对数据进行分析判断。由于 ID 号的分配是采用累加的形式完成的,如果接收到的数据 ID 大于最高的 ID 号,说明这个节点不是本网络的节点,数据包被忽略掉,不做处理。在数据处理中加入对 ID 号的判断处理。在接收数据函数中,对接收到数据进行处理的软件流程图如图 8-10 所示。

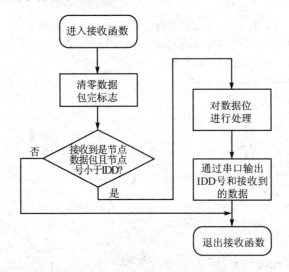

图 8-10 接收数据判断处理软件流程图

从其流程图中可知,如果其 IDD 号大于主机最大的 IDD 号,则说明不是这个系统的节点设备,其数据将忽略掉。具体程序如下:

```
/*******************************
* *函数名称:rx_data(void)
* *
* *描    述:处理接收到的数据包数据。对数据包 IDD
* *         号进行判断处理
* *输入参数:无
* *输出参数:无
*******************************/
void rx_data(void)
```

第8章 无线连接的必经过程——绑定

```
    {
        receive_all = 0;                          //清零数据包接收完成标志
        if((rx_dat[0] <= idd) && (!(rx_dat[0] & 0xC0)))   //若ID号小于或等于idd,且高两位为0
        {
            switch(rx_dat[2])                     //对接收到的数据进行处理
            {
                case 0x11 : LED1B();break;
                case 0x22 : LED2B();break;
                case 0x44 : LED3B();break;
                case 0x88 : LED4B();break;
            }
            uart_trx[uart_rx] = rx_dat[0];
            uart_rx ++ ;
            uart_rx &= 0x3F;
            uart_trx[uart_rx] = rx_dat[2];
            uart_rx ++ ;
            uart_rx &= 0x3F;
        }
    }
```

  在程序对于ID号的判断中,用了两个关系。如果仔细看,会发现在这个实例中,由于IDD小于64,所以一个小于64的数其高两位一定为零。这里把对于高两位为零的判断列出来,只是为了告诉读者,要根据协议的要求,对每一个部分进行判断处理。

  编译下载到A板,先不与B板绑定,由于先前与上一个版本的主机绑定过,无线参数一样,只是在新下载到A实验板上的主机中没有一个节点记录,所以对所有接收到的数据,都会认为不是本系统的节点数据,会忽略掉。测试时,可以看到,按B实验板上按键时,A实验板上只有无线接收数据流,没有IDD号和接收到的无线数据输出,即没有真正有用的数据。当执行绑定过程后,按B板K1键后,在A板的串口会看到一个有效的数据从串口输出,前面是ID号,后面是有效数据(当然在这数据前面是无线接收到的数据流)。

  至此,讲解了无线数据传输中最基本的知识。这些基本的知识包括点对点通信、点对多点通信及模块的绑定。所有这些,最基本的是无线数据发送和无线数据接收在时序上的对应关系要一致,不论应用如何变化,数据收发多么复杂,分解到最后,都会归结到这一点。对此,读者一定要把双方收发数据的时序对应关系搞清楚。简单地说,当A板上要发送数据给B板时,在程序中要保证在A板发送数据时,B板处于接收状态;反之亦然。

第 9 章

无线数据可靠性传输技术之数据纠错

在前面的章节中，主要讲解了数据的接收和发送，以及一些简单的数据通信协议和规则，设备的绑定操作、绑定方法和具体的绑定过程。无线通信与有线通信最大的难点和区别在于，无线通信容易受到干扰，数据接收容易出错，甚至数据通信中断。这些是无线通信需要解决的问题。当然也是我们需要解决的问题。

在这一部分，将介绍利用 CYWM6935 芯片的特点及其使用 DSSS 带来的技术特色进行数据的纠错处理。CYWM6935 芯片的特点及其使用的 DSSS 技术，使得在通信中即使有 10% 的错误率，也可以使用其特有的纠错技术，保证数据的正确传输。这样就减少了数据重传的次数，减少了设备间的相互干扰，增加了无线通道的数据通信能力，使得设备在一定的干扰下还能正常工作，提高了设备的健壮性。

9.1 什么是 DSSS

由于 CYWM6935 使用了硬件 DSSS 技术，那么有必要让读者了解一下什么是 DSSS，其原理、特点以及技术所带来的好处。

9.1.1 直接序列扩频通信原理

直接序列扩频(DSSS，Direct Seqcuence Spread Spectrum)是直接利用具有高码率的扩频码系列，采用各种调制方式在发射端扩展信号的频谱，而在接收端，用相同的扩频码序进行解码，将扩展的扩频信号还原成原始的信息。直接序列扩频技术是当今人们所熟知的扩频技术之一。

它是二战期间开发的，最初的用途是为军事通信提供安全保障。直接序列扩频技术将窄带信息信号扩展成宽带噪声信号。这种技术使敌人很难探测到信号。即便探测到信号，如果不知道正确的编码,也不可能将噪声信号重新汇编成原始的信号。

它是一种数字调制方法,具体来说,就是将信源与一定的 PN 码(伪噪声码)进行模二加。例如,在发射端将"1"用 11000100110,而将"0"用 00110010110 代替,这个过程就实现了扩频,而在接收端只要收到的序列是 11000100110 就恢复成"1",是 00110010110 就恢复成"0",这就是解扩。这样信源速率就被提高了 11 倍,同时也使处理增益达到 10 dB 以上,从而有效地提高了整机信噪比。

这种数据处理方法将射频信号替换成一个与噪声信号频谱相同但其带宽很宽的信号。在接收端,它将接收的射频信号与同一个经 PN 码调制的载波相乘来进行解调。解调后,输出一个接收端的射频信号。这解调的射频信号与噪声信号的功率接近,并且与信道的噪声最"相关"(Correlated)。然后,将这"相关"的信号过滤、解调,就可以恢复初始数据。

由于它的抗噪声的特性,直接序列扩频技术也非常适合商业应用。在允许无线设备公开使用的电磁环境里,它对其他传统微波设备造成最小的干扰,同时对附近其他设备有更高的抗扰性。20 世纪 80 年代末,晶体电子技术的先进程度已经足以提供商用的、成本效益好的直接序列扩频系统。

9.1.2 直接序列扩频通信的特点

扩频的主要特点就是发射机和接收机必须预先知道一个预置的扩频码或扩频因子。在现代通信中,扩频码必须足够长,尽量接近类似于噪声的随机数序列。但是,在任何情况下,它们必须保持可恢复性;否则,接收机将不能提取发射信息。因此,这个序列是近似随机的。扩频码通常称为伪随机码(PN)或伪随机序列。

由于 PN 码的带宽很宽,所以可在不丢失信息的情况下,将信号能量降低到噪声限度以下;通常将功率输出频谱主瓣零值到零值(Null to Null)的带宽(2Rc)(Rc 是码片率)认定为直接序列扩频系统的带宽。应该注意的是,扩频主瓣中包含的能量构成了扩频信号 90% 以上的总能量,因此允许在较窄的射频带宽里把接收信号还原为清晰的时域脉冲信号。

在发射机端,通过使用伪随机噪声码片序列,将窄带调制信号的带宽扩大(至少 10 倍)。直接序列扩频信号的生成(扩展)扩频传输的主要特色是:图 9-1 所示的窄带信号和扩频信号中,两者的射频功率和承载的信息都相同。

但是在扩频信号里,由于窄带信号的功率被分解在扩宽了的信道,扩频信号的功率密度比窄带信号的功率密度小得多,因此,探测到扩频信号比探测到窄带信号的难度要大得多。功率密度是信号在某个频率区间里的平均功率。在该例中,假定扩展比是 11,那么,窄带信号的功率密度比扩频信号的功率密度大 11 倍。例中使用 11 个碎片,是因为它符合 FCC 第 15 部分关于最小处理增益的规定。在接收端,扩频信号被解扩后,被还原为原始的窄带信号;如果同一频带设备在邻近同时使用,便会引起干扰(同频干扰)。一个直扩系统在扩频、解扩过程中,

第9章 无线数据可靠性传输技术之数据纠错

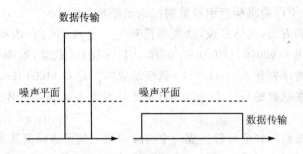

图 9-1 窄带信号和扩频信号

干扰信号将同时被扩展,因而大大降低了干扰的影响。这就是直接序列扩频设备的抗干扰能力的来源。干扰信号至少被扩展了 10 倍(扩展系数)。也就是说,干扰信号的幅度被大大降低了,至少降低 90%。这就是直接序列扩频系统的"处理增益系数"。如图 9-2 所示,它等于传输带宽与信号带宽的比 $G_p=BW_t/BW_i$。处理增益还取决于所用的伪随机噪声序列(PN 序列)中的码片数。

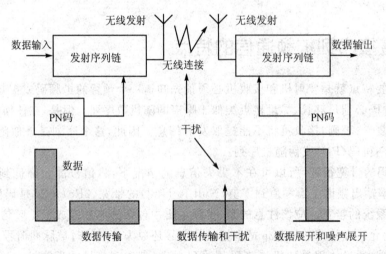

图 9-2 干扰信号的幅度被大大降低

许多书籍都讲到了 PN 的生成和特性,合适的序列(或序列集)的生成或选择都不是简单、直接地完成的。为保证进行有效的扩频通信,PN 序列必须考虑几条准则,如长度、自相关、互相关、正交性和比特均衡。比较常用的 PN 序列是 Barker、M-Sequence、Gold 和 Hadamard-Walsh 等。扩频通信链路使用的序列集越复杂,其性能越好。但付出的代价是解扩操作所需的电子设备也会更复杂(包括速度和性能)。数字解扩芯片可以包含几百万个等效的 2 输入"与非"门,开关频率为几十兆赫兹。

9.1.3 直接序列扩频的多路径问题

直接序列扩频技术还因其抗多路径干扰性能而闻名。多路径干扰是由于电波传播过程中遇到各种反射体(如高山、建筑物等),使接收端接收信号产生失真,导致码间串扰,引起噪声增加。多路径干扰导致信号的衰落、抖动和分解。这是在市区应用的室内或室外无线电通信技术固有的问题,因为金属设备和建筑物结构很容易反射射频信号而形成干扰。这些反射使接收信号包含了多个不同传送路径的折射信号,这些折射波到达接收端的时间不同而产生多路径干扰。标准的 DSSS 接收机用一个相关器(Correlator)自动选择幅度最大的折射波,并与之锁定同步。这样可以将多路径干扰大大地降低。倾斜的 Rake DSSS 接收机不仅减小了多路径效应,同时更优化了无线电设备的性能。Rake DSSS 接收机可以使不同的折射波重新同步,并将它们组合起来,从而大大提高接收信号的清晰度和强度。

9.1.4 抗干扰性强和隐蔽性好

抗干扰是扩频通信主要特性之一,例如信号扩频宽度为 100 倍,窄带干扰基本上不起作用,而宽带干扰的强度降低了 100 倍。若要保持原干扰强度,则须加大 100 倍总功率,这实质上是难以实现的。因为信号接收需要扩频编码进行相关解扩处理才能得到,所以即使以同类型信号进行干扰,在不知道信号扩频码的情况下,由于不同扩频编码之间不同的相关性,干扰也不起作用。正因为扩频技术抗干扰性强,美国军方在海湾战争等处广泛采用扩频技术的无线网桥来连接分布在不同区域的计算机网络。

因为信号在很宽的频带上被扩展,单位带宽上的功率很小,即信号功率谱密度很低,信号淹没在白噪声之中,别人难以发现信号的存在,加之不知道扩频编码,很难拾取有用信号,而极低的功率谱密度,也很少对于其他电信设备构成干扰。

9.1.5 提高频率利用率

直扩通信占用宽带频谱资源通信,改善了抗干扰能力,是否浪费了频段?其实正相反,扩频通信提高了频带的利用率。正是由于直扩通信要用扩频编码进行扩频调制发送,而信号接收需要用相同的扩频编码作相关解扩才能得到,这就给频率复用和多址通信提供了基础。充分利用不同码型的扩频编码之间的相关特性,分配给不同用户不同的扩频编码,就可以区别不同用户的信号。众多用户,只要配对使用自己的扩频编码,就可以互不干扰地同时使用同一频率通信,从而实现了频率复用,使拥挤的频谱得到充分利用。发送者可用不同的扩频编码,分别向不同的接收者发送数据;同样,接收者用不同的扩频编码,就可以收到不同的发送者送来的数据,实现了多址通信。美国国家航天管理局(NASA)的技术报告指出:采用扩频通信提高了频谱利用率。另外,扩频码分多址还易于解决随时增加新用户的问题。

上面的讨论涉及很多无线通信和数据通信的基本原理和基础知识,对于刚刚进入这个新领域的单片机工程师和电子工程师,不一定能很快完全理解,但从上面的讨论已经了解到了直接序列扩频的简单原理和抗干扰性能,兼容和符合 FCC 的要求,高可靠性无线通信方面的显著优点,这就是很大的收获。由于这些高频电路已经完全集成到了芯片内部,我们要做的只是通过 MCU 的应用软件对相关寄存器进行控制,就能很容易地在实际应用中使用先进的直接序列扩频无线通信技术了。

9.2 CYWM6935 的 DSSS 以及纠错技术的实现

由于 CYWM6935 使用了先进的 DSSS 长片段的 32 位或 64 位 PN 码进行扩频,这就为 CYWM6935 能在一定的噪声环境中正常运行提供了技术保障,从而减少了干扰发生和数据重发,提高了系统的性能。

CYWM6935 芯片,对于每一个数据位的接收结果,都有一个专门的寄存器位来标识这个数据位的接收是否可信。当然,采用 64 位长的 PN 码比 32 位的 PN 码具有更好的数据恢复能力,也就具有更高的抗干扰能力、更强的通信能力,也意味着在相同的条件下有更远的通信距离。不过,这是以牺牲数据的传输速率为代价的。使用 32 位 PN 码比使用 64 位 PN 码的通信速率高一倍。

9.2.1 CYWM6935 芯片独特的纠错技术介绍

1. 碎片纠错

CYWM6935 的 DSSS 提供了相应的错误修正功能,这是它的特点,也是它能容忍一定噪声的原因所在。DSSS 传输每一个数据位都使用 PN 码,每一个 PN 码的元素被称之为碎片。在干扰环境中(或处在通信的临界距离时),被接收到的 PN 码某些碎片可能被破坏。DSSS 接收器使用一个数据相关器去解析接收到的数据流。如果错误的碎片数量少于相关器的极限数,则这个数据被认为正确接收到。这就是有可能在有干扰的情况下,CYWM6935 接收到的数据没有错误的原因。即使当前的频道存在干扰,只要错误率在 10% 以下,CYWM6935 系统都能把错误修正,如图 9-3 所示。

同时,为了适应不同的应用需要,CYWM6935 芯片可以利用对门限低值寄存器(0x19)的修改来影响数据接收的灵敏性、抗干扰能力、数据接收的可靠性和无线通信的距离。

第9章 无线数据可靠性传输技术之数据纠错

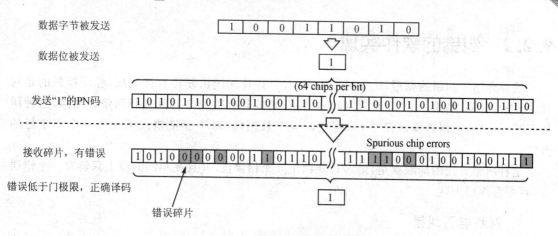

图 9-3 错误碎片纠正示意图

注意：此寄存器应该与 0x1A 寄存器同步修改。详情参见第 6 章。

2. 错误位纠错

如果错误碎片超过相关器的极限值，则被接收到的数据位被认为不可信，当然删除比纠正错误要容易得多。但由于 CYWM6935 有相应的数据有效位标志寄存器（0x0A 和 0x0C），利用这个寄存器和一个附加的 XOR 数据位，可以纠正有限的错误。图 9-4 用图释的方式进行了讲解。

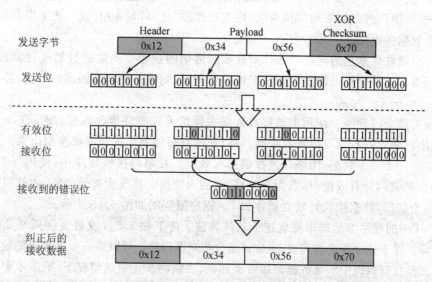

图 9-4 错误位纠正示意图

9.2.2 纠错的软件实现

前面介绍了纠错的原理，从中可以发现，对于碎片纠错由硬件直接完成，程序所做的是对错误位的纠正。利用一个"异或"位和芯片特有的接收有效位来对其进行纠错。当然，这种纠错有其局限性，但纠错算法简单，只需增加一个数据位，对于少量错误不失为一个非常好的办法。

这种纠错方法的局限点是，最多只能纠正8个错误位，并且在相同的位上只能有一个错误点，否则会纠错失败。

1. 判断能否纠错

能否纠错，取决于是否在同一个位上有多于一个的错误位。由于纠错是通过"异或"来完成的，如果在一个位上有多于一个的错误，将无法把错误纠正过来，因此首先要判断是否在同一位上有多于一个的错误。

如果CYWM6935的数据接收有效寄存器(0x0A)的相应位为1，则说明此位接收是可信的；如果是0，则说明此位接收是不可信的。当然，纠正的目的是让这些不可信的数据位都变得可信。当把第一个数据有效位读出后进行判断，如果不是0xFF，则说明有不可信的数据位，将有效数据位取"反"，放入一个变量 a 中。接着读随后的数据有效位，如果不为0xFF，则把这个有效位取"反"后与 a 变量相"与"，如果结果为真（非零），则说明在同一位上有多于一个的错误，置位接收错误标志。如果相"与"为假，则有效位取"反"后与 a 相"或"，把结果存入 a 中，直到最后一个数据接收完成。

这是一个纯软件算法的问题。如果对在实际通信的过程中产生的数据进行调试，则会使调试非常困难。如果要将可能发生的情况都进行测试，则是一件非常困难的事情，甚至是不可能的事情。

如何解决这个问题呢？使用串口接收数据去模拟无线模块接收数据，调试这个算法。理由很简单，串口输入的数据可以自由控制，可以把所有可能发生的情况都模拟出来。

首先定义一个二维数组，用来存放数据和有效位。在串口接收程序中，使用一个标志位。标志为1时，接收的为有效位；标志为0时，接收的为数据。接收到有效位后，才等同于无线模块接收到一个数据，数据接收计数变量才加1。程序流程图如图9-5所示。

以 5_2_1 中的程序为基础来完成这个软件算法。将工程 5_2_1 文件复制到 9_2_1 文件夹中，编译验证。对于这个算法的完成，也应该是分步来进行的。可以第一步先实现把数据和有效位分开；第二步在有效位中实现数据包接收完判断；在前两步正确的情况下，第三步实现具体算法。由于这一部分不涉及硬件，是纯软件的过程，就不给出中间过程，具体程序见后面介绍。

第一步：把数据和有效位分开。

第 9 章 无线数据可靠性传输技术之数据纠错

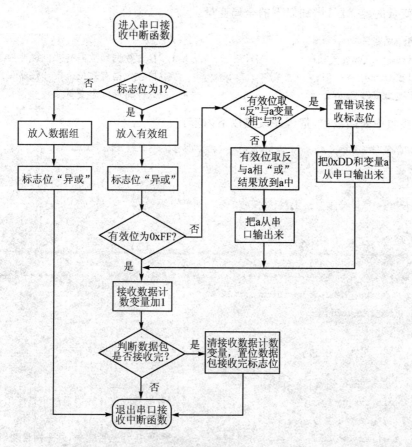

图 9-5 串口模拟判断数据能否纠正软件流程图

从上面的流程图中可以得知,对于数据和有效位的判断是依据一个标志变量来进行的。串口数据的顺序是,第一个是数据,第二个是数据有效位。严格按这个次序来组织数据串。先定义一个二维数组 rx_dat[ ][2],用于存放数据和数据有效位,把数据放到这个二维数组 2 列中的 0 位置,把数据有效位放到二维数组 2 列的 1 位置。还要定义两个变量:一个用于标记接收到的字节是数据还是数据的有效位的标志变量 data_sig;一个用于记录接收到多少个数据对,也即多少个数据有效位的变量 nub_i。

data_sig 这个标志变量初始化的值为 0,第一个字节来时,标志变量为 0,判断为数据,把这个值放入到缓冲数组 rx_dat[nub_i][0]中,随即"异或"这个标志变量,使其值为 1。随后接收到的字节是有效位数据,把这个有效位数据放到缓冲数组 rx_dat[nub_i][1]中,"异或"这个标志变量,使其值为 0。在接收到有效位数据字节后,nub_i 变量加一。

为了知道算法是否正确,在数据有效位接收的程序中,把接收到的数据有效位用串口传输出来,并在每个数据有效位的前面加上这是第几个接收到的数据有效位。

第9章 无线数据可靠性传输技术之数据纠错

在全局变量的定义区,增加以下的全局变量:

```
//增加的全局变量
unsigned char rx_dat[][2];            //存放数据和数据有效位缓冲数组
unsigned char nub_i = 0;              //接收数据有效位个数计数器
unsigned char data_sig = 0;           //数据属性标志变量
```

在串口接收中断函数中,把程序改成以下内容:

```
/***************************************************************
**函数名称：uart0_rx_isr(void)
**
**描   述：串口接收中断函数,对接收的字节进行分类
**
**输入参数：无
**输出参数：无
***************************************************************/
#pragma interrupt_handler uart0_rx_isr:12
void uart0_rx_isr(void)
  {
      if(data_sig)                           //接收的是有效位
        {
          rx_dat[nub_i][1] = UDR;
          uart_trx[uart_rx] = nub_i;         //数据有效位计数器通过串口传出来
          uart_rx ++ ;                       //接收指针加1
          uart_rx &= 0x3F;                   //判断指针是否到头,到头则自动回到零
          uart_trx[uart_rx] = rx_dat[nub_i][1]; //把接收到的数据有效位通过串口传出来
          uart_rx ++ ;                       //接收指针加1
          uart_rx &= 0x3F;                   //判断指针是否到头,到头则自动回到零
          data_sig ^= 1;
          nub_i ++ ;                         //数据有效位计数器加1
        }
      else  // 接收的是数据
        {
          rx_dat[nub_i][0] = UDR;
          data_sig ^= 1;
        }
  }
```

编译下载后,使用串口调试软件工具,在发送区中,随便输入一个数据串,如 11 22 33 44 55 66 77 88 99,单击"发送"按钮,查看接收区的数据情况,是否有这样的输出:00 22 01 44 02

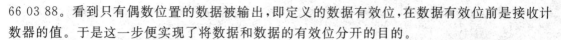

66 03 88。看到只有偶数位置的数据被输出,即定义的数据有效位,在数据有效位前是接收计数器的值。于是这一步便实现了将数据和数据的有效位分开的目的。

第二步:实现数据包接收完判断。

每一个数据包包含 4 个数据。如果接收到 4 个数据,便认为一个数据包接收完成,对于数据是否能恢复的判断,是以数据包来界定的,所以数据包的界定非常重要。

在数据有效位接收中,加入对接收计数器变量进行判断,以确认数据包是否接收完。在数据包接收完后,把接收到数据的有效位一次输出来,以此来判断数据包是否接收完。在数据包接收完的判断中,加入对数据计数器变量的清零,以保证下一个数据包数据能正确地存放。加入一个数据包接收完标志变量 receive_all=0,具体程序如下:

```
//在全局变量中加入下面这个全局变量
unsigned char receive_all = 0;
```

串口中断函数更改后如下:

```
/****************************************************************
* * 函数名称:uart0_rx_isr(void)
* *
* * 描    述:串口接收中断函数,对接收的字节进行分类。判断数据包接收完
* *
* * 输入参数:无
* * 输出参数:无
****************************************************************/
#pragma interrupt_handler uart0_rx_isr:12
void uart0_rx_isr(void)
    {
        if(data_sig)                           //接收的是有效位
         {
            rx_dat[nub_i][1] = UDR;
            uart_trx[uart_rx] = nub_i;         //数据有效位计数器通过串口传出来
            uart_rx ++ ;                       //接收指针加 1
            uart_rx &= 0x3F;                   //判断指针是否到头,到头则自动回到零
            uart_trx[uart_rx] = rx_dat[nub_i][1];//把接收到的数据有效位通过串口传出来
            uart_rx ++ ;                       //接收指针加 1
            uart_rx &= 0x3F;                   //判断指针是否到头,到头则自动回到零
            data_sig ^= 1;
            nub_i ++ ;                         //数据有效位计数器加 1
            //****************************************************
            //   数据包是否接收完判断处理
            //****************************************************
```

第9章 无线数据可靠性传输技术之数据纠错

```c
            if(nub_i > 3)                              //若接收到 4 个数据,则认为数据包接收完
            {
                nub_i = 0;                             //清零数据接收计数器变量
                receive_all = 1;                       //置位数据包接收完
//********************************************************
//    数据包接收完后,把数据包的有效位全部输出
//********************************************************
                uart_trx[uart_rx] = rx_dat[0][1];      //把接收到的数据有效位通过串口传出来
                uart_rx ++ ;                           //接收指针加 1
                uart_rx &= 0x3F;                       //判断指针是否到头,到头则自动回到零
                uart_trx[uart_rx] = rx_dat[1][1];      //把接收到的数据有效位通过串口传出来
                uart_rx ++ ;                           //接收指针加 1
                uart_rx &= 0x3F;                       //判断指针是否到头,到头则自动回到零
                uart_trx[uart_rx] = rx_dat[2][1];      //把接收到的数据有效位通过串口传出来
                uart_rx ++ ;                           //接收指针加 1
                uart_rx &= 0x3F;                       //判断指针是否到头,到头则自动回到零
                uart_trx[uart_rx] = rx_dat[3][1];      //把接收到的数据有效位通过串口传出来
                uart_rx ++ ;                           //接收指针加 1
                uart_rx &= 0x3F;                       //判断指针是否到头,到头则自动回到零
            }
        }
        else                                           //接收的是数据
        {
            rx_dat[nub_i][0] = UDR;
            data_sig ^= 1;
        }
    }
```

编译下载后,使用串口调试软件工具,在发送区中随便输入一个数据串,如 11 22 33 44 55 66 77 88 99,单击"发送"按钮,查看接收区的数据情况,是否有这样的输出:00 22 01 44 02 66 03 88 22 44 66 88。看到在数据计数器变量后是该次的数据有效位,最后 4 个数据是这个数据包所有的数据有效位。见到这 4 个数据,说明程序能确认一个数据包的尾。

如果把上面这个数据串再发送一次,则在串口调试软件的接收区会出现这样一串数据:00 11 01 33 02 55 03 55 11 33 55 77 00 99,为什么会是这样的一串数据呢?为什么与上面的不一样呢?仔细查看就能发现,第一次串口调试软件发送的是 9 个数,在发送完 8 个数时,程序就判断一个数据包接收完,这时会从串口输出 22 44 66 88 这 4 个有效位,同时置数据接收计数器为 0。接着,第 9 个数据 0x99 被接收到,这时,程序根据算法规则,判断这是一个数据。在第二次发送 9 个数据串时,第一个数据 0x11,就会被看做数据包第一个数据的有效位,0x33

会被看做是第二个数据的有效位。这样到数据 0x77 时,认为一个完整的数据包接收完毕,程序会输出 11 33 55 77 这 4 个有效位。之后,串口调试软件会接着输入 88 99 这 2 个数据,程序会认为是第 3 个数据包的第一个数据。所以会有上面的那一串数据输出。可以看出,程序完全按照我们的意愿在执行。

第三步:实现能否纠错判断算法。

前面完成了数据的分类和数据包尾的判断,为数据能否纠错判断提供了基础,在第三步来实现能否纠错的判断。前面的流程图中介绍了纠错算法的逻辑,在每接收一个数据有效位时,都对其进行处理。为了很好地实现这个算法,需要加入几个全局变量。一个用于是否需要纠正的标志变量 data_renew。只要数据包中有不可信位出现,就会置位此标志变量,也就意味着这个数据包中有数据需要经过纠错处理。一个标志变量 rx_data_eer 用于标记数据包错误是否能被纠正。一个变量 valid_or 用于记录不可信位的位置。

在全局变量中,加入以下 3 个:

```
unsigned char data_renew = 0;
unsigned char rx_data_eer = 0;
unsigned char valid_or = 0;
```

串口中断函数更改后如下:

```
/****************************************************************
**函数名称:uart0_rx_isr(void)
**
**描    述:串口接收中断函数,对接收的字节进行分类。判断数据包接收完。
**          对数据能否恢复作出判断
**输入参数:无
**输出参数:无
****************************************************************/
#pragma interrupt_handler uart0_rx_isr:12
1   void uart0_rx_isr(void)
2   {
3       if(data_sig)                          //接收的是有效位
4       {
5           rx_dat[nub_i][1] = UDR;
6           data_sig ^= 1;
7           if(rx_dat[nub_i][1] != 0xFF)      //若有不可信位,则执行 if 语句
8           {
9               data_renew = 1;               //有需要恢复的位存在
10              if(valid_or & (~rx_dat[nub_i][1]))   //若在某一位上有超过一个的不可
11              {                                    //信数据,则执行 if 语句
```

第9章 无线数据可靠性传输技术之数据纠错

```
12              rx_data_eer = 1;                    //置接收错误标志
13              uart_trx[uart_rx] = 0xDD;           //把数据放入到串口缓冲数组中
14              uart_rx ++ ;                        //接收指针加1
15              uart_rx &= 0x3F;                    //判断指针是否到头,到头则自动回到零
16              uart_trx[uart_rx] = valid_or;       //把数据放入到串口缓冲数组中
17              uart_rx ++ ;                        //接收指针加1
18              uart_rx &= 0x3F;                    //判断指针是否到头,到头则自动回到零
19           }
20        else
21         {
22              valid_or |= ~rx_dat[nub_i][1];      //把不可信位标记在valid_or变量中
23              uart_trx[uart_rx] = valid_or;       //把数据放入到串口缓冲数组中
24              uart_rx ++ ;                        //接收指针加1
25              uart_rx &= 0x3F;                    //判断指针是否到头,到头则自动回到零
26         }
27      }
28      nub_i ++ ;
29      if(nub_i > 3)                               //若接收到4个数据,则数据包接收完
30       {
31        nub_i = 0;
32        receive_all = 1;
33        valid_or = 0;
34       }
35    }
36    else                                          //接收的是数据
37     {
38        rx_dat[nub_i][0] = UDR;
39        data_sig ^= 1;
40     }
41  }
```

程序说明如下：

这段串口中断函数中,包含了对数据包能否纠正的判断,若 data_renew 标志变量为 1,则说明这个数据包中有需要纠正的位存在。若 rx_data_eer 标志变量为 1,则说明这个数据包不可纠正,只有当 rx_data_eer 变量为 0 时,这个数据包才能纠正。

程序中,valid_or 这个变量存放的是不可信数据所在的位。算法的关键在第 10 行,有效位数据取"反"后,不可信的相应位就为 1,若它与保存有前面数据不可信位的变量不在同一个位置上,则相"与"后结果为 0。若结果为 0,则说明没有在同一个位上有两个不可信数据。当然,若为 1,则说明同一个相同位上有两个不可信数据,这种方法不能纠正这个错误。在第 22

行,把数据不可信位标记到 valid_or 变量中,为前面第 9 句服务,也就是为下一次数据服务。

编译下载,通过串口发送数据来验证,每次发送两个数据,第一个是数据,第二个是有效位数据。请读者耐心地对自己的程序进行测试,最好在纸上列表,枚举所能想到的可能,一个一个地测试,如表 9-1 所列。

表 9-1 测试数据列表

测试 1									测试 2									测试 3								
0	0	0	1	0	0	1	0	12	0	1	0	1	1	1	1	0	5E	0	0	0	1	0	0	1	0	12
1	1	1	1	0	1	1	1	F7	1	1	1	1	0	1	1	1	F7	1	1	0	1	1	0	0	1	D9
0	1	1	1	0	1	0	0	74	0	0	1	1	0	1	0	0	34	0	0	1	1	0	1	0	0	34
0	0	1	1	1	1	1	1	3F	1	1	1	0	1	1	1	0	EE	1	1	1	1	1	0	1	1	FB
0	1	1	1	0	1	1	1	77	0	0	0	1	0	0	1	0	12	0	1	0	1	0	1	1	0	56
1	1	0	1	1	1	1	0	DE	1	1	1	1	0	1	1	1	F7	1	1	1	1	1	1	1	1	FF
0	1	1	0	0	0	0	0	60	0	1	1	1	0	0	0	0	70	0	1	1	1	0	1	0	1	75
1	1	1	0	1	1	1	1	EF	0	1	1	1	1	1	1	1	7F	1	1	1	1	1	1	1	1	FF

表中的 3 个测试数据,包含了不可信位可能处在的不同位置,如在数据包头或数据包尾,在字节的头字节的尾和中间等,基本上包含了所有的可能。只有把所有的可能都测试完,才能说这个算法是可靠的。

算法测试通过后,把这个算法移植到相应的程序中,以 7_5_1 程序为基础来进行算法的移植。复制 7_5_1 工程文件到 9_2_2 文件夹中,重新命名编译下载验证。

在其接收函数中移入纠错判断部分,在 rx_data.c 文件的全局变量定义中加入与纠错判断有关的变量。其全局变量定义如下:

```
/*********************
 *   全局变量声明区   *
 *********************/
unsigned char rx_dat[4][2];        //接收到数据包存放数组
unsigned char nub_i = 0;           //数据接收计数变量
unsigned char receive_all = 0;     //数据包接收完标志
unsigned char rx_data_eer;         //数据是否能纠正,1 表示不能纠正,0 表示能纠正
unsigned char valid_or = 0;
unsigned char dat_renew = 0;       //数据是否需要纠正,1 表示需要,0 表示不需要
```

第9章　无线数据可靠性传输技术之数据纠错

在接收函数中加入移植的内容,接收函数如下:

```c
/***************************************************************
 * * 函数名称:data_receive(void)
 * * 描    述:接收无线数据,把接收到的数据放入到串口队列中,并对数据能否纠错进行判断
 * * 输入参数:无
 * * 输出参数:无
 ***************************************************************/
void data_receive(void)
{
    rx_dat[nub_i][0] = spir(0x09);              //读接收到的数据
    uart_trx[uart_rx] = rx_dat[nub_i][0];       //把读到的数据通过串口传出来
    uart_rx ++ ;
    uart_rx &= 0x3F;
    rx_dat[nub_i][1] = spir(0x0A);              //读有效位数据
    uart_trx[uart_rx] = rx_dat[nub_i][1];       //有效位数据通过串口传出来
    uart_rx ++ ;
    uart_rx &= 0x3F;
    if(rx_dat[nub_i][1] != 0xFF)                //若有不可信位,则执行 if 语句
      {
         dat_renew = 1;                         //有需要恢复的位存在
         if(valid_or & (~rx_dat[nub_i][1]))     //若在某一位上有超过一个的
                                                //不可信数据,则执行 if 语句
           {
              rx_data_eer = 1;                  //置接收错误标志
              uart_trx[uart_rx] = 0xDD;         //把数据放入到串口缓冲数组中
              uart_rx ++ ;                      //接收指针加 1
              uart_rx &= 0x3F;                  //判断指针是否到头,到头则自动回到零
              uart_trx[uart_rx] = valid_or;     //把数据放入到串口缓冲数组中
              uart_rx ++ ;                      //接收指针加 1
              uart_rx &= 0x3F;                  //判断指针是否到头,到头则自动回到零
           }
         else
           {
              valid_or |= ~rx_dat[nub_i][1];    //把不可信位标记在 valid_or 变量中
              uart_trx[uart_rx] = valid_or;     //把数据放入到串口缓冲数组中
              uart_rx ++ ;                      //接收指针加 1
              uart_rx &= 0x3F;                  //判断指针是否到头,到头则自动回到零
           }
      }
```

```
            nub_i ++ ;
            if(nub_i >3)
              {
                nub_i = 0;
                receive_all = 1;
              }
          }
```

可以看到,基本上是照搬过来的。这是纯软件的好处。一旦与硬件打起交道,可就没有这么幸运了。

2. 数据纠错

数据纠错的原理很简单,就是根据"异或"位来对其中某一不确定的位进行确认的过程。

首先,要判断接收数据标志位,查看接收的这个数据包能否恢复。当能恢复时,执行恢复操作。先装入第一个数据,查看其数据有效位是否为0xFF,如果是,则说明这个数据所有的位是可信的;如果不是,则说明这个数据有需要恢复的数据位。

对这个数据从第7位到第0位进行循环操作,找到要恢复的位,然后再把数据包中其他数据的这一位相"异或",其结果就是这个要恢复位的值。直到最后一位第0位,则这个数据恢复完,依次处理数据包中的每个数据,最后整个数据包的数据恢复成功。其软件流程图如图9-6所示。

为了更好地理解,列举一些例子来说明。首先假设这个数据包可以恢复,只有这样才有意义。例如,在数据包中第1个数据的第6位为不可信位,如何对它进行处理呢?第1步可以知道,第1个数据的有效位不为0xFF,通过循环位判断可以找到第6位,这是不可信(此位为0,在有效位数中),然后"异或"第2个、第3个、第4个数据的第6位,得出的"异或"值就是第1个数据第6位的值。同理,如果第3个数据的第0位为不可信位,通过判断数据的有效位数据否为0xFF,就知道这个数据是否需要纠错,然后通过位判断就可以找到要纠错的位0。再"异或"第1

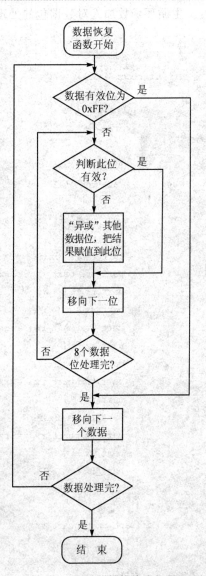

图9-6 数据纠错软件流程图

个、第 2 个、第 4 个数据的第 0 位,最后的结果就是第 3 个数据第 0 位的值。

为了调试的方便,还是用 9_2_1 工程文件,利用串口数据来进行算法的验证。在 9_2_1 这个工程文件中已经完成了对于数据包能否纠错的判断,在主函数中,加入对于接收到数据包的处理。判断数据包是否能纠错,如果能纠错,就调用纠错函数;如果不能,就放弃这个数据包。在调用纠错函数把数据纠正完后,通过串口把纠正完的数据输出来,看纠正是否正确。把 0x88 这个数据作为纠错数据输出标志,这个数据后的 4 个数据就是经过纠错后的数据。

主循环函数加入对数据包的处理函数如下:

```
while(1)
  {
    if(receive_all)                      //若接收到完整数据包
      {
        receive_all = 0;
        if(! rx_data_eer)                //若能恢复数据
          {
            if(dat_renew)                //若有需要纠正的位,则调用数据恢复函数
              ata_renew();               //调用数据恢复函数
                                         //加入数据解析函数
            uart_trx[uart_rx] = 0x88;    //把数据放入到串口缓冲数组中
            uart_rx ++ ;                 //接收指针加 1
            uart_rx &= 0x3F;
            uart_trx[uart_rx] = rx_dat[0][0] ;  //把纠错后第 1 个数据放入到串口缓冲数组中
            uart_rx ++ ;                 //接收指针加 1
            uart_rx &= 0x3F;
            uart_trx[uart_rx] = rx_dat[1][0] ;  //把纠错后第 2 个数据放入到串口缓冲数组中
            uart_rx ++ ;                 //接收指针加 1
            uart_rx &= 0x3F;
            uart_trx[uart_rx] = rx_dat[2][0] ;  //把纠错后第 3 个数据放入到串口缓冲数组中
            uart_rx ++ ;                 //接收指针加 1
            uart_rx &= 0x3F;
            uart_trx[uart_rx] = rx_dat[3][0] ;  //把纠错后第 4 个数据放入到串口缓冲数组中
            uart_rx ++ ;                 //接收指针加 1
            uart_rx &= 0x3F;
          }
      }
    if(uart_rx != uart_tx)
      {
        while(! (UCSRA&(1 << UDRE)));    //判断是否能发送新数据
        UDR = uart_trx[uart_tx];         //把要发送的数据从队列中写入数据寄存器
```

第9章 无线数据可靠性传输技术之数据纠错

```
            uart_tx ++ ;                        //发送指针加1
            uart_tx &= 0x3F;                    //判断发送指针是否到零
        }
}
```

数据恢复函数如下：

```
/******************************************************************
* * 函数名称: data_renew(void)
* *
* * 描    述: 对接收到的数据包中的数据进行恢复纠正
* *
* * 输入参数: 无
* * 输出参数: 无
******************************************************************/
void data_renew(void)
{   unsigned char dat_i,dat_j,bit_i,dat_k,dat_val;
    for (dat_i = 0;dat_i<4;dat_i ++)//循环处理4个数据
      { dat_val = ~rx_dat[dat_i][1];
        if(dat_val)//若数据的有效位数据不是0xFF,则进行恢复
          {         //若是0xFF,则数据是正确,不用处理
            for (dat_j = 0;dat_j <= 7;dat_j ++)//循环对8位进行处理
              {
                if(dat_val & (1 << dat_j))//判断是否为有效位,若为真,则不是有效位
                  {                       //进行处理,若为假,则是有效位,不处理
                    bit_i = 0;
                    for(dat_k = 0;dat_k<4;dat_k ++)//对4个数据进行恢复
                      {
                        if(dat_k == dat_i)
                            dat_k ++ ;
                        if(dat_k<4)//当最后一位数据进行恢复时,若没有此
                            //句,则第4个数据参与"异或",数组溢出,结果将出错
                            bit_i ^= (rx_dat[dat_k][0] & (1 << dat_j));
                      }
                    if(bit_i)//根据"异或"结果恢复数据
                        rx_dat[dat_i][0] |= (1 << dat_j);
                    else
                        rx_dat[dat_i][0] &= ~(1 << dat_j);
                  }//if(dat_val & (1 << dat_j)) 恢复数据位
```

第9章 无线数据可靠性传输技术之数据纠错

```
        }//for(dat_j = 0;dat_k;dat_k ++) 循环对8位进行处理
      }//if(~rx_dat[dat_i][1] 判断是否有无效数据
    }//for (dat_i = 0;dat_i<4;dat_i ++)循环处理4个数据
  }
```

数据恢复函数的逻辑比较复杂,里面有3重循环,每一层循环负责的内容不一样。第1层用于对数据包的4字节进行循环,依次判断这4个数据是否需要进行纠错处理。第2层,用于对每个字节的8个数据位进行循环,判断哪个位需要进行纠错处理。第3层循环开始对要纠正的位进行"异或"处理,通过"异或"处理来纠正不可信的这些数据位。经过这层处理后,这个位就能纠正过来。

希望读者能自己独立编写这个算法代码,提高自己编写程序的能力。对于这个算法的编写,可以先完成第一层循环,然后完成第二层循环,最后再来完成第三层循环。这样一步一步地实现其功能。

在编写程序的过程中,一步一步地验证是很重要的,当然也是很繁琐的事,一定要把各种极值情况测试到,往往程序出现的问题,是我们没有考虑到的这些特殊和极值情况。这些情况发生的概率很小,一般测试中不容易出现。

与上面能否纠错判断一样,也用表格的形式列举出不同的数据类型来测试程序的逻辑正确性和功能完整性,如表9-2所列。

表9-2 调试数据列表

只有中间数据中间位有不可信位（测试1）									中间数据最高位和最低位有不可信位（测试2）									第一个数据有中间不可信位（测试3）								
0	0	0	1	0	0	1	0	12	0	1	0	1	0	1	1	0	56	0	0	0	0	0	0	1	0	02
1	1	1	1	1	1	1	1	FF	1	1	1	1	1	1	1	1	FF	1	1	1	0	1	1	0	1	ED
0	1	1	1	0	1	0	0	74	0	0	1	1	0	1	0	0	34	0	0	1	1	0	1	0	0	34
1	0	1	1	1	1	1	1	3F	1	1	1	1	1	1	1	0	FE	1	1	1	1	1	1	1	1	FF
0	1	1	1	0	1	1	0	76	1	0	0	1	0	0	1	0	92	0	1	0	1	0	1	1	0	56
1	1	0	1	1	1	1	1	DF	0	1	1	1	1	1	1	1	7F	1	1	1	1	1	1	1	1	FF
0	1	1	1	0	0	0	0	70	0	1	1	1	0	0	0	0	70	0	1	1	1	0	0	0	0	70
1	1	1	1	1	1	1	1	FF	1	1	1	1	1	1	1	1	FF	1	1	1	1	1	1	1	1	FF

第9章 无线数据可靠性传输技术之数据纠错

续表 9-2

第一个数据最高位和最低位有不可信位(测试 4)									最后一个数据中间有不可信位(测试 5)									最后一个数据最高位和最低位有不可信位(测试 6)								
1	0	0	1	0	0	1	0	92	0	1	0	1	0	1	1	0	56	0	0	0	1	0	0	1	0	12
0	1	1	1	1	1	1	0	7E	1	1	1	1	1	1	1	1	FF	1	1	1	1	1	1	1	1	FF
0	0	1	1	0	1	0	0	34	0	0	1	1	0	1	0	0	34	0	0	1	1	0	1	0	0	34
1	1	1	1	1	1	1	1	FF	1	1	1	1	1	1	1	1	FF	1	1	1	1	1	1	1	1	FF
0	1	0	1	0	1	1	0	56	0	0	0	1	0	0	1	0	12	0	1	0	1	0	1	1	0	56
1	1	1	1	1	1	1	1	FF	1	1	1	1	1	1	1	1	FF	1	1	1	1	1	1	1	1	FF
0	1	1	1	0	0	0	0	70	0	1	1	1	1	0	0	0	78	0	1	1	1	0	0	0	1	71
1	1	1	1	1	1	1	1	FF	1	1	1	1	0	1	0	1	F5	0	1	1	1	1	1	1	0	7E

在这个测试数据表中,有对中间位和中间数据要恢复的测试,有对最高位和最低位要恢复的测试,有第一个数据字节和最后一个数据字节要恢复的测试。经过这些测试,基本上可以覆盖所有可能发生的情况。

当数据恢复软件测试完成后,就可以把数据恢复函数直接复制到 9_2_2 工程 rx_data.c 文件中,并对数据处理函数作相应的修改。具体程序如下:

```
/*******************************************************
** 函数名称:rx_data(void)
**
** 描    述:处理接收到的数据包数据
**
** 输入参数:无
** 输出参数:无
*******************************************************/
void rx_data(void)
  {
    receive_all = 0;
     if(! rx_data_eer)                    //若能恢复数据
       {
          if(dat_renew)                   //若有需要纠正的位,则调用数据恢复函数
            data_renew();                 //调用数据恢复函数
          uart_trx[uart_rx] = 0x88;       //数据接收正确后,将此数据放入到队列中
```

第9章 无线数据可靠性传输技术之数据纠错

```
        uart_rx ++ ;                              //接收指针加1
        uart_rx &= 0x3F;
         switch(rx_dat[2][0])                     //对接收到的数据进行处理
          {
              case 0x11 : LED1B();break;
              case 0x22 : LED2B();break;
              case 0x44 : LED3B();break;
              case 0x88 : LED4B();break;
          }
        uart_trx[uart_rx] = rx_dat[2][0];
        uart_rx ++ ;
        uart_rx &= 0x3F;
     }
 }
```

编译后下载即可。

通过调用数据恢复函数,就可以把有限的错误纠正过来,从而保证了在有干扰或信号强度不够时,也能接收到正确的数据。这是CYWM6935芯片在技术上的优异表现。

在工程文件9_2_2中,有完整的数据接收和纠错的程序,在这个工程中,对所接收到的数据进行了纠错处理。

可以看到,使用芯片所提供的这一特点,只需加上一个"异或"字节,就能纠正最多8个位的错误,如果再加上硬件能容忍10%的差错,则可以看出,系统在有很高错误率的情况下,还能把数据恢复过来。这极大地提高了系统的性能,使得在有限的干扰的情况下,也能有很好的通信效率,并减少了系统的延时和数据的重发,减少了系统对其他设备的干扰,使得系统的通信更加可靠和可信。

第 10 章
无线数据可靠性传输技术之数据应答和数据重发

数据发送后,对方是否接收到,接收到的数据是否正确,这是数据传输中最为关心的问题,也是必须解决的问题。只有这样,数据通信才有现实的意义。前面讲了数据的纠错,可以把有限错误数据采用纠错技术恢复过来,可当纠正不过来时如何处理呢?

本章介绍另一个非常重要的提高通信可靠性的手段,即数据应答和数据重发。

10.1 数据应答和数据重发

有一对通信系统,其程序的功能是,当 A 实验板上一个数据发送后,马上转入接收状态。B 实验板接收到数据后,马上回传一个应答数据给 A 实验板,如果 A 实验板接收到这个应答数据,则说明 B 实验板接收到正确的数据。这是一个典型的应答过程。

由于无线环境的复杂性和不可预知性,数据应答是一个非常重要的手段。作为这样一个看似简单的应答,会有以下几种不同的情况发生,如图 10-1 所示。

图 10-1 所示是能接到应答数据最典型的 3 种情况,当然再发送的次数可能会多一些。在这一发一回的通路中,作为发送数据模块的 A,它并不知道是由于 B 没有接收到数据,还是接收到数据回传时受到干扰自己没有接收到。当然,这里面也有接收到的数据经校验后是错误的情况,把它归为接收到数据这种情况,只是数据是错误的。

下面分别介绍上面的 3 种情况。

第一种是最好的状况,无线通信链路良好。MCU 在有数据要发送时,打开无线模块,置为发送状态并发送数据。数据发送完后,马上转为接收状态,准备接收应答。在接收到应答数据后,认为对方正确接收到数据,一个完整的数据发送过程结束。(在此先不讨论数据的正确与否,认为接收到的数据都是正确的,有关数据正确与否的问题将在以后讨论,先把问题简单化来处理。)

第二种情况就不是很好,当 A 模块发送完数据进入接收状态等待接收应答时,可 B 模块没有接收到数据,B 模块不可能有应答数据会发送出去,A 模块就会一直在接收状态中等待,无线链路就一直会处于这种状态中,导致无线链路失效。如何解决这个问题呢?在此引入一个超时的概念,就是等待接收应答有一个时间限制,不是无限期地等下去。这时,就可以使用 MCU 的定时器来准确地确定这个超时的长度。

在数据发送完成后,打开定时器,那么需要多长时间呢?下面这个接收时序图有助于了解具体的时间。

在 A 模块发送完数据后,打开定时器开始计时,则超时理想的长度时间由 SPI 读数据时间数据、分析时间,转换为发送模式时间、写发送数据时间和无线数据发送时间。当 A 模块响应接收中断后,关定时器。当然,这个具体的时间由 SPI 接口速度、发送数据字节的多少、无线传输速率及协议解析的难度等决定。具体时序如图 10-2 所示。

如果超时时间到却还未接收到回传,那么认为这次数据传输失败,重发数据或标记数据发送失败。接着重新开始新的数据发送时序。如果接收到回传数据,则关超时定时器。

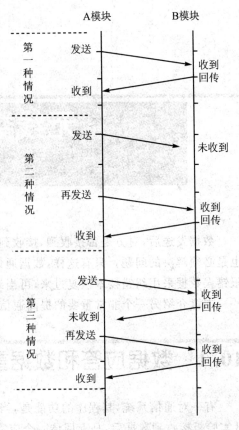

图 10-1 数据应答和数据重发模式图

第三种情况还要比第二种情况多面临一个问题,那就是同一个数据,接收端会接收同样的数据多次。对于接收端来说,它不知道这是一个新数据或重发的数据。这样也会造成接收数据的错误。

那么面对这个问题,应该如何来解决呢?这就需要使用协议机制来解决这个问题。协议机制的关键是如何定义数据包的格式。定义格式如下:

IDD1	数据变化标志变量	数据	XOR

其中,IDD1 为设备编号,是设备的唯一识别号。

"数据变化标志变量"是标志发送数据是否变化的一个标志变量。简单地说,如果接收到数据包的数据变化标志变量与上一个包的数据变化标志变量相同,则说明是一个重发数据;如果不同,则说明是一个新数据。

第 10 章　无线数据可靠性传输技术之数据应答和数据重发

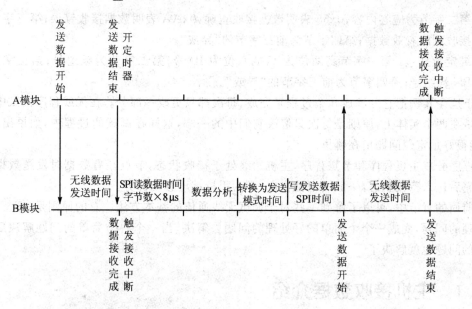

图 10-2　数据收发时序图

"数据"字节为要发送的数据。

XOR 为前三字节的"异或"。

可以看出,数据包格式后,每发送 4 个数据才有一个有用的数据被发送出去,效率不是很高。在此只是讲解如何定义包格式,根据不同的需要,可以定义不同的包格式,以满足不同的应用。

10.2　数据应答

下面用一个实例来讲解如何实现用应答方式来完成数据的传输。实验的目的是,按 B 实验板上的一个键后,发送相应的数据。如果 A 实验板收到数据后,相应的 LED 灯跳变一下,把数据通过串口传出来同时发送应答数据,B 实验板接收到应答数据后把相应的灯跳变一下。只有成功地接收到应答的数据,B 实验板上相应的灯才会跳变。

以下是数据包结构的定义,在本书中,对于数据结构的定义都应遵循它。

- 绑定请求数据包:第一字节的高两位为 10;第二字节的最高位为 1;第三字节为 0x55;第四字节为前三字节的"异或"。
- 节点发送数据包:第一字节为 ID 号,小于 64;第二字节为数据变化标志变量;第三字节为要发送的有效数据;第四字节为前三字节的"异或"。
- 应答数据包:第一字节高两位为 01,后六位为 ID 号,小于 64,表明是应答谁的数据包;

第二字节为应答内容,0x55 表明数据接收正确,0xAA 表明数据接收错误;第三字节为接收到的有效数据;第四字节为前三字节的"异或"。
- 绑定数据包：第一字节高两位为 1,低六位为 ID 号;第二字节为频道号;第三字节为 PN 码组号;第四字节为前三字节的"异或"。

对于这个实例把它分解成几个过程来完成,每次都只更改一部分。在无线程序调试中,由于收发是在两个实体上,原则是每次只修改它们中的一端,这样在调试的过程中,如果出现问题,则能很好地定位问题出在哪里。

把程序分成主机程序和节点程序,主机始终处于接收状态,节点在有数据时发送数据,数据发送完后进入待机状态,一般用电池供电,常为手持端可移动部分。

在前面的章节中,可以了解到一些对于调试无线通信的基本方法。总的原则是,把复杂的不好处理的问题,变成一个个简单的好处理的问题去解决,当一个一个简单的问题解决后,这个复杂的问题也就解决了。

10.2.1 主机接收数据介绍

对于主机来说,其主要功能是接收节点发送来的数据,然后发送应答码进行确认。主机不主动发送数据,所以对于主机来说,其主循环中的数据发送函数应该被注销掉。接收到数据后,对数据进行处理,如果接收到的数据是正确的或能被纠正,则发送数据正确接收应答码。

从数据结构的定义中可知,应答码有两种：正确接收数据应答码和错误接收应答码。而对于主机的反应来说,有三种情况：发送正确接收应答码;发送错误接收应答码;不予理睬,忽略此次数据接收过程。

主机接收到数据,可以分为两种：可以恢复或正确接收到数据;数据有不可信位,且不能恢复。

对于第一种情况,接收到正确数据。从数据纠错那一部分了解到,如果数据包中所有数据的有效位为 0xFF,则数据不需要经过恢复处理,确认数据接收正确。这种情况只能说明无线接收的数据是正确的,但没有说明这个数据包的数据是合乎协议要求的有意义的数据包,因此要对数据包进行"异或"验证。由此可以看出,"异或"位不仅能恢复数据,也可以对数据包进行必要的校验。当然,这个校验不能对数据进行 100% 验证。对于经过恢复的数据,也需要进行这个验证。可能有人说,数据经过"异或"修复,再用"异或"去验证,有意义吗？当然有,如果不是 8 个位都被修复过,则这个验证还是有一定意义的。

"异或"验证也会有两种情况。验证未能通过的数据包,在程序中就忽略这次数据接收,清零各种相应的标志位。数据包验证通过后,接着判断第一个数据字节是否符合数据包结构定义。如果符合数据包结构定义,则发送数据包接收正确应答;如果不符合,则忽略这次数据接收。

第10章 无线数据可靠性传输技术之数据应答和数据重发

第二种情况是数据有不可信位,且不能恢复。在这种情况下,还可以进一步判断,如果第一个字节的接收有效位为 0xFF,且其数据内容符合数据包结构对其的定义,则发送接收错误应答数据包。其他情况不予理睬。

下面以图表的方式对此进行说明,如图 10-3 所示。

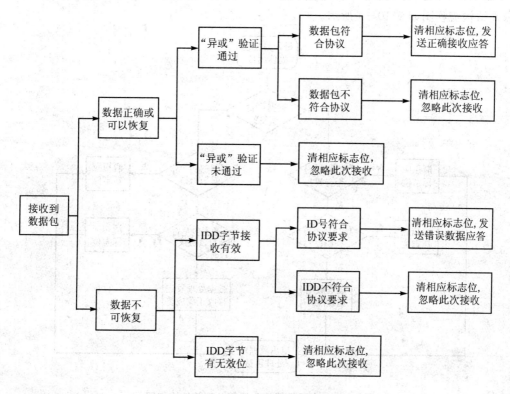

图 10-3 数据包处理树状分支图

经过上面对主机应答反应的整体了解,可把实现这个过程分成以下几步来完成。第一步,注销主循环数据发送和按键函数内容;第二步,把正确接收数据和发送正确接收应答独立编写成一个模块函数;第三步,加入对数据不可恢复的处理;第四步,加入"异或"验证以及验证后两种不同结果的处理。

当然,对于这个软件算法逻辑的验证,还是借助于串口来调试其逻辑和结构的正确性。由于其为纯软件算法的验证,验证完后可以直接移植过来。

对于每一个分支,可以在进入这个分支时通过串口输出一个特征数据,表明程序的走向流程。这样通过这些特征数据,就可以很清晰地了解程序执行的过程,判断程序的逻辑和结构是否正确。

10.2.2 利用串口接收应答协议的调试

复制工程 9_2_1 到 10_2_1 文件夹中,编译下载验证。通过上面对主机数据接收应答的分析,软件结构流程图如图 10-4 所示。

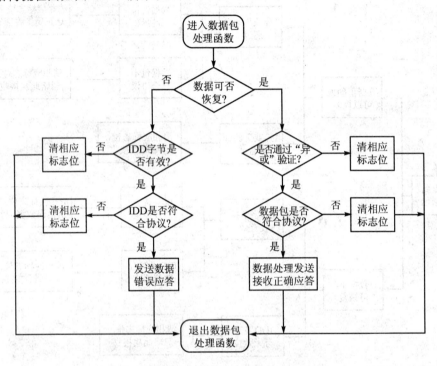

图 10-4 主机数据接收应答处理软件流程图

1. 独立主机数据接收应答处理函数

为了使程序结构比较清晰,把数据接收应答处理独立成一个函数,在主循环中只是来调用这个函数即可。这样主循环程序就特别清晰,很明确地知道是在调用数据处理函数进行数据接收应答的处理,至于如何处理,则由其调用的函数来完成。

```
/*****************************************************************
**函数名称:while(1)
**
**描    述:主循环函数。对接收数据包处理,发送串口数据
**
**输入参数:无
```

```
* *输出参数:无
*************************************************************/
while(1)
{
  if(receive_all)                    //若接收到完整的数据包
    {
 receive_all = 0;
      rx_data();                     //调用数据包接收应答处理函数
    }
  if(uart_rx != uart_tx)
    {
        while(!(UCSRA&(1 << UDRE)));  //判断是否能发送新数据
        UDR = uart_trx[uart_tx];      //把要发送的数据从队列中写入数据寄存器
        uart_tx ++ ;                  //发送指针加1
        uart_tx &= 0x3F;              //判断发送指针是否到零
    }
}
```

创建一个 rx_data()函数,在这个函数中对接收到的数据进行分析处理,并在各个不同分支的入口处,让其输出不同的特征码。

第一步先判断数据能否恢复。在能恢复的入口放入一个 0x77 的特征码数据,在此先认为只要是能恢复的数据都是接收正确的数据,调用 deal_ask()函数,发送正确接收应答码。不能恢复的数据,在其分支入口放入 0xAA 特征数据,不对程序做任何处理。其具体程序如下:

```
/*************************************************************
* *函数名称:rx_data(void)
* *
* *描   述:数据包接收应答处理函数,处理各种应答逻辑
* *
* *输入参数:无
* *输出参数:无
*************************************************************/
void rx_data(void)
{
  if(! rx_data_eer)                   //若能恢复数据
    {
        uart_trx[uart_rx] = 0x77;     //把能恢复数据特征码放入到串口缓冲数组中
        uart_rx ++ ;                  //接收指针加1
        uart_rx &= 0x3F;
        if(dat_renew)                 //若有需要纠正的位,则调用数据恢复函数
```

第10章 无线数据可靠性传输技术之数据应答和数据重发

```
            data_renew();              //调用数据恢复函数
         deal_ask();                   //加入数据解析和发送正确接收应答码功能函数
         nub_i = 0;
         valid_or = 0;
      }
   else
      {
         uart_trx[uart_rx] = 0xAA;     //把不能恢复数据特征码放入到串口缓冲数组中
         uart_rx ++ ;                  //接收指针加1
         uart_rx &= 0x3F;
         nub_i = 0;
         valid_or = 0;
      }
 }
```

从程序中可以看到,当数据能恢复时,串口会输出 0x77 特征数据;当数据不能恢复时,输出 0xAA 特征数据,根据这些特征数据就能判断程序在分支处的走向。由于没有相应的硬件作反应,在数据解析和发送正确接收应答码函数中,通过输出特征码和恢复后的正确数据,表示程序执行了正确接收应答函数。其程序如下:

```
/***************************************************************
* * 函数名称:deal_ask(void)
* *
* * 描  述:正确接收应答处理函数。在此输出特征数据 0x88 和纠正后的
* *         数据,表明程序进入了正确接收应答处理函数
* * 输入参数:无
* * 输出参数:无
***************************************************************/
void deal_ask(void)
  {
      uart_trx[uart_rx] = 0x88;           //把发送正确接收数据特征码放入到串口缓冲数组中
      uart_rx ++ ;                        //接收指针加1
      uart_rx &= 0x3F;
      nub_i = 0;
      valid_or = 0;
      uart_trx[uart_rx] = rx_dat[0][0];   //把正确接收数据放入到串口缓冲数组中
      uart_rx ++ ;                        //接收指针加1
      uart_rx &= 0x3F;
      uart_trx[uart_rx] = rx_dat[1][0];   //把正确接收数据放入到串口缓冲数组中
      uart_rx ++ ;                        //接收指针加1
```

第10章 无线数据可靠性传输技术之数据应答和数据重发

```
        uart_rx &= 0x3F;
        uart_trx[uart_rx] = rx_dat[2][0];    //把正确接收数据放入到串口缓冲数组中
        uart_rx ++ ;                          //接收指针加1
        uart_rx &= 0x3F;
        uart_trx[uart_rx] = rx_dat[3][0];    //把正确接收数据放入到串口缓冲数组中
        uart_rx ++ ;                          //接收指针加1
        uart_rx &= 0x3F;
    }
```

　　编译后,下载到 A 实验板,通过串口输入不同的数据进行测试。以下有 6 个测试数据表,可以分别测试出 6 种不同的分支情况。在这一步,只处理了两种情况,即数据可以恢复和数据不能恢复。把测试 1 中的数据通过串口输入到 A 实验板,串口中会出现数据流 08 C8 E9 F9 77 88 12 34 56 70。前四个数据是每次输入后不可信位的标记,发现到第四个数据时,有六个不可信位(0xF9→0B11111001),查对一下数据,看其不可信位是否正确。77 表示程序进入能恢复数据分支,88 表示调用数据分析和发送接收到正确应答函数,后面四个数据即为恢复后的数据,可以看到数据完全恢复过来了。

　　再通过串口输入测试 4 数据,串口会输出 88 89 DD 89 AA。数据包第一个数据没有不可信位,是正确的数据,没有不可信标记数据输出;第二个数据有不可信位,输出不可信位数据标记量;第三个数据也一样。到第四个数据时,发现在相同的位有错误(第三个数据的 0 位和第四个数据的 0 位),判断不能恢复,置位 rx_data_eer 变量,发送 DD 特征码数据,说明数据不能恢复。这样在数据包处理程序中,就会进入不能恢复这个分支,AA 特征数据说明程序进入不能恢复分支。

　　从上面可以看到,使用串口调试软件的方便性。读者最好用一个表把各种可能发生的情况罗列出来,这样可以有效地减少漏掉某一种或几种情况的情形发生。

　　一个调试数据列表如表 10-1 所列。

表 10-1　调试数据列表

数据可恢复,"异或"可通过,数据包符合协议(测试1)								数据可恢复,"异或"可通过,数据包不符合协议(测试2)								数据可恢复,"异或"验证不可通过(测试3)							
0	0	0	1	0	0	1	0	12	0	1	0	1	1	1	1	0	5E	0	0	0	1	0	0	1	0	12
1	1	1	1	0	1	1	1	F7	1	1	1	1	0	1	1	1	F7	1	1	1	1	1	1	1	1	FF
0	1	1	1	0	1	0	0	74	0	0	1	1	0	1	0	0	34	0	0	1	1	0	1	0	0	34
0	0	1	1	1	1	1	1	3F	1	1	1	1	1	1	1	0	FE	1	1	1	1	1	1	1	1	FF

第10章 无线数据可靠性传输技术之数据应答和数据重发

续表 10-1

数据可恢复,"异或"可通过,数据包符合协议(测试1)									数据可恢复,"异或"可通过,数据包不符合协议(测试2)									数据可恢复,"异或"验证不可通过(测试3)								
0	1	1	1	0	1	1	1	77	0	0	0	1	0	0	1	0	12	0	1	0	1	0	1	1	0	56
1	1	0	1	1	1	1	0	DE	1	1	1	1	1	1	1	1	FF	1	1	1	1	1	1	1	1	FF
0	1	1	0	0	0	0	0	60	0	1	1	1	0	0	0	0	70	0	1	1	1	0	1	0	1	75
1	1	1	0	1	1	1	1	EF	0	1	1	1	1	1	1	1	7F	1	1	1	1	1	1	1	1	FF
数据不可恢复,IDD 字节有效,IDD 字节符合协议(测试4)									数据不可恢复,IDD 字节有效,IDD 字节不符合协议(测试5)									数据不可恢复,IDD 字节有不可信位(测试6)								
0	0	0	1	0	0	1	0	12	0	1	0	1	0	1	1	0	56	0	0	0	1	0	0	1	0	12
1	1	1	1	1	1	1	1	FF	1	1	1	1	1	1	1	1	FF	1	1	1	1	1	1	1	1	F7
0	0	1	1	0	1	1	0	36	0	0	0	1	0	0	1	1	13	0	0	1	1	0	1	0	0	34
0	1	1	1	0	1	1	1	77	0	1	1	1	1	1	1	0	7E	1	1	1	0	1	1	1	1	EF
0	1	0	1	0	1	1	1	57	0	0	1	1	0	1	0	0	34	0	1	0	0	0	1	1	0	46
1	1	1	1	1	1	1	0	FE	1	1	1	1	0	1	1	1	F7	1	1	1	0	1	1	1	1	EF
0	1	1	1	0	0	0	0	70	0	1	1	1	0	0	0	0	70	0	1	1	1	0	1	1	0	76
1	1	1	1	1	1	1	0	FE	0	1	1	1	1	1	1	1	7F	1	1	1	1	1	0	1	1	FB

2. 对数据可恢复的处理

第一步完成了对接收数据能恢复和不能恢复的程序分支,在这一步将对可恢复的数据包进行处理。在可恢复中,首先进行"异或"校验,把程序分成两支,即校验通过和校验未通过。在校验通过入口处,放置 0x7A 特征码;在校验未通过入口处,放置特征码 0x7E。

在"异或"校验通过这个分支中,加入对首字节 IDD 数据的判断:如果是本系统的 IDD 号,则说明是系统要接收的数据,调用正确接收应答函数,并对相应的标志变量清零;如果不是本系统的数据,则放入 0x7D 特征码数据,并对相应的标志变量清零。

在"异或"校验未通过的分支中,除了放入特征数据 0x7E 外,还要对相应的标志变量清零。这样,就把能恢复这个情况处理完成。

为了更方便地查看测试结果,把能否纠正以及恢复函数中的中间变量串口输出部分程序给注销掉。具体程序如下：

```
/*****************************************************************
** 函数名称：rx_data(void)
**
** 描    述：数据包接收应答处理函数。完整地处理了能恢复数据的各种情况
**
** 输入参数：无
** 输出参数：无
*****************************************************************/
void rx_data(void)
{
if(! rx_data_eer)                         //若能恢复数据
    {
    uart_trx[uart_rx] = 0x77;             //把能恢复的数据特征码放入到串口缓冲数组中
    uart_rx ++ ;                          //接收指针加1
    uart_rx &= 0x3F;
    if(dat_renew)                         //若有需要纠正的位,则调用数据恢复函数
      {
   data_renew();                          //调用数据恢复函数
    }
if(rx_dat[3][0] == (rx_dat[0][0]^rx_dat[1][0]^rx_dat[2][0]))   //"异或"验证
    {
        uart_trx[uart_rx] = 0x7A;         //"异或"验证通过特征码放入到串口缓冲数组中
        uart_rx ++ ;                      //接收指针加1
        uart_rx &= 0x3F;
        if(rx_dat[0][0] < 64)
          {
          deal_ask();                     //加入数据解析和发送正确接收应答码功能函数
          nub_i = 0;
          valid_or = 0;
          }
        else
          {
          uart_trx[uart_rx] = 0x7D;       //IDD数据不符合协议特征码放入到串口缓冲数组中
          uart_rx ++ ;                    //接收指针加1
          uart_rx &= 0x3F;
          nub_i = 0;
          valid_or = 0;
          }
```

```
                }
            else                              //"异或"验证未通过
                {
                    uart_trx[uart_rx] = 0x7E;  //"异或"验证未通过特征码放入到串口缓冲数组中
                    uart_rx ++ ;               //接收指针加1
                    uart_rx &= 0x3F;
                    nub_i = 0;
                    valid_or = 0;
                }
        }
    else                                      //数据不能恢复
        {
            uart_trx[uart_rx] = 0xAA;          //把不能恢复的数据特征码放入到串口缓冲数组中
            uart_rx ++ ;                       //接收指针加1
            uart_rx &= 0x3F;
            nub_i = 0;
            valid_or = 0;
        }
}
```

编译后，下载到 A 实验板，使用测试 1、测试 2 和测试 3 中的数据来进行算法测试。利用串口测试软件，往实验板 A 中输入测试 1 数据 12 F7 74 3F 77 DE 60 EF。测试 1 数据得到的反馈结果是 77 7A 88 12 34 56 70。77 说明数据能恢复，7A 说明数据通过"异或"校验，88 说明调用正确接收应答函数，后面为纠正后的数据。

往实验板 A 中输入测试 2 数据 5E　F7　34　FE　12　FF　70　7F。测试 2 数据得到的反馈结果是 77 7A 7D。77 说明数据能恢复，7A 说明数据通过"异或"校验，7D 说明数据不符合协议。

往实验板 A 中输入测试 3 数据 12　FF　34　FF　56　FF　75　FF。测试 3 数据得到的反馈结果是 77 7E。77 说明数据能恢复，7E 说明"异或"校验未通过。

3. 对数据不可恢复的处理

对数据不可恢复的处理，主要是判断在不可恢复的数据的第一个字节全有效且符合数据协议时，发送错误接收数据包。

首先判断第一个字节是否全有效。若全有效，则放入特征码数据 0xBB；若不全有效，则在这个分支处放入 0xCC 特征码数据。在全有效这个分支中，放入对第一个数据的判断，看其是否符合协议的要求。若第一个 IDD 号数据符合协议要求，则调用发送错误接收应答函数，并对相应的标志变量清零。若第一个 IDD 号数据不符合协议要求，则在程序的分支处，放入

0xBE 特征变量,并对相应的标志变量清零。

首先在程序中加入错误接收应答函数如下:

```
/***************************************************************
**函数名称:ask_eer(void)
**
**描    述:发送错误应答码
**
**输入参数:无
**输出参数:无
***************************************************************/
void ask_eer(void)
    {
        uart_trx[uart_rx] = 0xBD;      //发送数据接收错误应答特征码放入到串口缓冲数组中
        uart_rx ++ ;                   //接收指针加1
        uart_rx &= 0x3F;
    }
```

加入不可恢复部分处理程序的数据包接收应答处理函数如下:

```
/***************************************************************
**函数名称:rx_data(void)
**
**描    述:数据包接收应答处理函数。完整地处理了能恢复数据的各种情况。
**         完整地处理了不可恢复数据的各种情况
**输入参数:无
**输出参数:无
***************************************************************/
void rx_data(void)
{
if(! rx_data_eer)                      //若能恢复数据
{
    uart_trx[uart_rx] = 0x77;          //把能恢复的数据特征码放入到串口缓冲数组中
    uart_rx ++ ;                       //接收指针加1
    uart_rx &= 0x3F;
    if(dat_renew)                      //若有需要纠正的位,则调用数据恢复函数
    {
 data_renew();                         //调用数据恢复函数
}
if(rx_dat[3][0] == (rx_dat[0][0]^rx_dat[1][0]^rx_dat[2][0]))//"异或"验证
    {
```

```
                uart_trx[uart_rx] = 0x7A;        //"异或"验证通过特征码放入到串口缓冲数组中
                uart_rx ++ ;                      //接收指针加1
                uart_rx &= 0x3F;
                if(rx_dat[0][0] < 64)
                {
                    deal_ask();                   //加入数据解析和发送正确接收应答码功能函数
                    nub_i = 0;
                    valid_or = 0;
                }
                else
                {
                    uart_trx[uart_rx] = 0x7D;    //IDD数据不符合协议特征码放入到串口缓冲数组中
                    uart_rx ++ ;                  //接收指针加1
                    uart_rx &= 0x3F;
                    nub_i = 0;
                    valid_or = 0;
                }
            }
            else                                  //"异或"验证未通过
            {
                uart_trx[uart_rx] = 0x7E;        //"异或"验证未通过特征码放入到串口缓冲数组中
                uart_rx ++ ;                      //接收指针加1
                uart_rx &= 0x3F;
                nub_i = 0;
                valid_or = 0;
            }
        }
        else                                      //数据不能恢复
        {
            uart_trx[uart_rx] = 0xAA;            //把不能恢复数据特征码放入到串口缓冲数组中
            uart_rx ++ ;                          //接收指针加1
            uart_rx &= 0x3F;
            if(rx_dat[0][1] == 0xFF)
            {
                uart_trx[uart_rx] = 0xBB;        //IDD字节数据有效特征码放入到串口缓冲数组中
                uart_rx ++ ;                      //接收指针加1
                uart_rx &= 0x3F;
                if(rx_dat[0][0] < 64)
                {
```

```
            ask_eer();              //发送接收错误应答
            nub_i = 0;
            valid_or = 0;
          }
        else
          {
            uart_trx[uart_rx] = 0xBE;   //IDD 数据不合协议特征码放入到串口缓冲数组中
            uart_rx ++ ;                //接收指针加 1
            uart_rx &= 0x3F;
            nub_i = 0;
            valid_or = 0;
          }
       }
   else
     {
       uart_trx[uart_rx] = 0xCC;   //IDD 字节有不可信位特征码放入到串口缓冲数组中
       uart_rx ++ ;                //接收指针加 1
       uart_rx &= 0x3F;
       nub_i = 0;
       valid_or = 0;
     }
 }
```

程序中,在每一个分支处加入了标记分支的特征码数据,进入不同的分支就会有不同的特征码从串口输出。这样通过对特征码的判断,就可以很清楚地知道程序的执行情况,可以判断其逻辑结构是否正确,功能是否完整。

编译后,下载到 A 实验板,分别测试表中测试 1～6 的数据,可以得到以下结果。测试 1 的结果是 77 7A 88 12 34 56 70;测试 2 的结果是 77 7A 7D;测试 3 的结果是 77 7E;测试 4 的结果是 AA BB BD;测试 5 的结果是 AA BB BE;测试 6 的结果是 AA CC。对比程序中特征码的意义,可以很清楚地查看到程序的分支走向。

对于不可恢复的处理,或许有人会说,不要这么复杂地去处理它,如果判断是不可恢复的数据,程序对它不予理睬,忽略这个数据。还是认为对它进行这样的处理好,可以判断错误数据的来源,可以对错误进行分类,为更高级的应用服务。

10.2.3 在主机工程文件中实现数据接收应答处理

完成了对数据协议软件算法的测试,下面把它移植到无线数据收发程序中。以第 9 章

9_2_2中工程文件为基础来移植主机接收数据应答处理。复制9_2_2工程文件到10_2_2文件夹中,编译后下载验证。

对于主机来说,由于不需要主动发送数据,把主循环中的发送函数注销掉。把工程10_2_1中的ask_eer()和deal_ask()函数复制到rx_data.c文件中,用10_2_1工程中的rx_data函数覆盖rx_data.c文件中的rx_data()函数,这样就完成了协议部分的移植。编译后,下载到A实验板上,在B实验板上下载9_2_2程序,按B实验板上的按键,查看A实验板上串口输出什么数据。可以看到数据15 FF 01 FF 44 FF 50 FF 77 7A 88 15 01 44 50。前8位分别为接收到的数据和有效值,0x77、0x7A和0x88为数据可恢复、"异或"校验通过和发送数据正确应答特征码,后面4个数据为恢复后的数据。

还可以在9_2_2工程文件的发送函数中,把"异或"位加1,然后编译下载到B实验板,发送数据,A实验板接收后,其接收到数据包的"异或"校验未通过,这时会输出"异或"未通过的77 7E特征码。

到这一步,只是完成了对接收数据的各种不同情况的分析,还没有加入应有的数据处理和应答数据的发送。在deal_ask()函数中加入对正确接收到数据处理和发送正确接收应答。具体程序如下:

```
/*****************************************************************
* * 函数名称:deal_ask(void)
* *
* * 描    述:正确接收应答处理函数。发送正确接收应答。把有效数据通过串口输出
* *
* * 输入参数:无
* *
* * 输出参数:无
*****************************************************************/
void deal_ask(void)
{
    nub_i = 0;
    valid_or = 0;
    /*****************************************************************
    * *    对正确接收的数据进行处理
    *****************************************************************/
    switch(rx_dat[2][0])   //对接收到的数据进行处理
    {
        case 0x11 : LED1B();break;
        case 0x22 : LED2B();break;
        case 0x44 : LED3B();break;
        case 0x88 : LED4B();break;
    }
```

```
    uart_trx[uart_rx] = rx_dat[2][0];
    uart_rx ++ ;
    uart_rx &= 0x3F;
    /**************************************************************
    **    发送正确接收应答
    **************************************************************/
    ask_buf[0] = ( 0x04 | (rx_dat[0][0] & 0x3f));
    ask_buf[1] = 0x55;    //0x55 数据接收正确
    ask_buf[3] = ask_buf[0] ^ ask_buf[1];
    ask_buf[2] = rx_dat[2][0];
    ask_buf[3] ^= ask_buf[2];
    radio_trans(ask_buf[0]);
    radio_trans(ask_buf[1]);
    radio_trans(ask_buf[2]);
    radio_trans(ask_buf[3]);
    radio_receive_on();       //使能接收
    }
//
/******************************************************************
**  函数名称: deal_ask(void)
**
**  描    述: 发送错误应答码
**
**  输入参数: 无
**  输出参数: 无
******************************************************************/
void ask_eer(void)
    {
    uart_trx[uart_rx] = 0xBD;  //发送数据接收错误应答特征码放入到串口缓冲数组中
    uart_rx ++ ;               //接收指针加1
    uart_rx &= 0x3F;
    /**************************************************************
    **    发送错误接收应答
    **************************************************************/
    ask_buf[0] = ( 0x04 | (rx_dat[0][0] & 0x3F));
    ask_buf[1] = 0xAA;    //0xAA 数据接收正确
    ask_buf[3] = ask_buf[0] ^ ask_buf[1];
    ask_buf[2] = rx_dat[2][0];
    ask_buf[3] ^= ask_buf[2];
    radio_trans(ask_buf[0]);
```

```
            radio_trans(ask_buf[1]);
            radio_trans(ask_buf[2]);
            radio_trans(ask_buf[3]);
            radio_receive_on();        //使能接收
        }
```

编译后,下载到 A 实验板,把 9_2_2 程序下载到 B 实验板,按 B 实验板上的按键,可以看到 A 实验板上的相应指示灯发生变化,自己板上的灯也在变化,同时 A 实验板和 B 实验板上的串口都有数据输出。关闭 A 实验板电源,B 实验板上的灯也不发生变化,串口也没有数据输出。

B 实验板上的数据从何而来的呢？因为 B 实验板在发送数据后,马上置位接收状态,输出的数据当然是接收到的 A 实验板发送的应答数据。仔细查看数据内容,就会发现是应答数据包格式。

10.2.4　节点程序实现数据发送接收应答

对于节点的数据应答程序来说,9_2_2 程序已经具备接收应答功能,只是缺少对接收到的应答数据的处理。只需在接收部分加入这个内容,就可以完成节点实现数据发送接收应答的功能。

把 9_2_2 工程文件复制到 10_2_3 中,编译下载验证。接收部分对数据的处理依据应答数据的结构定义,其软件结构流程图如图 10-5 所示。

其接收数据处理具体程序如下:

```
/*******************************
** 函数名称：data_deal (void)
**
** 描    述：处理正确应答数据包数据
**
** 输入参数：无
** 输出参数：无
*******************************/
void data_deal(void)
    {
        switch(rx_dat[2][0])   //对接收到的数据进行处理
            {
```

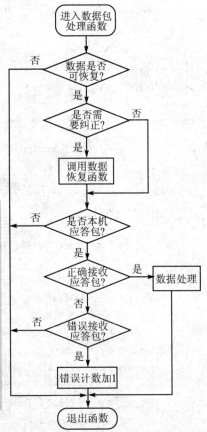

图 10-5　节点接收数据应答处理流程图

```
            case 0x11 : LED1B();break;
            case 0x22 : LED2B();break;
            case 0x44 : LED3B();break;
            case 0x88 : LED4B();break;
        }
    }
```

在处理接收到的数据包函数中,要判断这个数据包是否是应答数据,如果是应答数据,则进一步判断是正确接收还是错误接收的应答数据。

```
/***************************************************************
**函数名称:rx_data(void)
**
**描    述:处理接收到的数据包数据
**
**输入参数:无
**输出参数:无
****************************************************************/
void rx_data(void)
{
    receive_all = 0;
    if(! rx_data_eer)                      //若能恢复数据
    {
        if(dat_renew)                      //若有需要纠正的数据位,则调用数据恢复函数
            data_renew();                  //若调用数据恢复函数
        if(((rx_dat[0][0] & 0x40) == 0x40) && ((rx_dat[0][0] & 0x3F) == 0x15))
        { //若高2位为01,则说明是应答包;若低6位为0x15,则说明是本节点应答包
            switch(rx_dat[1][0])
            {
                case 0x55 : data_deal();break;
                case 0xaa : eer_nub ++ ;break;
            }
        }
    }
}
```

编译后,下载到 B 实验板。完成了数据应答模式的主机和从机程序,把主机有应答处理的程序 10_2_2 下载到 A 实验板,按 B 实验板上的按键,可以看到相应的灯会发生跳变,B 实验板上的串口有应答数据输出,说明接收到应答数据。

10.3 数据的重发

在点对点双向传输介绍中,介绍了三种典型的能接收到数据的情况,前面讲解了第一种情况下的数据传输,那么当发生第二种或第三种情况时如何处理呢?下面来处理这种情况。

实例的目的还是一样,只是在发生干扰或数据没有收到时要做不同的处理。在此以 10_2_2 为基础来修改主机程序,以 10_2_3 为基础来修改节点程序。把这个问题分成两个部分来完成。

10.3.1 节点发送数据及应答重传

先来更改节点部分的程序,主机部分程序不动。由于要实现多次重发,那么有一个问题要解决,即等待多长时间还没有收到数据就认为是数据传输失败?如何实现同一数据的重新发送呢?分几步来解决这些问题。

1. 确定数据应答超时时长

前面有一个数据接收时序表,列举了等待时间包含了哪些时间片段。可以通过一些数据进行计算,当然更直接的是,可以在程序中加一段程序来测试一下这个时间有多长。

先把 10_2_3 工程文件复制到 10_3_2 文件夹中,编译后,下载验证。需要应答超时的时间长度如何来确定呢? 使用定时器的值来计算正常接收到应答时的时间长度,以此为标准来确定应答超时长度。启用 T0 定时器,初值赋予 0,使用 256 分频。这样,在发送完数据后,把 T0 定时器中的值通过串口传出去,在接收到完整的数据包后,再把 T0 定时器的值传出去,通过两次值的差别,就可以知道正常的接收应答的时间长度。

在 tx_data.c 文件的 tx_data() 函数中,数据发送完后读出此时 T0 定时器的值,并通过串口传输出来。具体程序如下:

```
/*****************************************************************
**函数名称:tx_data(void)
**
**描    述:数据发送函数。首先判断有无数据要发送,如果有,则调用打包函数,然后发送数据包,
          在数据发送完后,把定时器 0 的值通过串口传出去,这个值就是发送完数据的 T0 定时
          器的值
**输入参数:无
**输出参数:无
*****************************************************************/
void tx_data(void)
```

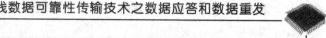

第10章 无线数据可靠性传输技术之数据应答和数据重发

```
    {
        if(rf_rx != rf_tx)              //判断是否有无线数据要发送
        {
            pack_data(rf_trx[rf_tx]);
            radio_trans(rf_buf[0]);
            radio_trans(rf_buf[1]);
            radio_trans(rf_buf[2]);
            radio_trans(rf_buf[3]);
            rf_tx ++ ;
            rf_tx &= 0x0F;
            uart_trx[uart_rx] = TCNT0;  //把T0数据放入到串口缓冲数组中
            uart_rx ++ ;                //接收指针加1
            uart_rx &= 0x3F;            //判断指针是否到头,到头则自动回到零
                    radio_receive_on();  //使能接收
        }
    }
```

在数据接收处理中,当数据包接收完时,读出此时的 T0 定时器的值,通过串口传输出来。以下是数据包接收完的判断部分程序。

```
//判断数据包是否接收完成
    if(nub_i > 3)
    {
        uart_trx[uart_rx] = TCNT0;      //把T0数据放入到串口缓冲数组中
        uart_rx ++ ;                    //接收指针加1
        uart_rx &= 0x3F;                //判断指针是否到头,到头则自动回到零
        nub_i = 0;
        receive_all = 1;
    }
```

编译后,下载到 B 实验板,在 A 实验板上下载 10_2_2 中程序。按 B 实验板按键发送数据,可以在 B 实验板串口上输出一串数据 F2 2B 55 FF 55 FF 22 FF 22 FF 65,其中 0xF2 是按键 K2 的特征码,0x2B 是发送完数据后 T0 计数寄存器的值,55 FF 55 FF 22 FF 22 FF 为接收到的应答码,0x65 为数据包接收完成时 T0 计数器的值,由计数器可知,这个时间为 3.7 ms。多次测试计算,可以看到接收应答的时间在 3.8 ms 左右,在实际中取 4 ms 作为应答超时的界限。这样,应答超时的时间长度就确定了。

2. 对超时和错误应答进行处理

确定了应答超时的时长,若超过这个时间没有收到应答码,就确认为主机没有收到数据。

第10章 无线数据可靠性传输技术之数据应答和数据重发

作为节点程序,就需要把这个数据重新发送一次。在发送完数据后,打开T0中断,设置溢出时长为 4 ms,在T0中断溢出函数中置应答超时标志,同时关T0定时器。在接收完数据包中,关掉T0定时器。数据发送部分,无线发送数据队列的发送指针在接收到正确的应答后加1,或者在多次发送后仍然没有接收到应答放弃发送这个数据后,其发送指针也会加1。

由于是在数据发送完后等待应答接收,所以对接收应答数据的处理在发送后进行,有关接收处理的模块在发送完后调用,而不是在主循环中来调用了。在T0溢出中断中,置位应答超时标志位,对于数据的打包,只有在发送数据成功后才允许改变数据变化标志变量。

节点程序数据重发的软件结构流程图如图10-6所示。

在文件rx_data.c中加入错误计数变量和允许数据打包标志变量。对错误的计数,可以防止程序无休止地发送下去,允许数据打包标志变量,则可以辨别这个数据是新数据还是重发数据。在全局变量定义中加入这两个变量:

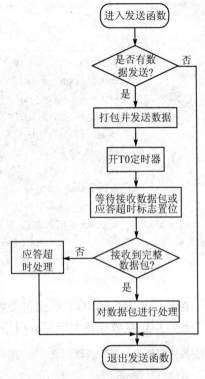

图10-6 节点重传的处理流程图

```
//在全局变量定义中加入以下变量,并对rx_data.h头文件做同样的处理
unsigned char error_nub;
unsigned char new_data_sig = 1;//允许数据打包标志变量
```

T0中断中放入应答超时部分内容,具体函数如下:

```
/****************************************************************
* * 函数名称:timer0_ovf_isr(void)
* *
* * 描    述:T0溢出中断函数。停T0定时器,置超时应答标志变量
* *
* * 输入参数:无
* * 输出参数:无
****************************************************************/
#pragma interrupt_handler timer0_ovf_isr:10
void timer0_ovf_isr(void)
{
    TCCR0 = 0;                //停T0定时器
```

```
        timeover_sig = 1;                    //置应答超时标志变量
    }
```

数据发送函数如下:

```
/***************************************************************
**函数名称: rf_data(void)
**
**描    述: 无线数据发送函数
**
**输入参数: 无
**输出参数: 无
***************************************************************/
void rf_data_tx(unsigned char data)
    {
        if(new_data_sig)
            {
                pack_data(data);
                new_data_sig = 0;
            }
        radio_trans(rf_buf[0]);
        radio_trans(rf_buf[1]);
        radio_trans(rf_buf[2]);
        radio_trans(rf_buf[3]);
    }
```

在无线数据发送函数中,对于数据打包函数的调用只是在被认为是新数据时才调用,这样,数据变化标志位就不会在重发的数据中发生变化。新数据标志变量 new_data_sig 在初始化时为1,调用发送函数后被清零。在要发送新数据时被置1;若在接收到正确接收数据应答后,在多次发送失败后放弃时,新数据标志变量会被置1。

```
/***************************************************************
**函数名称: tx_data(void)
**
**描    述: 数据发送处理函数。首先判断有无数据要发送,如果有,则调用打包函数,
**         然后发送数据包,等待超时或数据包接收完,然后进行分别处理
**输入参数: 无
**输出参数: 无
***************************************************************/
void tx_data(void)
    {
```

```
if(rf_rx != rf_tx)                              //判断是否有无线数据要发送
    {
        rf_data_tx(rf_trx[rf_tx]);              //调用发送数据函数
        timeover_sig = 0;                       //超时标志清零
        nub_i = 0;                              //接收数据计数变量清零
        receive_all = 0;                        //清零数据包接收完标志
        TCNT0 = 0xC2;                           // 0xC2——4 ms
        TCCR0 = 0x04;                           //开 T0 定时间器
        radio_receive_on();
        while(! (timeover_sig || receive_all)); //等待 4 ms 超时或数据包接收完
        if(receive_all)                         //若有数据包接收到
        {
            rx_data();                          //调用接收数据包处理函数
        }
        else                                    //没有接收到数据,超时
        {
            error_nub ++ ;
            nub_i = 0;
            if(error_nub > 200)                 //允许重发的次数
            {
                new_data_sig = 1;               //允许调用打包函数
                error_nub = 0;                  //清零错误次数计数变量
                rf_tx ++ ;                      //无线数据队列指针加1,发送下一个数据
                rf_tx &= 0x0F;
            }
        }
    }
```

在循环等待中,使用了两个条件,即应答超时条件和数据包接收完条件。当这两个条件中任何一个满足时,便跳出循环,执行下面的语句。

跳出循环后,马上判读是应答超时还是数据包接收完导致的循环退出。如果是数据包接收完,则调用接收数据处理函数,对接收到的数据包进行判断处理;如果是超时,则对错误计数加 1。

在超时处理中,加入了对错误次数的计数,当到一个极限值时,便放弃这个数据。这里的极限值取 200,一般这个值的大小与具体应用有关,也与系统要求的延时有关,一般在 3~12 之间。

在接收函数中,由于存在不可恢复的数据包,把这样的情况也归纳到没有接收到正确数据要重发的范畴中。接收处理函数更改如下:

```
/*****************************************************************
**函数名称：err_deal(void)
**
**描    述：处理数据接收错误应答包
**
**输入参数：无
**输出参数：无
*****************************************************************/
void eer_deal(void)
  {
    error_nub ++ ;
    nub_i = 0;
    if(error_nub > 200)           //允许重发的次数
      {
        new_data_sig = 1;         //允许调用打包函数
        error_nub = 0;            //清零错误次数计数变量
        rf_tx ++ ;                //无线数据队列指针加1,发送下一个数据
        rf_tx &= 0x0F;
      }
  }

/*****************************************************************
**函数名称：rx_data(void)
**
**描    述：处理接收到的数据包数据
**
**输入参数：无
**输出参数：无
*****************************************************************/
void rx_data(void)
  {
    receive_all = 0;
    if(! rx_data_eer)             //若能恢复数据
      {
        if(dat_renew)             //若有需要纠正的位,则调用数据恢复函数
          data_renew();           //调用数据恢复函数
        if(((rx_dat[0][0] & 0x40) == 0x40) && ((rx_dat[0][0] & 0x3F) == 0x15))
          { //若高2位为01,则说明是应答包;若第6位为0x15,则说明是本节点应答包
            switch(rx_dat[1][0])
```

```
                    {
                        case 0x55 : data_deal();break;
                        case 0xAA : eer_deal();break;
                    }
                }
            else    //若不能恢复,则记错误发送一次
                {
                    error_nub ++ ;
                    nub_i = 0;

                    if(error_nub > 200)             //允许重发的次数
                    {
                        new_data_sig = 1;           //允许调用打包函数
                        error_nub = 0;              //清零错误次数计数变量
                        rf_tx ++ ;                  //无线数据队列指针加1,发送下一个数据
                        rf_tx &= 0x0F;
                    }
                }
            }
```

在重发次数中,选用了 200 次,这样就能比较直观地感受到重发的效果。把程序编译下载到 B 实验板,A 实验板中是 10_2_2 中有应答的主机程序。按 K1 键,B 实验板上的指示灯会发生跳变,同时 A 实验板上的灯也会发生跳变。关闭 A 实验板电源,按 K1 键,A 实验板上灯不会发生跳变。如果在短时间内打开 A 实验板电源,则 A 实验板相应的灯和 B 实验板上相应的灯也会发生跳变。这是由于数据不停重发的结果。

10.3.2 主机处理重传数据

前面解决了节点的数据重传问题,那么对于主机来说,就要解决对重传数据的处理,要判断接收的数据是新数据还是重发的数据。

在 10_2_2 的基础上来进行完善。首先在 10_2_2 中复制 10_3_1 工程内容,编译后下载到 A 实验板,测试复制是否正确。

在数据应答和数据重发的介绍中,归纳了三种情况,这只是用于分析数据传输过程中,各种不同可能发生的情况。而对于具体程序来说,它并不知道这次接收是处于哪个过程之中。要在数据包接收的处理中分别处理各种不同的情况。对于错误接收的数据,与应答中对数据的处理一样,有差异的地方是对接收到正确数据的处理。对于接收到正确数据,要判断是新数据还是已经接收的数据。其算法协议的软件流程图如图 10-7 所示。

第 10 章　无线数据可靠性传输技术之数据应答和数据重发

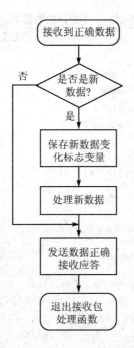

图 10 - 7　正确接收数据中新旧数据的处理软件流程图

在正确接收到数据应答函数中,对于正确接收到的数据,要通过判断其数据包的第二个数据字节来判断这个数据是新数据还是重发数据。具体程序如下:

```
/******************************************
* * 函数名称: deal_ask(void)
* *
* * 描    述: 处理正确接收到的数据,如果是新数据,则处理数据发送正确接收应答;
* *           如果是旧数据,则只发送正确接收应答
* * 输入参数: 无
* * 输出参数: 无
******************************************/
void deal_ask(void)
{
    nub_i = 0;
    valid_or = 0;
    /******************************************
    * *   对正确接收的数据进行处理
    ******************************************/
    if((rx_dat[1][0]!=change_sig)||(! rx_dat[1][0]))
        {//若这个数据变化标志与先前的不一样,则说明是新数据
```

```
            change_sig = rx_dat[1][0];     //把新的数据变化标志数写入变量中
            switch(rx_dat[2][0])           //对接收到的数据进行处理
              {
                case 0x11 : LED1B();break;
                case 0x22 : LED2B();break;
                case 0x44 : LED3B();break;
                case 0x88 : LED4B();break;
              }
            uart_trx[uart_rx] = rx_dat[2][0];
            uart_rx ++ ;
            uart_rx &= 0x3F;
          }
//****************************************************************
//**   发送正确接收应答
//****************************************************************
ask_buf[0] = ( 0x40 | (rx_dat[0][0] & 0x3F));
ask_buf[1] = 0x55;                          //0x55 数据接收正确
ask_buf[3] = ask_buf[0] ^ ask_buf[1];
ask_buf[2] = rx_dat[2][0];
ask_buf[3] ^= ask_buf[2];
radio_trans(ask_buf[0]);
radio_trans(ask_buf[1]);
radio_trans(ask_buf[2]);
radio_trans(ask_buf[3]);
radio_receive_on();                         //使能接收
}
```

这样，就实现了不管数据重发多少次，只对它做一次处理，从而避免了同一个数据被多次处理的情况。

经过这两步的处理，现在这对主机(10_3_1)和节点(10_3_2)程序，是很实用的一个点对点通信程序，将它做适当的修改就可以在一些应用中使用。当然，这个程序还有许多功能缺陷，在干扰比较大的地方，其通信效率会非常低。

回顾一下，到此能实现功能的程序与第 7 章的简单无线收发有很大的差别，但是以那个程序为基础，一点一点地更改完善而来，每次只有一点点。我想再次说明一下，不论在调试什么程序，每次去更改一点点，然后去验证，这样把可能出错的地方限制在一个很小范围内，容易查找。每次一小步一小步踏踏实实地往前走，一点一点地积累，就会变成一大步。

这一对具有纠错、应答和重发的程序，已经能解决许多实际的应用问题，它使数据通信的可靠性大大增加，是数据可靠性通信的主要技术手段。不论是何种无线或有线通信，这三种技术手段是可靠性通信必须具备的最基本的手段。

第 11 章

无线数据可靠性传输技术之跳频与载波监听

数据纠错、应答和重传,可以在很大程度上提高系统的可靠性,应对现实环境中的许多干扰和冲突,能满足大部分的应用。例如 Wi-Fi 和 ZigBee 系统只是使用了数据校验、应答和重传,在我们现实生活中随处可见。

由 CYWM6935 搭建的无线系统必须与众多 2.4G 设备系统共存,并且能够忍受这些设备带来的干扰而不引起性能的过分降低。蓝牙设备,其工作系统为 FHSS,当其干扰 CYWM6935 系统时,CYWM6935 只需重传一次即可,不会对系统有多大影响。可是当在同一个物理空间上,有一个或多个 Wi-Fi 系统工作时,结果将如何呢?Wi-Fi 系统发射的能量高,无线信号强,这对于 CYWM6935 所构建的系统,其干扰是非常大的,甚至使 CYWM6935 系统完全瘫痪。

面对这种情况,在技术上如何应对呢?如果有一个高功率的无绳电话影响了一个 Wi-Fi 系统的正常运行,那个无绳电话会被移出这个物理空间。同样,如果一个 Wi-Fi 干扰 CYWM6935 系统,会移走 Wi-Fi 系统吗?答案是 Wi-Fi 系统更重要,不会移走和作任何改动。面对这种强干扰,我们如何应对呢?面对这种强势力量,就躲开这个频率段,使用其他频率段。这就是我们应对这种强干扰的一个利器——频率捷变技术。

11.1 跳频概述

频率捷变,简单地说就是跳频通信,它只是在受到干扰时频率才发生改变,这一点与蓝牙等跳频通信有本质的区别。类似于蓝牙这类跳频设备,不管是否受到干扰,在这个时段用这个频段,下一个时段就换成其他频段,通信的双方都遵循同一个跳频序列。

如果当前频道受到了干扰,则 CYWM6935 系统通过鉴别错误数据包的数量来判断信道连接质量。如果错误包的数量超过了设计时的极限,那么就会转向下一个频道。

第 11 章 无线数据可靠性传输技术之跳频与载波监听

如果一个极强的信号完全阻断了 CYWM6935 的信号接收,那么错误数据包的极限将不会达到,因为接收者没有接收到任何数据包。因此,CYWM6935 不仅要判断错误数据包的数量,还要周期性地去侦听频道信号强度。高的信号能量往往不是一个 CYWM6935 在发送数据。如果一个强的信号持续一段时间,则 CYWM6935 会跳到下一个频道。这就让 CYWM6935 能从一个强的信号源中(如 Wi-Fi)跳转出去。图 11-1 所示说明了一个 CYWM6935 系统如何从一个 Wi-Fi 频段中,通过跳频技术找到一个不受干扰的能正常通信频道的过程。

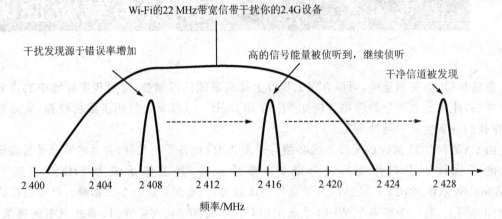

图 11-1　CYWM6935 系统的频率捷变

当然,CYWM6935 所提供的这些技术和技巧,是为了在有其他干扰时还能正常工作。但不论哪种干扰,都会降低 CYWM6935 的通信效能,降低实际通信速率,增加了通信的延时。同时无线抗干扰是无线通信中最重要的一个课题,也是无线系统必须考虑和要解决的课题。一个系统的好坏,直接取决于其抗干扰能力的好和坏。

11.2　跳频通信的实现

前面介绍过有关绑定的知识,了解绑定的作用是将要进行通信模块的无线参数进行统一,这样系统的各个部分都工作在同一个通道下,能顺利地进行数据的交流和沟通。

上面讲到,系统应对强信号干扰的有利武器是频率捷变。频率改变了,无线参数发生了变化。不过,强干扰信号回避了,可与系统中其他模块的参数也就不一致了,各模块间也无法进行正常通信,这不是我们所需要的。回避干扰不是目的,只是手段和方法。我们的目的是保存通信的畅通。我们所需要的是,跳频后各个模块仍然能正常地进行通信。

强信号对于系统的干扰,不是只对哪一个进行干扰,而是对系统中所有的模块都会产生干

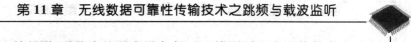

扰,会影响所有的通信连接。也就是说,系统中的所有设备都可以检测到这个干扰的存在,这就为系统能实现同步跳频提供了可能。

11.2.1 跳频规则

如何才能让系统中的不同设备很好地在强干扰中协同跳频呢?首先是对于跳频有一个统一的跳频序列;其次要有统一的跳频规则,即遇到什么情况会跳频。我们规定,在发现 5 次数据传输异常时,就跳到下一个频道。应答超时当然会被看做是一个数据传输异常状况。

有了这个统一的规定后,系统中的各个设备就有一个频率捷变的标准,大家都遵照这个标准后,就能很快协调到同一个频道上了。

11.2.2 节点跳频的实现程序

还是和以前一样,把节点和主机程序分开进行调试。以 10_3_2 中具有纠正、应答和重发的节点程序为基础,把 10_3_2 工程文件复制到 11_2_2 文件夹中,编译后下载验证。

跳频需要一个跳频序列表,可以把这个表放在 Flash 中,也可以放在 EEPROM 中。放到 Flash 中的频率序列表是不可变的,而放到 EEPROM 中的频率序列表,可以根据需要随时作出更改。一般对于节点来说,这些无线参数是通过绑定应答的方式,从主机那里获得到的,在实际应用中应该存放在 EEPROM 中。

1. 在节点程序中使用错误计数,以此来作为跳频的一个标志依据

在节点程序中,出现数据传输异常需要有错误计数的地方有:应答超时;数据不能恢复;不是应答数据包;数据接收错误应答。在这些分支处,加上错误计数变量;一旦当错误计数变量到达标志点,便调用跳频模块。

先用 LED5 灯进行跳频指示,当模块跳一次频时,LED5 指示灯跳变一下,而不是调用跳频模块。

可以这样测试,把主机模块电源关上,只开节点模块。当按下节点模块按键时,节点模块发送数据,由于主机没有打开,应答超时,这样节点很快能依此制定规则,让 LED5 指示灯跳变一下。需要改动 tx_data.c 文件中 tx_data()函数和 rx_data.c 文件中 rx_data()函数中的内容。具体程序如下:

```
/*******************************************************
** 函数名称:eer_deal(void)
**
** 描    述:处理数据接收错误应答包
```

```
**  
**输入参数:无  
**输出参数:无  
**************************************************************/
void eer_deal(void)
  {
   error_nub++;
   nub_i = 0;
   if(error_nub > 5)            //若错误计数大于5次,则跳频
     {
      error_nub = 0;            //清零错误次数计数变量
      chanle_jump();
     }
  }
```

在这个函数中,累计错误次数。当然,并不是仅限于对数据接收错误应答包计数,而是对所有的错误计数,一旦所有错误之和达到5次,系统就调用跳频模块。

```
/**************************************************************
**函数名称:rx_data(void)
**
**描    述:处理接收到的数据包数据
**
**输入参数:无
**输出参数:无
**************************************************************/
void rx_data(void)
  {
   receive_all = 0;
   if(! rx_data_eer)            //若能恢复数据
     {
      if(dat_renew)             //若有需要纠正的位,则调用数据恢复函数
         data_renew();          //调用数据恢复函数
      if(((rx_dat[0][0] & 0x40) == 0x40) && ((rx_dat[0][0] & 0x3F) == 0x15))
        { //若高2位为01,则说明是应答包;若第6位为0x15,则说明是本节点应答包
         if(rx_dat[0][0] == 0x55)
           {
            data_deal();
           }
         else if(rx_dat[0][0] == 0xAA)
```

```c
                    {
                        eer_deal();
                    }
                    else
                    {
                        error_nub ++ ;
                        if(error_nub > 5)
                          {
                             error_nub = 0;
                             chanle_jump();
                          }
                    }
              }
              else
              {
                  error_nub ++ ;
                  if(error_nub > 5)               //若错误计数大于5次,则跳频
                    {
                       error_nub = 0;
                       chanle_jump();
                    }
              }
          }
          else                                    //若不能恢复,则计错误发送1次
          {
              error_nub ++ ;
              nub_i = 0;

              if(error_nub > 5)                   //若错误计数大于5次,则跳频
                {
                   error_nub = 0;                 //清零错误次数计数变量
                   chanle_jump();
                }
          }
}
```

在这个函数中,除了调用 data_deal()函数外,所有的分支都属于数据传输异常的情况,都需要进行错误计数,进而判断是否到达跳频的极限点。

```
/****************************************************************
* * 函数名称:tx_data(void)
```

第 11 章　无线数据可靠性传输技术之跳频与载波监听

```
**
**描    述：数据发送处理函数。首先判断有无数据要发送，若有，则调用打包函数，
**         发送数据包，等待超时或数据包接收完，然后分别进行处理
**输入参数：无
**输出参数：无
************************************************************/
void tx_data(void)
    {
       if(rf_rx != rf_tx)                        //判断是否有无线数据要发送
         {
            rf_data_tx(rf_trx[rf_tx]);           //调用发送数据函数
            timeover_sig = 0;                    //超时标志清零
            nub_i = 0;                           //接收数据计数变量清零
            receive_all = 0;                    //清零数据包接收完标志
            TCNT0 = 0xC2;                        // 0xC2——4 ms
            TCCR0 = 0x04;                        //开 T0 定时间器
            radio_receive_on();
            while(! (timeover_sig || receive_all)); //等待 4 ms 超时或数据包接收完
            if(receive_all)                      //若有数据包接收到
              {
                 rx_data();                      //调用接收数据包处理函数
              }
            else                                 //没有接收到数据，超时
              {
                 error_nub++;
                 nub_i = 0;

                 if(error_nub > 5)               //若错误计数大于 3 次，则跳频
                   {
                      error_nub = 0;             //清零错误次数计数变量
                      chanle_jump();
                   }
              }
         }
    }
```

在这个函数中，在超时处理时进行错误计数，并判断是否达到跳频极限点。

将这个程序编译后下载到 B 板，将 10_3_1 中的程序下载到 A 板。关掉 A 板上的电源，按 B 板上的任意键，发现 LED5 灯不停地闪动，这是由于 5 次超时后，调用一次跳频模块，现在跳频模块中只有跳变 LED5 灯，所以会看到 LED5 灯不停地闪动。

如果此时打开 A 板,会发现 LED5 灯停止闪动,相应的 LED 灯会发生变化。这说明主机接收到数据后,给节点发送了应答数据。从中可以看出,如果数据不能进行通信,则节点会无休止地发送数据。这也是我们所不需要的。

2. 频率跳转

第一步确定了跳频的条件后,这一步实现频率跳转。首先,在程序中定义一个频率跳转序列表数组,存放频点序列。建立一个指针,用于确认需要读取的频点的位置。每次调用跳频函数时,这个指针往后移动一次。环形移动指针,头也是尾,尾也是头。

建立一个频点序列数组 jump_nub[5] = {0x37,0x15,0x24,0x41,0x08},同时用 K4 按键来控制跳频,每按一次键,频率向后跳变一次,这样就能人为地控制频率的跳动节律,以便进行功能测试。同时,把 10_3_1 中的程序下载到 A 板,更改 10_3_1 程序中频点为 0x41,编译后下载到 B 板(马上改回来编译)。这两个实验板为测试跳频功能用。

注销错误计数中调用跳频函数语句。主程序的初始化中,改用跳频序列数组来进行频道的设置。程序内容更改如下:

```
unsigned char jump_nub[5] = {0x37,0x15,0x24,0x41,0x08};   //跳频序列数组
unsigned char jump;                                       //跳频指针
/****************************************************************
**函数名称:chanle_jump(void)
**
**描    述:频率跳变模块
**
**输入参数:无
**输出参数:无
****************************************************************/
void chanle_jump(void)
  {
     jump++ ;
     if(jump > 4)
        jump = 0;

     rf_rx = 0;
     rf_tx = 0;
     uart_trx[uart_rx] = jump;            //把跳频指针通过串口发送出来
     uart_rx ++ ;
     uart_rx &= 0x3F;

     radio_chanle(jump_nub[jump]);
```

第11章 无线数据可靠性传输技术之跳频与载波监听

```
        LED5B();
    }
```

在跳频函数中,输出现在使用的跳频指针的值,并把频率设置到这个指针所指向的跳频序列数组中频点上。

```
/****************************************************************
**函数名称:key4(void)
**
**描    述:K4按键函数,此键每按下一次,频率往下跳动一步
**
**输入参数:无
**输出参数:无
****************************************************************/
void key4(void)
    {
    //LED1B();
    uart_trx[uart_rx] = 0xF4;            //把标志量通过串口发送出来
    uart_rx ++ ;
    uart_rx &= 0x3F;
    chanle_jump();
    }
```

按动一次K4键,频点就在跳频序列中移动一次。

在主循环中用"radio_chanle(jump_nub[jump]);"语句代替"radio_chanle(0x15);"语句对频道进行设置。

编译后,把程序下载到C板上,这样在C板上是节点程序,在A板上是频点为0x15的主机程序,在B板上是频点为0x41的主机程序。三个模块上电后,这时C板上的模块所处的频点在0x37上,按K1、K2或K3键,A板和B板都没有数据输出。这时按一下C板上的K4键,C板串口输出F4 01数据,说明频点跳到指针为1所指向的频点,在跳频序列数组中,指针为1指向的频点是0x15,若与A板上的频点一致,这时按动K1、K2或K3键,可以看到C板和A板上相应的灯会发生变化,C板和A板上串口都有数据输出,说明C板和A板能正常地应答通信了。再次按动C板上的K4键,频率会跳到指针为2所指向的频点,是0x24,与A板、B板都不相同,可以看到C板与A板和B板都不能进行通信。

当跳频指针为3时,无线模块的频点为0x41,这时与B板上的频点相同,当然可以看到C板与B板能很好地进行通信。

由此可知,程序实现了跳频,只不过是人为在控制,但跳频后的结果是看到了模块在不同频点间不停地变化。

3. 实现完整跳频功能

回顾一下上面的第一步和第二步,很显然,我们所需要的是把第一步和第二步综合起来,让频率的跳变根据环境情况自己来决定,不需要人工干预。在第一步中,如果不能进行通信,模块会不停地发送数据,不停地跳频,这不是我们所需要的。我们要把跳频次数限定在一个范围内,在此先假定最多只能跳 13 次。这样,把第一步和第二步合起来后,加入对跳频的限制,就完成了节点的跳频调试。

把 K4 按键函数恢复原来的功能,其完整程序列在下面。

频率跳变函数如下:

```c
/****************************************************************
* * 函数名称:chanle_jump(void)
* *
* * 描    述:频率跳变模块
* *
* * 输入参数:无
* * 输出参数:无
****************************************************************/
void chanle_jump(void)
{
    jump ++ ;
    jump_i ++ ;                    //跳频次数计数
    if(jump_i > 13)
        {
            jump_i = 0;            //清零跳频次数
            new_data_sig = 1;      //允许调用打包函数
            error_nub = 0;         //清零错误次数计数变量
            rf_tx ++ ;
            rf_tx &= 0x0F;
        }
    else
        {
            if(jump > 4)
             jump = 0;

            uart_trx[uart_rx] = jump;   //把跳频指针通过串口发送出来
            uart_rx ++ ;
            uart_rx &= 0x3F;
```

第11章 无线数据可靠性传输技术之跳频与载波监听

```
            radio_chanle(jump_nub[jump]);
            LED5B();
        }
    }
```

在跳频函数中加入了对跳频次数的限定,如果超过 13 次,第 14 次跳频被检测到,则舍弃这个数据,发送数据指针加 1。退出跳频,清各种标志位,置位新数据打包标志。

```
/***************************************************************
* * 函数名称:rx_data(void)
* *
* * 描    述:处理接收到的应答数据包数据
* *
* * 输入参数:无
* * 输出参数:无
****************************************************************/
void rx_data(void)
    {
        receive_all = 0;
        if(! rx_data_eer)                       //若能恢复数据
          {
            if(dat_renew)                       //若有需要纠正的位,则调用数据恢复函数
                data_renew();                   //调用数据恢复函数
            if((((rx_dat[0][0] & 0x40) == 0x40) && ((rx_dat[0][0] & 0x3F) == 0x15)))
                { //若高 2 位为 01,则说明是应答包;若第 6 位为 0x15,则说明是本节点应答包
                    if(rx_dat[0][0] == 0x55)
                        {
                            data_deal();
                        }
                    else if(rx_dat[0][0] == 0xAA)
                        {
                            eer_deal();
                        }
                    else
                        {
                            error_nub ++ ;
                            if(error_nub > 5))    //若错误计数大于 5 次,则跳频
                              {
                                error_nub = 0;
                                chanle_jump();
```

第 11 章 无线数据可靠性传输技术之跳频与载波监听

```
                }
            }
            else
            {
                error_nub ++ ;
                if(error_nub > 5)          //若错误计数大于 5 次,则跳频
                {
                    error_nub = 0;
                    chanle_jump();
                }
            }
        }
        else                               //若不能恢复,则计错误发送 1 次
        {
            error_nub ++ ;
            nub_i = 0;

            if(error_nub > 5)              //若错误计数大于 5 次,则跳频
            {
                error_nub = 0;             //清零错误次数计数变量
                chanle_jump();
            }
        }
    }
```

在处理接收到的应答数据中,若错误计数大于 5 次,则调用跳频函数。

```
/*****************************************************************
** 函数名称: trx_data(void)
**
** 描    述: 数据发送处理函数。首先判断有无数据要发送,若有,则调用打包函数,
**          发送数据包,等待超时或数据包接收完,然后分别进行处理
** 输入参数: 无
** 输出参数: 无
*****************************************************************/
void tx_data(void)
{
    if(rf_rx != rf_tx)                     //判断是否有无线数据要发送
    {
```

第 11 章 无线数据可靠性传输技术之跳频与载波监听

```
        rf_data_tx(rf_trx[rf_tx]);              //调用发送数据函数
        timeover_sig = 0;                       //超时标志清零
        nub_i = 0;                              //接收数据计数变量清零
        receive_all = 0;                        //清零数据包接收完标志
        TCNT0 = 0xC2;                           // 0xC2——4 ms
        TCCR0 = 0x04;                           //开 T0 定时器
        radio_receive_on();
        while(!(timeover_sig || receive_all));  //等待 4 ms 超时或数据包接收完
        if(receive_all)                         //若有数据包接收到
          {
              rx_data();                        //调用接收数据包处理函数
          }
        else                                    //没有接收到数据,超时
          {
              error_nub ++ ;
              nub_i = 0;

              if(error_nub > 5)                 //若错误计数大于 5 次,则跳频
                {
                    error_nub = 0;              //清零错误次数计数变量
                    chanle_jump();
                }
          }
      }
```

在数据发送函数中,若在超时处理部分觉察到错误计数大于 5 次,则调用跳频函数。经过这些完善后,编译并下载到 C 板上,这样在 C 板上是节点程序,在 A 板上是频点为 0x15 的主机程序,在 B 板上是频点为 0x41 的主机程序。三个实验板都打开电源,按动 C 板上的按键,发现 C 板和 A 板上相应的指示灯会发生变化,同时,C 板和 A 板上有数据输出,也会发现 C 板上的 LED5 灯发生变化,同时在串口输出数据中,会发现跳频指针数据,说明系统是通过跳频后找到 0x15 这个频道的。如果关闭 A 板电源,按 C 板按键,会发现 C 板和 B 板能进行通信,即使再打开 A 板电源,C 板与 A 板也联系不上,说明在 A 板关断后,C 板在那个频道上发送数据,接收不到应答码,超时。当 5 次超时后,就跳到下一个频道,同样会有 5 次超时,继续往下跳,直到跳到 0x41 频道,接收到 B 板的应答。

可以反复开关 A 板和 B 板电源,反复测试,频道会在跳频序列中来回地跳变。对于跳频序列,最好把这些频点间隔拉大,在遇到干扰时,一次就能跳得很远以回避干扰。

11.2.3 主机跳频实现的程序

在主机中,遵循与节点同样的规定,在发现 5 次数据传输异常时,就跳到下一个频道。在同一个跳频系统中,各个模块为了能很好地进行通信,必须使用同一个跳频序列。在主机中,与节点使用同一个跳频序列表。

以 10_3_1 中具有纠正、应答和重发的主机程序为基础,把 10_3_1 工程文件复制到 11_2_1 文件夹中,编译下载验证。

有了上面节点跳频调试的基础,在主机上首先把跳频序列数组加入到程序中。对于主机,由于其主要是接收数据,因此不设定跳频次数的限定。这一点与节点程序不一样。同时在数据不可恢复、没有通过"异或"验证和数据不符合协议要求中加入错误计数,并对错误计数进行判断,如果达到错误极限要求,则调用跳频函数。

需要增加的变量如下,加入到 rx_data.c 文件中:

```
unsigned char jump_nub[5] = {0x37,0x15,0x24,0x41,0x08};   //跳频序列数组
unsigned char jump;                                        //跳频指针
unsigned char error_nub;                                   //错误计数变量
```

需要增加的跳频函数如下:

```
/*****************************************************************
**函数名称: chanle_jump(void)
**
**描    述: 频率跳变函数
**
**输入参数: 无
**输出参数: 无
*****************************************************************/
void chanle_jump(void)
   {
      jump ++ ;
      if(jump > 4)
         jump = 0;

      uart_trx[uart_rx] = jump;          //把跳频指针通过串口发送出来
      uart_rx ++ ;
      uart_rx &= 0x3F;

      radio_chanle(jump_nub[jump]);
```

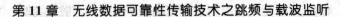

```
            LED5B();
        }
```

rx_data.c 文件中的 rx_data()函数完善后如下：

```
/******************************************************************
**函数名称：rx_data(void)
**
**描    述：处理接收到的数据包数据
**
**输入参数：无
**输出参数：无
******************************************************************/
void rx_data(void)
{
    receive_all = 0;
    if(! rx_data_eer)                          //若能恢复数据
    {
        uart_trx[uart_rx] = 0x77;              //把能恢复数据的特征码放入到串口缓冲数组中
        uart_rx ++ ;                           //接收指针加1
        uart_rx &= 0x3F;
        if(dat_renew)                          //若有需要纠正的位,则调用数据恢复函数
            data_renew();                      //调用数据恢复函数
        if(rx_dat[3][0] == (rx_dat[0][0]^rx_dat[1][0]^rx_dat[2][0]))//"异或"验证
        {
            uart_trx[uart_rx] = 0x7A;          //"异或"验证通过的特征码放入到串口缓冲数组中
            uart_rx ++ ;                       //接收指针加1
            uart_rx &= 0x3F;
            if(rx_dat[0][0] < 64)
            {
                deal_ask();                    //加入数据解析和发送正确接收应答码功能函数
                error_nub = 0;                 //清零错误次数计数变量
            }
            else
            {
                uart_trx[uart_rx] = 0x7D;      //IDD 数据不符合协议的特征码放入到
                                               //串口缓冲数组中
                uart_rx ++ ;                   //接收指针加1
                uart_rx &= 0x3F;
                nub_i = 0;
```

第 11 章 无线数据可靠性传输技术之跳频与载波监听

```
                valid_or = 0;
                error_nub ++ ;
                nub_i = 0;
                if(error_nub > 5)            //若错误计数大于 5 次,则跳频
                  {
                    error_nub = 0;           //清零错误次数计数变量
                    chanle_jump();
                  }
              }
          }
      else                                   //"异或"验证未通过
        {
          uart_trx[uart_rx] = 0x7E;          //"异或"验证未通过的特征码放入到串口缓冲数组中
          uart_rx ++ ;                       //接收指针加 1
          uart_rx &= 0x3F;
          nub_i = 0;
          valid_or = 0;
          error_nub ++ ;
          nub_i = 0;
          if(error_nub > 5)                  //若错误计数大于 5 次,则跳频
            {
              error_nub = 0;                 //清零错误次数计数变量
              chanle_jump();
            }
        }
    }
  else                                       //若数据不能恢复
    {
      uart_trx[uart_rx] = 0xAA;              //把不能恢复数据的特征码放入到串口缓冲数组中
      uart_rx ++ ;                           //接收指针加 1
      uart_rx &= 0x3F;
      if(rx_dat[0][1] == 0xFF)
        {
          uart_trx[uart_rx] = 0xBB;          //IDD 字节数据有效的特征码放入到串口缓冲数组中
          uart_rx ++ ;                       //接收指针加 1
          uart_rx &= 0x3F;
          if(rx_dat[0][0] < 64)
            {
              ask_eer();                     //发送接收错误应答
              nub_i = 0;
```

第11章 无线数据可靠性传输技术之跳频与载波监听

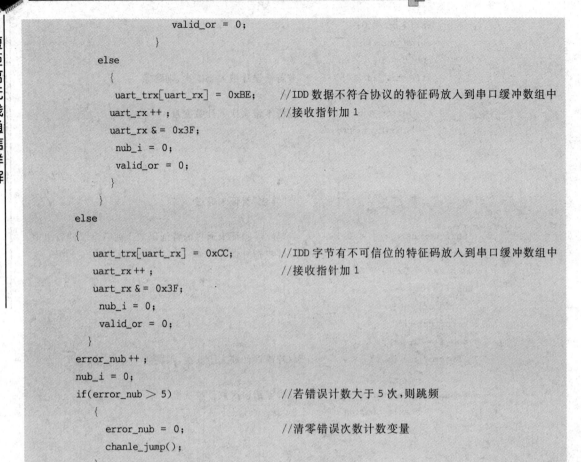

经过对比发现,在接收函数中每一个接收错误的地方加入了错误计数,当错误计数到一定门限时,便清零错误计数,调用跳频函数。同时在正确接收到数据中,也清零错误计数变量。注意在主循环初始化中,用"radio_chanle(jump_nub[jump]);"语句代替"radio_chanle(0x15);"语句。

编译后,下载到 A 板,如何来测试这个程序呢? 在工程 11_2_2 中,把数据打包函数中,在"异或"好的那个数据加 1,使得"异或"验证失败。这样主机程序错误计数变量会加 1,没有应答,节点会超时一次。接着发第二次直到第五次,节点跳频,主机也跳频。如果主机能跟着节点一起跳,则说明跳频功能正常。如何来判断主机在跳频呢? 有两点可以看出,串口有跳频指针数据输出,LED5 指示灯会随跳频而发生变化。

至此便完成了主机和节点跳频功能。仔细对比可以发现,在程序中更改和添加的部分比较少。为什么添加这么少的语句就能实现跳频功能呢？这只是因为有前面程序的基础。同时能发现，每前进一步，改动的东西并不多，当这样一步一步改进完善后，发现程序能实现很强的功能。

没有简单的无线数据收发函数，就没有后面的双向通信；没有双向通信，就没有绑定功能的实现；没有绑定功能，多对一通信就无从说起；没有双向通信，也就不会有应答模式，也就不会有数据重传继而是跳频通信。

在这个过程中，一步一步地使得功能更完整起来，可每一步都走得并不是非常困难。如果一开始就要去完成跳频通信，那么其软件结构是非常复杂的。可只要把它分解成一个一个小过程并各个击破，最后能很好地完成即定功能。

在无线的调试中，与一般的单片机开发有很大的不同，如果有许多不同的模块处在不同的状态来检测调试模块，则能大大地提高调试效率。调试串口的使用和调试状态指示灯的使用，能很好地标记调试软件的走向和流程，是很有帮助的一种调试手段。希望读者在自己的实践中能灵活地使用。

11.3 载波监听

载波监听(RSSI)，就是读取这个频道上无线信号的功率密度。如果当前的物理空间有同频率的无线载波，则通过读取 RSSI 值，就能对其进行判断。如果这个值大于 28，则说明有一个非常强的信号源在发送数据，这时无线模块不能发送数据，随机延时等待后，再次进行 RSSI 值判断。如果其值小于 10，则说明这是一个非常安静的频道，没有任何干扰存在，可以立即发送数据。如果在这两者之间，则说明有干扰存在，可以发送数据，也可以延时后再发，根据系统需要而定。这样便大大提高了物理空间的资源利用，也提高了通信的可靠性。

对于多对一网络拓扑中，防数据碰撞机制一般都是使用载波监听来实现的。这样就大大减少了数据冲突引起无谓的能量消耗和无线污染，减少了对其他系统的干扰。

使用载波监听，首先要有相应的硬件资源。同时由于其控制方式简单，在技术上容易实现，不论是在无线系统中，还是在有线系统中都大量使用。当然，在系统网络中，如果负载增多，则会使发送时间延时增大，通信效率变低。随着系统容量的增加，通信效率将大幅度地下降。

使用载波监听，其工作的时序为：先进行监听，如果信道忙，则等待，随机延时后，再监听。如果信道可用，则传输数据，等待应答。

在跳频通信中，进入下一个频道时，应该先读 RSSI 的值，如果有强信号源，则直接跳到下一个频道。

11.3.1 建立一个不停地发送数据的测试程序

先来测试如何读 RSSI。以 7_5_1 程序为基础,把它改成不停地发送数据。复制 7_5_1 工程文件到 11_3_1 文件夹中。如何才能让程序不停地发送数据呢?只要让发送指针在发送数据后不向前移,就能不停地发送数据。

具体程序如下:

```
/****************************************************************
**函数名:tx_data(void)
**
**描    述:数据发送函数。首先判断有无数据要发送,若有,则调用打包函数,然后发送数据包
**输入参数:无
**输出参数:无
****************************************************************/
void tx_data(void)
{
    if(rf_rx != rf_tx)                    //判断是否有无线数据要发送
    {
        pack_data(rf_trx[rf_tx]);
        radio_trans(rf_buf[0]);
        radio_trans(rf_buf[1]);
        radio_trans(rf_buf[2]);
        radio_trans(rf_buf[3]);
        // rf_tx ++ ;
        // rf_tx &= 0x0F;
        radio_receive_on();               //使能接收
    }
}
```

可以看到,把发送指针自加语句注销了。这样程序就会不停地发送无线数据,于是,在读 RSSI 时,就有无线载波存在,能读到有无线信号时的值。编译后,下载到 B 板,把 7_5_1 程序下载到 A 板。可以看到,按下 B 板上的键后,A 板串口就不停地有数据输出,即 B 板在不停地发送数据;复位 B 板后,停止发送数据。

11.3.2 读 RSSI

还是以 7_5_1 工程为基础,复制到 11_3_2 文件夹中,编译后,下载验证。在 spi.c 文件中添加读 RSSI 函数,记住要把它加到其头文件中。读 RSSI 函数如下:

```c
//延时函数
void delay_1(void)
  { asm("nop"); }
void delay_us(unsigned char ni)
  { unsigned char nt = 0;
    for(nt = 0;nt<ni;nt ++ )
        delay_1();
  }
//读 RSSI 函数
/*****************************************************************
* *函数名称：read_rssi(void)
* *
* *描    述：读 RSSI 函数
* *
* *输入参数：无
* *输出参数：无
*****************************************************************/
unsigned char read_rssi(void)
   { unsigned char rssi_data;
     CLI();                       //关中断
     radio_off();                 //关模块
     radio_receive_on();
     delay_us(50);                //延时

     rssi_data = spir(0x22);      //读 RSSI
     spiw(0x2F,0x80);             //使能载波检测
     delay_us(50);                //延时
     rssi_data = spir(0x22);      //读 RSSI
     spiw(0x2F,0x00);             //关载波检测
     radio_off();
     rssi_data & = 0x1F;
     SEI();
     return rssi_data;
   }
```

把 K4 按键的功能改为：每按一次 K4 键，就读一次 RSSI 的值，并通过串口输出。K4 按键程序修改如下：

```c
/*****************************************************************
* *函数名称：key4(void)
* *
```

第 11 章 无线数据可靠性传输技术之跳频与载波监听

```
* *描    述：按键 K4 处理函数。把 0xF4 放入串口发送数据队列中,读一次 RSSI,并通过串口传出来
* *
* *输入参数：无
* *输出参数：无
*******************************************************************/
void key4(void)
{
    LED1B();
    uart_trx[uart_rx] = 0xF4;              //把标志量通过串口发送出来
    uart_rx ++ ;
        uart_rx &= 0x3F;
    uart_trx[uart_rx] = read_rssi();       //把 RSSI 通过串口发送出来
    uart_rx ++ ;
        uart_rx &= 0x3F;
}
```

编译后,下载到 A 板,此时 B 板上为连续发送程序。关闭 B 板上的电源,按 A 板上的 K4 键,可以看到串口输出的 RSSI 的值小于 3；打开 B 板电源,按 A 板上 K4 键,在串口输出的数据也同样小于 3。如果按 B 板上任何键一次,这样 B 板就不停地发送数据,这时按 A 板上 K4 键,可以看到输出的 RSSI 的值在 1D 以上,复位 B 板后,B 板停止发送数据,这时按 A 板 K4 按键后,串口输出的 RSSI 的值又小于 3。

这样就能正确地读取载波能量大小了。在发送数据前,读一次 RSSI 的值,根据这个值来判断是否可以发送数据。如果值很大,则延时后再来重复这个操作。

至此,数据通信已经有很高的可靠性了,能满足绝大多数的应用。如果读者能把所有讲述的内容自己亲自编写一遍,那么就能完成绝大部分无线数据传输的工程和产品开发任务。

11.4 无线可靠性传输总结

在无线可靠性传输中,使用了纠错、应答、重传、载波监听和跳频 5 种手段或技术,这基本上包含了提高可靠性传输的所有技术。对于不同的应用和不同的具体要求,可以有取舍地选用其中一部分或全部。

11.4.1 节点软件的框架

前面都只是针对某一技术进行讲解,现在把这 5 种技术在程序中的逻辑结构和软件流程列出来,让读者有一个整体的概念,进而了解全局的框架。图 11-2～图 11-4 所示是节点程

序的框架结构和软件流程图。

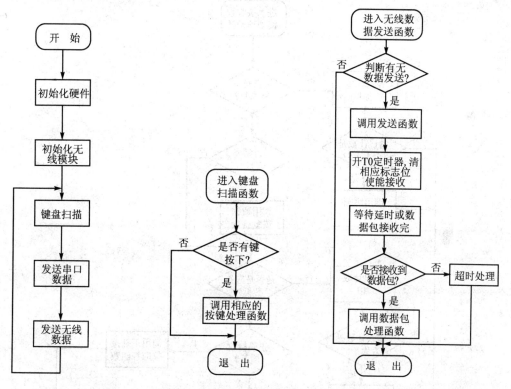

图 11-2 主循环流程图　　图 11-3 按键扫描流程图　　图 11-4 无线数据发送流程图

主函数非常简洁,初始化硬件和无线模块后,进入主循环函数中。主循环则循环调用键盘扫描函数、串口发送函数和无线数据发送函数。对于键盘扫描函数,看是否有键按下,并对按键进行处理;对于串口发送函数,看串口队列中是否有要发送的数据,有则发送串口数据;对于无线发送函数,看无线发送缓冲队列中是否有要发送的数据,若有,则调用发送函数,然后等待接收应答,并对应答或超时进行相应的处理。在 INT0 中断中完成无线数据的接收,按键函数中,往无线队列中装入要发送的数据。这是这个程序的整体框架结构。

图 11-5 所示是对接收应答数据包处理函数的软件流程图,里面涉及数据纠错、重发和跳频的关键内容,是节点程序的核心内容,要认真地理解。

11.4.2 主机软件的框架

主机和节点的功能不一样,其结构也有差别。图 11-6 和图 11-7 所示是其主要功能的结构框架和软件流程图,即主函数的主循环流程图和接收数据处理框架流程图。

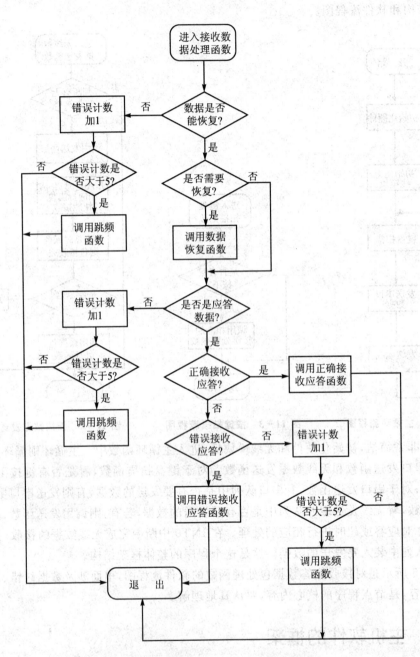

图 11-5 接收应答数据包处理函数的软件流程图

第 11 章　无线数据可靠性传输技术之跳频与载波监听

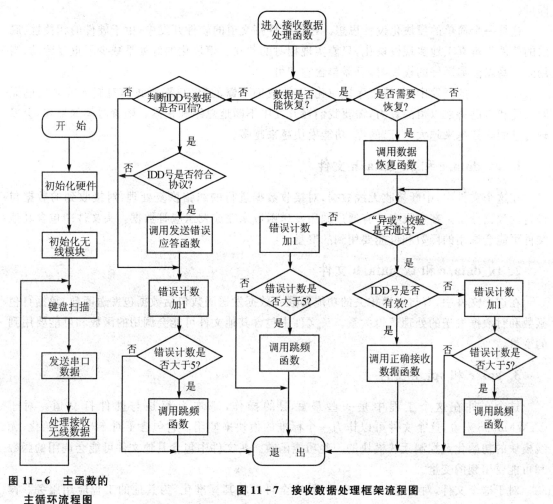

图 11-6　主函数的
　　　　主循环流程图

图 11-7　接收数据处理框架流程图

11.4.3　各个文件的介绍

打开工程文件,可以看到,在工程中有 10 个文件,分别是与接收有关的 rx_data.c 文件、与发送有关的 tx_data.c 文件、与无线有关的 spi.c 文件、与异步串口有关的 uart.c 文件、与定时器 T0 有关的 timer0.c 文件、与定时器 T1 有关的 timer1.c 文件、与定时器 T2 有关的 timer2.c 文件、与 EEPROM 读/写有关的 eeprom.c 文件、与键盘有关的 key.c 文件和主函数 11_2_1.c 文件,与 I/O 口密切相关的 port.h 头文件,以及各个相应文件的头文件。

可以看出,把具有相应功能的函数集合在一个文件中包装起来,这样在需要时,就可以直接调用这个文件。如果需要更改与这个功能相关的语句,则只需在这个文件中做相应的更改即可。

这是一个简单的模块化设计思想。在与硬件打交道的软件开发中，由于硬件的相关性，底层的软件很难真正地实现模块化，只能实现相对的独立。模块化的好处是减少了重复劳动，当用到一些以前编译好的模块时，只需包含它即可。

在嵌入式的开发中，坚持程序模块化，需要我们不懈的努力，需要我们对嵌入式开发的无限热爱和自己持之以恒的毅力，需要我们在开发中不断地总结和积累。随着时间的推移，会发现自己的收获越来越大，自己的库、功能模块越来越多。

1．rx_data.c 和 rx_data.h 文件

在这个文件中，中断接收无线数据，对接收数据进行的纠错恢复处理，对接收到的数据包进行的数据分析。在主机中还有通过调用发送函数来完成发送应答数据。头文件中包含其他文件可能会调用的函数和可能要用到的变量。

2．tx_data.c 和 tx_data.h 文件

在这个文件中，有与发送相关的功能函数。数据发送函数包括数据包发送函数、数据打包函数和对数据发送的处理逻辑关系。头文件中包含其他文件可能会调用的函数和可能要用到的变量。

3．spi.c 和 spi.h 文件

这个文件在这个工程中是一些最底层的操作，基本上都是与硬件打交道。对于CYWM6935来说，这个文件可以作为一个标准的模块来使用。它包含了对SPI的初始化、无线模块的初始化及控制无线模块的一些功能函数。头文件中包含其他文件可能会调用的函数和可能要用到的变量。

对于这个文件，对它进行整理完善后，完全可以将其标准化，为其他的工程应用服务。读者不妨一试。

4．uart.c 和 uart.h 文件

这是一个与异步串口相关的文件，包含了对于异步串口的初始化、串口接收函数及串口发送函数。作者已把这个文件作为一个标准模块来使用了。在应用中，如果需要使用串口，直接包含（include）就可以使用了，非常方便，而且不会出错。头文件中包含其他文件可能会调用的函数和可能要用到的变量。

5．eeprom.c 和 eeprom.h 文件

这个文件中有对 EEPROM 的读/写函数，在需要对 EEPROM 进行操作时，加入进来就可

以对 EEPROM 进行读/写的操作。这种模式非常方便。关键是，它是经过无数次验证的，是可以信赖的部分。头文件中包含其他文件可能会调用的函数和可能要用到的变量。

6．timer0.c 和 timer0.h 文件

有关 T0 定时器的初始化、中断使用情况以及中断函数。

7．timer1.c 和 timer1.h 文件

有关 T1 定时器的初始化、T1 定时器的使用模式、中断以及中断函数。

8．timer2.c 和 timer2.h 文件

有关 T2 定时器的初始化、T2 定时器的使用模式、中断以及中断函数。

对于三个定时器，在系统中需要使用哪个，直接把文件加入进来即可使用。由于要与其他硬件或程序逻辑相关联，这部分的内容模块化是很困难的一件事。

9．key.c 和 key.h 文件

这个文件涉及关于按键的所有操作，有按键扫描函数和各个按键的处理函数。凡是与按键相关联的部分都可以在这里找到。这部分程序可以模块化，特别是按键扫描函数，由于使用了定时器作为其防抖延时，需要与定时器有一定的关联。

10．port.h 头文件

这里面包含与 I/O 口相关联的宏定义，这样，在不同的硬件上，只需更改这里对应的 I/O 口引脚，而不需要在程序中一个一个地更改。同时使用宏定义，可以给每一个 I/O 口使用好理解的名字，以提高程序的可读性。

上述这种划分，可能有许多不科学之处，在此对其讲解，希望能起到一个抛砖引玉的作用。

第 12 章
无线设备共存及其抗干扰的方法

2.4 GHz 这个 ISM 频段是一个非常受欢迎的频段,有许多使用不同技术的设备在该频段中大量使用。设计者必须处理这种来自其他设备的外来冲突信号。这些在不需要执照的频段内运行的设备,要有很好的抗干扰能力。

本章介绍不同的 2.4 GHz 系统处理冲突的技巧,并描述如何使用低成本的工具进行系统稳定性设计。

12.1 绪 论

对于无线收发机来说,主要的挑战来自其他无线设备所引起的干扰和冲突。作为所选用的 Cypress 公司的无线芯片 CYWM6935,其芯片内部使用了一些专有技术,用于在不需要执照的 2.4 GHz 的工业、科学和医疗方向的无线 ISM 频段内与其他技术共享。在 2.4 GHz 频段内常用的这些技术是 802.11、蓝牙、2.4 GHz 的无绳电话、微波炉、ZigBee 及其他 2.4 GHz 设备。

由 CYWM6935 搭建的无线系统必须与这些设备系统共存,并且能够忍受这些设备带来的干扰而不引起性能的过分降低。本章主要介绍如何通过相应的冲突避免机制实现这个目的。

2.4 GHz 频段的诱人之处在于,它可用于全世界各地的低功耗无线应用中,而不必针对不同的地区进行不同的设计,从而减少了库存和研发费用,增加了设备的使用地域。

如何在有干扰的环境中获得较好的性能呢?通常这个产品工作在受约束的实验环境中,其性能的降低是因为有其他的 2.4 GHz 设备在这个空间。要想解决其他技术设备的影响,必须了解其他设备的工作模式和协议特点。

12.2 各种不同的无线技术的简介

在 2.4 GHz 频段,有两种无线频率调制方法:FHSS(跳频扩频)和 DSSS(直接序列扩频)。蓝牙用的是 FHSS 技术,CYWM6935、802.11、ZigBee 用的是 DSSS 技术。所有这些都运行在 2.4 GHz 频段内。在 2.4 GHz 频段内,主要有 802.11、蓝牙、ZigBee 和无绳电话,下面进行简单介绍。表 12-1 所列是几种常用的技术方案的对比。

表 12-1　2.4 GHz ISM 频段技术对比表

技术方案	数据速率	频道数量	冲突处理方式	最小带宽需求
Wi-Fi802.11	11 Mbps	3	固定频率冲突避免机制	22 MHz
蓝牙 Bluetooth	723 kbps	79	自适应跳频	15 MHz(Dynamic)
CYWM6935	62.5 kbps(DSSS)	79	频率捷变	1 MHz(Dynamic)
ZigBee	128 kbps	16	固定频率冲突避免机制	3 MHz(Static)

1. 802.11(Wi-Fi)

802.11b/g 是 IEEE 的无线本地局域网的技术标准。它们运行在 2.4 GHz 的 ISM 频段上,也被称之为 Wi-Fi。Wi-Fi 使用的是 22 MHz 带宽的 DSSS 技术。三个独立的 Wi-Fi 网络能在同一个物理空间使用不同的频道而正常运行。Wi-Fi 的频道只能通过一个频道选择界面来人为地改变频道。

2. 蓝牙

蓝牙主要用于电话、头戴耳机和 PDA 中。多数蓝牙设备使用的是可充电电池。蓝牙使用的是 FHSS 技术,把 2.4 GHz 的频段分成 79 个 1 MHz 带宽的信道。蓝牙设备在这 79 个信道间每秒跳动 1 600 次,使用伪随机模式。所有连接的蓝牙设备组成一个无线局域网,每个网络中有 1 个主设备和最多 7 个活动的从设备。

每一个网络中的信道使用序列取决于主时钟。所有的从设备必须与主时钟同步。前向纠错(FEC)被用于所有的数据包头。一个加权代码被用于前向纠错,数据包类型和加权代码使一个数据包结构增加 50% 的内容,但能纠错所有的信号错误。每 15 位代码中包含 10 位的有效数据。

3. CYWM6935

CYWM6935 主要设计为面向无线数据传输和无线传感器网络,也可用作一个 PC 机外设,如鼠标、键盘和无线游戏摇杆。它被设计成使用碱性电池能工作以月为单位的时间,而不需要充电。

CYWM6935 使用 DSSS 调制,把 2.4 GHz 的 ISM 频段分成 79 个 1 MHz 的信道,这一点与蓝牙类似;不同的是,蓝牙使用 FHSS 调制和自适应跳频,而 CYWM6935 使用的是频率捷变。它使用的是一个固定的信道，但如果信道连接的质量不好，则可以改变信道。

CYWM6935 使用 PN 码去扩展每一个信息位，大部分 CYWM6935 使用 2 个 32 位的 PN 码，允许 2 个信息位采用不同的扩展 PN 码。这种方案能纠正碎片中的一些错误，每一个伪码片段能探测到 10 个碎片错误符号。虽然使用 32PN 码限制了通信速率，但数据的完整性高于蓝牙，特别是在有干扰的情况下。

4. ZigBee

ZigBee 作为一个标准协议的解决方案用于传感器网络和控制网络。大部分 ZigBee 设备都是能耗敏感型设备，如自动温度调节、安全传感器等。它们的电池寿命以年为单位。

ZigBee 使用在欧洲准许的 868 MHz 频率和在北美准许的 915 MHz 频率以及全球通用的 2.4 GHz 频段。在 2.4 GHz 频段中，有 16 个频道被定义，每个频道占用 3 MHz 的带宽，每个频道间隔 5 MHz，两个频道间有 2 MHz 的频率间隔。

ZigBee 使用 11 位 PN 码，最大数据传输速率为 128 kbps，物理层和 MAC 层被 802.15.4 所定义。

5. 2.4 GHz 无绳电话

2.4 GHz 无绳电话在北美地区比较受欢迎，大部分使用 DSSS 调制技术，少部分使用 FHSS 调制技术。它们都不使用标准的网络协议，每一个厂家都有着自己的技术协议规则。使用 DSSS 方案的电话，与其他同样使用固定频率的电话，可以通过电话上的频率按键进行人工改变频道。FHSS 没有频率改变按键，因为它们采用的是跳频通信。大部分无绳电话使用 5～10 MHz 的带宽。

12.3 各种技术方案的防冲突措施

1. Wi-Fi 的冲突避免机制

了解不同技术在相同或不同环境中的相互作用是很重要的。Wi-Fi 的碰撞避免运算法则是在传输前要侦听到安静的频道。这能让多个 Wi-Fi 设备在这个信道上进行有效的通信。如果这个频道有干扰，则 Wi-Fi 设备在随机延时一段时间后会再侦听一次。如果依然有干扰，则程序被重置，直到频道安静，Wi-Fi 开始传输数据。

Wi-Fi 网络能在同样的频段或有交叠的频段工作，是由于有碰撞避免算法，但每一个网络的通信效能会降低。如果多个网络使用在同一个物理区域，则选择非重叠频率处理是最好的方法，如频道 1、6、11，这样允许每个网络取得其最大效能，因为它不与其他网络来分享带宽。

来自蓝牙的干扰最小，这是由蓝牙的传输性质决定的。如果一个蓝牙装载和 Wi-Fi 的频段重叠(肯定会重叠,蓝牙在整个 2.4 GHz 的 ISM 频段上不停地跳频)。当 Wi-Fi 在传输数据前侦听到有蓝牙的干扰,那么在随后一次的侦听中,由于蓝牙跳到其他频段上,Wi-Fi 会侦听到是一个干净的频道,数据传输就会马上开始。

如果干扰来自无绳电话,那么将完全使一个 Wi-Fi 无线网络通信中断,除非那个无绳电话用的是 FHSS 调制模式。由于无绳电话使用了相对于蓝牙(1 MHz)有更宽的带宽(5~10 MHz),因而有更高的信号能量强度。如果一个 FHSS 无绳电话进入一个 Wi-Fi 频道的中间,即使 Wi-Fi 设备重发数据,也能完全干扰一个 Wi-Fi 传输。当它们对所有的无线 Wi-Fi 网络产生干扰时,不要在 Wi-Fi 网络附近使用 2.4 GHz 的 FHSS 无绳电话。如果无绳电话是 DSSS 方式,则可以通过配置无线电话和 Wi-Fi 的频道来避免冲突。

2. 蓝牙冲突的处理方法

对于蓝牙,来自不同的蓝牙的冲突是最小的,因为每个蓝牙都是在自己的伪随机频道序列中跳动。如果在同一个空间中有两个蓝牙网络,则碰撞的可能性是 1/79,如果蓝牙网络的数量增加,则碰撞的概率直线增加。蓝牙本来是依赖于它的频率跳转运算法则处理冲突,但是一个活跃的 Wi-Fi 网络能引起 25% 的冲突。

蓝牙的 1.2 标准注意到了这个问题,定义了一个自适应跳频的算法。这个算法允许蓝牙设备标记频道为好、坏以及未知。在伪随机序列中,坏的频道被好的频道所代替。蓝牙设备会经常去侦听坏的频道,如果一个频道变好,则重新标定位好。在主设备的要求下,蓝牙的从设备也会报告信道的质量。

AFH 运算法则避免了频道被 DSSS 信道占用。但 2.4 GHz 的 FHSS 无绳电话可能仍然与蓝牙引起冲突,这是由于两者都是在整个 2.4 GHz 频段上的跳频通信。蓝牙与 FHSS 的无绳电话只有 1 MHz 带宽的冲突,远小于 FHSS 无绳电话与 Wi-Fi 的冲突。

3. ZigBee 的冲突避免机制

ZigBee 处理冲突的碰撞避免算法与 Wi-Fi 相似,每一个设备在发送数据前,对信道进行侦听,以最大限度地减少冲突。即使在严重的冲突情况下,它们也不能更换频道。相反,它依赖它们的碰撞算法将引起的碰撞数据损失减少到最低。

4. CYWM6935 与这些系统的冲突处理

在 CYWM6935 所组成的网络中,每一个网络都会检测其他网络,然后选择自己的频道,因而冲突来自其他的 CYWM6935 网络的干扰比较少。CYWM6935 侦听干扰水平每次最少需要 50 ms。一个 Wi-Fi 所产生的连续的强信号能量的干扰能被 CYWM6935 检测到,这时 CYWM6935 主设备能选择另一个频道,无线 CYWM6935 系统能与多个 Wi-Fi 网络系统共存,因为 CYWM6935 系统能找到一个在不同 Wi-Fi 网络间的间隙频道。对于 ZigBee 网络来说,它对于 CYWM6935 网络的干扰与 Wi-Fi 网络相似。

蓝牙给予的干扰,会使 CYWM6935 系统重发数据,因为在重发数据时,蓝牙已经跳到另一个频道上了,蓝牙设备没有足够强的干扰能量让 CYWM6935 设备侦听到干扰而改变频道。

12.4　CYWM6935 系统如何应对干扰

在推广蓝牙、Wi-Fi 和 ZigBee 时,设计者必须使用这些标准协议中所规定的方法。推广以 802.15.4 为基础的专有子系统、无线 CYWM6935 和其他 2.4 GHz 设备时,设计者能使用低成本的频率捷变技术。

有一种办法是通过网络侦听来解决部分冲突。如果一个 DSSS 系统使用一个标准化了的协议,则在一定数量的失败传输或错误数据后,主控制器能转向下一个频道。另一种方法是读 RSSI 的值,当然这需要无线芯片有此功能。一个接收到的强信号能量表明所处的空间有一个强的信号源。如果这个强信号源持续一段时间,则会将频道切换到下一个干净的频道。图 12-1 说明了这个机制。

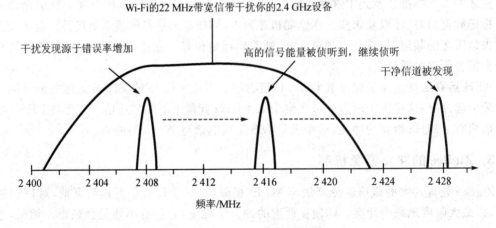

图 12-1　解决部分冲突的机制

对于一个另外存在的 FHSS 系统,CYWM6935 系统不会考虑改变频道(当然对于系统来说,它不知道干扰来自何方,也不知道是何种干扰),因为 FHSS 会在下一个周期跳转到其他频道,对于 CYWM6935 系统来说,重发一次数据即可(需要有数据重发机制)。

网络侦听和读 RSSI,它们都承担无线数据的收发功能,发送和接收数据包。在一个 DSSS 系统中,一边是数据发送,一边是数据接收。数据重发模式用于频率捷变。发送机发送同一个数据包在不同的频率上,接收机始终等待接收,这使得系统的数据通信速率变低。同时这个系统工作要求接收机需要比较强的电源供应,发送机用电池供电。在无线节点中,常使用这种方法。

12.5 CYWM6935 对干扰的容忍程度

由于 CYWM6935 使用了先进的 DSSS 长片段的 PN 码进行扩频,这就为 CYWM6935 能在一定的噪声环境中正常运行提供了技术保障,从而减少了干扰发生和数据重发,提高了系统的性能。

CYWM6935 有 79 个独立的频道,每个频道有 1 MHz 的带宽。大的频道数量允许更多的设备在同一个物理空间运转,允许 CYWM6935 寻找干净的频道。

12.5.1 错误碎片纠正技术

CYWM6935 的 DSSS 提供了相应的错误修正功能,这是它的特点,也是它能容忍一定噪声的原因所在。DSSS 传输每一个数据位使用 PN 码,每一个 PN 码的元素被称之为碎片。在干扰环境中(或处在通信的临界距离时),被接收到的 PN 码某些碎片可能被破坏。DSSS 接收器使用一个数据相关器去解析接收到的数据流。如果错误的碎片数量少于相关器的极限数,则这个数据被认为正确接收到。这就是有可能在有干扰的情况下,CYWM6935 接收到的数据没有错误的原因。即使当前的频道存在干扰,只要错误率在 10% 以下,CYWM6935 系统都能把错误修正,如图 12-2 所示。

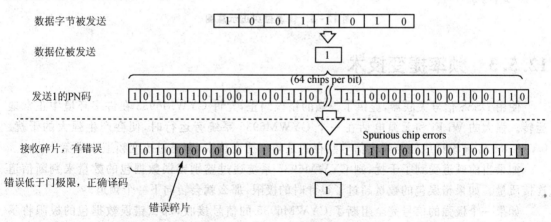

图 12-2 错误碎片纠正示意图

12.5.2　错误位纠正技术

如果错误碎片超过相关器的极限值,则被接收到的数据位被认为不可信,当然删除比纠正错误要容易得多。但由于 CYWM6935 有相应的数据有效位标志寄存器(0x0A 和 0x0C),利用这个寄存器和一个附加的 XOR 数据位,还可以纠正有限的错误。图 12-3 用图释的方式进行了讲解。

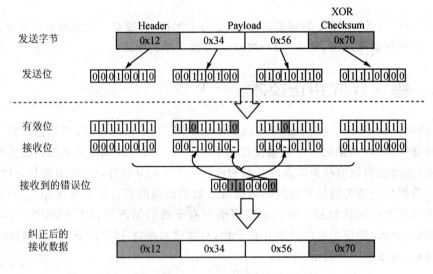

图 12-3　错误位纠正示意图

12.5.3　频率捷变技术

使用 DSSS 信号关联器,提供了很强的错误纠正,允许 CYWM6935 在许多环境中正常地运转。强大的 Wi-Fi 和无绳电话在一个 CYWM6935 系统旁运行时,便会产生强大的干扰。CYWM6935 被设计成能与强大信号共存的是频率捷变技术,即通过改变频道来避免干扰。

如果当前频道受到了干扰,则 CYWM6935 系统通过鉴别错误数据包的数量来判断信道连接质量。如果错误包的数量超过了设计时的极限,那么就会转向下一个频道。

如果一个极强的信号完全阻断了 CYWM6935 的信号接收,那么错误数据包的极限将不会达到。由于接收者没有接收到任何数据包,因此 CYWM6935 不仅要判断错误数据包的数量,还要周期性地去侦听频道信号强度。高的信号能量往往不是一个 CYWM6935 在发送数据。如果一个强的信号持续一段时间,则 CYWM6935 会跳到下一个频道。这就让

第12章　无线设备共存及其抗干扰的方法

CYWM6935 能从一个强的信号源（如 Wi-Fi）中跳转出去。但在 FHSS 系统中，CYWM6935 就不会跳转了，为什么呢？留给读者考虑。

当然，CYWM6935 所提供的这些技术和技巧，是为了在有其他干扰时还能正常工作。但不论哪种干扰都会降低 CYWM6935 的通信效能，降低实际通信速率，增加了通信的延时。同时无线抗干扰是无线通信中最重要的一个课题，也是无线系统必须考虑和要解决的课题。一个系统的好坏，直接取决于其抗干扰能力的好和坏。在这里只是简单地介绍了一些最基本的内容。

第 13 章

无线系统最大距离的设计要点

在许多应用中,长距离的通信是非常重要的,许多系统设计的基础是在相应的距离上要能保证必要的无线通信能力。一些能提高通信距离的技术将受到成本和功耗的限制。因此对于不同的应用必须进行不同的选择和折衷。

在这一章,从一些要注意到的技术细节以及实际使用情况和具体经验来分开讨论。本章所讨论的内容,不仅适用于 CYWM6935,而且适用于其他所有的无线系统。

13.1 增加通信距离的理论基础

增加通信距离,主要涉及以下三个主要方面,它们能增加所有无线系统的通信距离。
- 可以做到最佳的接收灵敏度;
- 可以做到最高的发射功率;
- 可以做到最小的环境路径损失。

下面将详细讲解实现这些内容的技术细节。对这部分内容的实际运用结果,将会直接影响到设计出无线系统的通信距离和通信效能。

13.1.1 接收灵敏度

接收灵敏度被定义为能正确进行解码最小需要的天线接收能量。接收性能水平以接收到数据的错误率来决定。大多数无线系统使用了 10^{-3} 来标注接收灵敏度。无线系统有以下几个因素影响系统的接收灵敏度。

1. 晶振

确保无线收发机有精准的参考频率是提高接收灵敏度的一个重要因素。无线系统需要精

第 13 章　无线系统最大距离的设计要点

准的参考频率,首先是因为两个或多个节点设备都是以自己的参考频率运转在相关的频带上,每个设备必须精确调谐到所有已知的频道。参考频率选择 13 MHz,无线收发器从晶体振荡电路获得参考频率(振荡电路在芯片内部,外部只需要一个晶体)。收发信机有能力校准一定范围内的频率信号。无线芯片包含了内部电路,振荡电路的调整通过调整晶体的负载电容来调整频率,如 0x24 寄存器用来调整负载电容。

晶振,作为一个系统时钟的提供者,在每个系统中必不可少,只是在一般的单片机系统中,由于对通信速率的要求不高,对晶体的要求比较低,一般的晶体就能很好地满足系统的需要,我们并没有在意晶体的具体技术细节;但在无线系统中,特别在高频无线系统中,对于晶体的要求就比较高,有必要在此介绍有关晶体的知识,让读者能正确地选择合适的晶体,以满足不同的应用需要。

先介绍一个单位——ppm。ppm 是一个缩写,意思是百万分之一,是一个计算晶体或振荡器频率偏差的计数方法。1 ppm 偏差对于 13 MHz 来说就是 13 Hz,10 ppm 偏差就是 130 Hz。下面几个术语是在晶体中常用到的。

标称误差 ppm,是晶振实际的频率与标称频率间的误差比值。这个误差一般用 ±ppm 来表示,是指明在 25℃下,在指定的负载电容情况下的值与标称值的误差比值,典型的标称误差为 ±10~50 ppm。

温度漂移 ppm,就是大家常说的频率的温度稳定性。频率的稳定性是在规定的温度范围内其频率相对于 25 ℃时的频率改变比值。典型的温度漂移范围为 ±10~30 ppm。一个有意思的问题是,温度的漂移有时并不是一件坏事,有时它可以抵消标称误差,使晶体频率更精准,当然也会增大频率的误差。

老化稳定性,是晶体经过一段时间后其频率的变化比值。一个典型的变化是每年有 2 ppm 的改变。多大的老化 ppm 会影响产品的性能呢? 这取决于晶体的选择。

负载电容连接到外部晶体上,提供并联谐振电路。负载电容这样定义:从石英晶体共振子的两个端子看向振荡线路所遭遇到的所有电容值。一个典型的 CYWM6935 系统的负载电容是 10 pF,包括 PCB 的寄生电容。在芯片内部提供了 7 pF 的负载电容,但每个不同的收发器会有 10% 的差别。负载电容会随着板层的变化、具体线路的不同以及焊盘的大小而发生改变。

石英晶体共振子应用在并联振荡线路上,振荡频率与负载电容 C_L 有很大的关系。图 13-1 是以并联振荡线路上 F_L 频率对负载电容 C_L 的变化曲线示意图。

频率的"牵引率"指的是负载电容 C_{L1} 的频率 F_{L1} 到负载电容 C_{L2} 的频率 F_{L2} 的频率变化。在图中是 $F_{L1}(C_L=24\ pF)$ 与 $F_{L2}(C_L=10\ pF)$ 的频率变化值。在这个例子中的频率牵引率是 220 ppm。若将 C_{L1} 与 C_{L2} 的负载电容值趋近极小化(曲线作数学上的微分),就会得到曲线的切线值。这个切线值就是某一个负载电容的敏感度(Trim Sensitivity)。

在图中,$C_L = 24\ pF$ 时的频率敏感度是 10 ppm/pF,$C_L = 10\ pF$ 时的频率敏感度是

20 ppm/pF。在并联线路中,负载电容越小,频率对负载电容变化的敏感度越高。相反,负载电容越大,频率对负载电容变化的敏感度越低。这就是石英晶体共振子用于 VCXO 线路时,线路设计上会选用较小负载电容的原因。反之,在要求较准确的频率信号时,线路设计上会选用较高的负载电容。

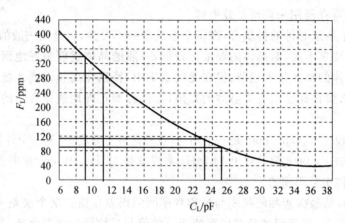

图 13-1 频率与负载电容的关系

回顾一下,如果一个设备运行在 13.000 130 MHz(+10 ppm),而另一个设备运行在 12.999 870 MHz(−10 ppm),则这对设备的频率误差是 20 ppm。一个好的稳定时钟和频率是无线系统最重要的部分,如果无线系统的收发机没有运行在同一个频率上,它们将不可能进行沟通。

CYWM6935 需要的时钟是 13 MHz,输出的无线频率范围是 2.400~2.480 GHz,1 MHz 为一个增量。这些频率的输出使用了时钟作为参考,使用 VCO 和 PLL 产生,稳定精准的时钟频率依赖外部的晶体电路。以下是 CYWM6935 对晶体的具体要求:

- 标称频率为 13.00 000 MHz。
- 运行模式为基本模式。
- 共振模式为并联谐振。
- 频率的稳定性为 ±30 ppm(包括标称误差、温度漂移和 5 年的老化)。
- 等效电阻为 100 Ω。
- 负载电容为 10 pF。
- 敏感度为小于 25 ppm/pF。
- 驱动能力为 100 μW。
- 温度范围为 −40~85℃。

系统时钟采用 13 MHz 的外部晶体,一个输入的时钟频率如果偏移到 13.005 416 MHz,则其最后输出的无线频率将偏移 1MHz 或 1 个信道。如果两个无线系统都是 13.005 416 MHz,

那么它们能很好地通信,只是实际的通信频道高于所设定的值。如果一个运行在13.005 416 MHz,而另一个运行在13.00 000 MHz,那么这两个无线收发器是无法进行通信的,因为它们在不同的频道上。一对CYWM6935能很好地通信的最低要求是其晶振的相对偏差为±50 ppm。一个更高的时钟偏差也许可以运行,但通信距离和抗干扰都会大大地降低。

那么应该如何选择晶振呢?容易的选择是采用一个总的ppm偏差低的晶体。低ppm偏差的晶体是很昂贵的。一种平衡的方法是,在一个系统中使用同一型号的晶体。同一型号的晶体有着相似的频率稳定性和老化特性。大多数设备有非常相似的使用环境和时间历程。使用同一型号和批次的晶体可以很大程度上避免温度和老化差异引起的差别。

由于有PCB寄生电容存在,一个合理的晶体布局将影响其性能。这是可以人为改变和优化的部分,在布板时尽量满足这些条件。

- 晶体与无线收发器在电路板的同一面。
- 晶体尽可能地靠近无线芯片。
- 晶体引线尽可能短。
- 匹配引脚引线长度。
- 避免过孔在晶体引线上。
- 与噪声源保持一定的距离。

晶体的布局在这个系统中对于所有的无线芯片都应该相同。保持一致的设计,寄生电容在晶体电路中将会有非常相似的负载电容,因而减少了不同的系统间灵敏度的影响。

对于多层电路板,有一种办法减少寄生电容,就是在晶体下布一个连续的地平面。这是被强烈推荐的设计方法。还有一个好主意,尽量使用具有低噪特性的线性电源。如果系统必须使用开关电源,那么一个简单的低通滤波器是必须被使用的,以减少来自高频噪声源的噪声。

2. 无线芯片使用的电压

无线芯片CYWM6935使用的电压是2.7~3.6 V。随着系统电压的提高,接收灵敏度和发射功率都在增加,当然消耗的电流也随电压的提高而增加。如果目标用户能忍受一定的电流消耗,则可以提高使用电压,在相同的距离下,可以改善数据发送和接收性能。

图13-2近似地说明了系统使用电压与发射功率和接收灵敏度的关系。

从图中可以近似得到,发射功率相应增加1 dBm,接收灵敏度能改良1 dBm,总的改进大约有2 dBm(当系统电压为2.7~3.6 V时),这使得系统的有效通信距离和抗干扰能力大大加强。

3. 系统供电的电源噪声水平

电源中的高频噪声将注入到无线芯片的接收路径中,并会大大降低接收的灵敏度。其他部位的噪声来源也要考虑,适当的旁路电容可以减少干扰。屏蔽有时也被考虑使用,它可以隔

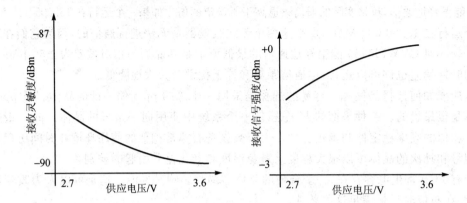

图 13-2 供应电压与发射功率和接收灵敏度的关系

离其他的电磁噪声。

4. 带通滤波器

由于带通滤波器只让所选通的频率通过,使得其他频率段的干扰大大减少,因此增加了系统的通信距离。但由于带通滤波器的加入,也相应地降低了接收信号的强度。关键是增加了系统的成本,所以一般在低成本的系统中用得比较少。

5. 天线的考虑

天线的设计直接影响无线的性能。天线应设计成能最大耦合 2.4～2.48 GHz 间的频段信号。理想的天线应该对不是这个频段的信号有非常差的耦合能力。天线的方向非常重要,依赖于天线的类型。每种天线都有不同的辐射图谱。如果天线在应用中不受限制,则使用定向天线将获得最大的通信距离和最小的干扰。即使是一个全向天线,也有其天线特征,这样就可以使用其理想的方向达到最大的距离。

每一个天线,都有与其相对应的匹配网络,其目的是使无线能量能最大限度地通过天线发射出去。把过滤器设计到匹配网络是一个很好的思路,能去除不需要带宽的信号,减少干扰,改善通信距离。

13.1.2 发射功率

提高发射功率,能很明显地改善通信距离和提高抗干扰能力,所以在使用内部 PA 时,使用其最大功率,这当然会增大电流消耗。同时,还可以使用外部 PA,可以使得发射功率更大,通信距离更远。

13.1.3 减少路径损失

路径损失被认为是从发射到接收过程中的信号衰减。理想的环境是,物理空间只有发射器和接收器。实际的工作环境中,肯定会增加路径损失,比如天线周围的附属物,运行环境中的障碍物,非可视状况(障碍物遮挡了发射和接收路径,需要通过反射才能达到)。

1. 附件的影响

金属附件显然非常大地影响无线的性能表现。如果一个金属制品的配件被用,那么天线应该在金属配件之外才能发挥应有的性能表现。

天线可以完全被塑料包裹上,然而塑料的类型和被使用的油漆类型不同,可能降低天线的性能。有时一些塑料被涂以碳粉或金属膜,而又没有引起注意,但这些碳粉和金属膜却提供了一些屏隔作用,影响无线的性能。需要考虑的是,如果内置天线是必须选择的,那么在天线附近不要有任何电缆通路,并确信其他的金属配件与天线保持一定的距离,且不在无线路径上。

这些存在于天线周围的不同类型的物体,有的可能会屏蔽天线,使无线性能降低,有的可能会不经意改变了天线的匹配网络,从而降低接收的灵敏度。

所以在系统设计时要考虑实际的使用情况。例如,有一个设备典型的应用是放置在桌子上用,那么天线应该放置在顶部而不是放置在设备的底部,因为桌面材料的不同会给无线设备带来完全不同的使用效果。又假如设计一个无线鼠标,天线被鼠标的塑料外壳所包围。典型的应用是人手会在鼠标的上部对鼠标进行操作。这就决定了内部天线的位置和方向,人手能起一个屏蔽罩的作用,同时也能改变无线网络的阻抗匹配,所以天线一般被设计在底部。

2. 外在环境的影响

一个外在的环境对于无线通信有效距离起着很重要的作用。一个正常运行的无线系统,如果靠近其他的障碍物,就会减少通信距离。在大多数的无线应用系统中,很难控制系统运行的实际环境,因为这些无线设备是可移动的。当然有些应用环境是可控的,如装一个无线传感器在建筑或仓库中,传感器可以被放置在与中心节点相互可视的理想位置。如果可视位置不能安装,那么应该考虑在与可视路径有最小障碍阻挡的地方安装。

环境中对无线有最大影响的是在发射和接收的路径间有没有障碍物的遮挡。这是由于 2.4 GHz 的无线频率的波长只有 12.5 cm,穿绕障碍物的能力比低频率的如 27 MHz、315 MHz、433 MHz、868 MHz 和 915 MHz 都差,所以发射路径上的障碍对无线性能的影响比较大。

3. 分开发射和接收天线

使用单一天线能减少接收的灵敏度,是由于耦合了接收和发射路径。如果为了达到最大的收发距离,分开发射和接收天线是一个很好的方法。这样可以分别设计各个独立的天线,分别对发射和接收天线进行独立的匹配。由于发射和接收天线的耦合,能减少大约 1 dBm 的灵敏度。使用一个外部的 PA 就更有理由使用分开的天线,这样就可以节约一个价格较高的发射/接收转换开关。

当然,还有多路径对无线性能的影响。

有许多系统设计因素,它们能影响无线系统的通信距离,系统设计者必须进行适当的折衷,以便在特定应用系统中达到最优的无线通信距离。

上述的许多建议不仅仅对 CYWM6935 系统有用,对于所有的无线系统设计都有参考和借鉴作用。

13.2 实际天线设计

天线的目的是接收和发射无线电波,对于天线来说,第一要素是要向空间发射电磁波能量和接收在空间传播的电磁波能量。它是设备和空间的分界点。在设计短距离无线数据通信时,系统设计面对的最重要任务是天线设计。其关键参数是天线尺寸、成本、天线的效率、制造难度和通信距离。一个恰当的天线设计是系统能否成功的关键所在。在 2.4 GHz 频带上,常用的有以下几种类型的天线:偶极天线、同轴偶极天线、环形天线、螺旋天线、鞭状天线、陶瓷天线、狭缝天线、倒"F"PCB 天线、摆动 PCB 天线和微带天线。

这些天线都有自己的优势和不利的方面,完全取决于具体的应用。对于成本、安装方式、天线尺寸和效能,在具体的应用中,实际是一个折衷的过程。

在这里,具体描叙天线设计的细节。系统中选择使用摆动 PCB 天线,主要考虑到成本和体积(当然陶瓷天线也是一个不错的选择)。对于摆动 PCB 天线,也有单天线和双天线两种方案,当然双天线方案肯定比单天线有更好的性能,只是体积比单天线方案大一点。

1. 板材的影响

由于选用的是 PCB 天线,所以板材对于天线是有影响的。为了降低成本,在板材的选择上,天线设计选用了最常用的 RF-4 板材。当然可以选用更好的板材,但整个天线将要做调整,如果调整得当,会有更好的效果。板厚及铜层要求见图 13-3。

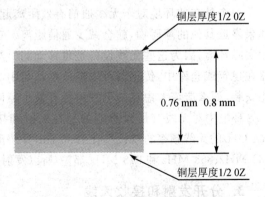

图 13-3 板厚及铜层要求

2. 单天线尺寸

图 13-4 所示是单天线的印制板图,其尺寸与双天线一样。

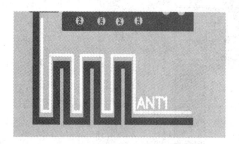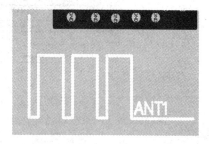

图 13-4 单天线的印制板图

3. 双天线尺寸

图 13-5 所示是双天线的 PCB 印制板图,分别是顶层板图和底层板图,收发各有一个天线。

(a) 顶层板图

(b) 底层板图

图 13-5 双天线的 PCB 印制板图

图 13-6 所示是双天线的具体尺寸图,需要严格按图中的尺寸来绘制天线。

第 13 章 无线系统最大距离的设计要点

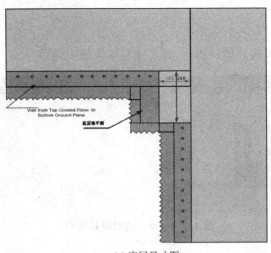

(a) 底层尺寸图

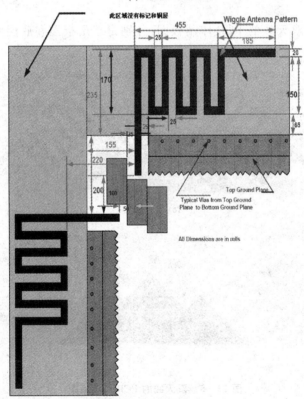

(b) 顶层尺寸图

图 13-6 双天线具体尺寸图

13.3 具体电路板设计

前面从各个不同方面介绍了无线系统设计的要点,本节将把上面讲的归纳起来,具体到无线模块设计的细节。至此,读者完全可以设计出自己的无线模块。

图 13-7~图 13-10 所示是模块的 PCB 印制板详图,在天线和阻抗匹配部分应严格按图中的布局来规划,这样才能达到最优的效果。

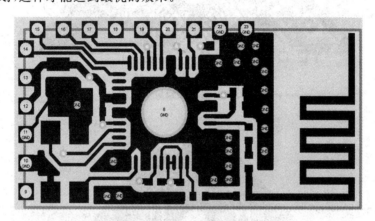

图 13-7 单天线模块正面图

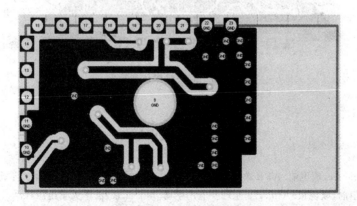

图 13-8 单天线模块背面图

这两个模块的原理图在前面章节中可以找到,特别要注意的是,几个关键的元器件一定要按要求进行选择,这在硬件中有介绍,这里再强调一遍,主要是与天线匹配的那几个电容和电感,一定要选用标称规定的值和精度。

第13章 无线系统最大距离的设计要点

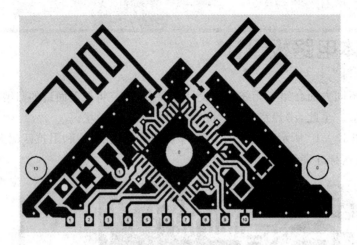

图 13-9 双天线模块正面图

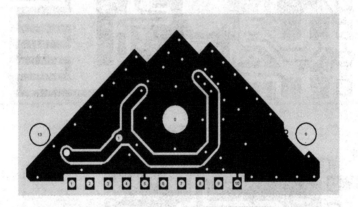

图 13-10 双天线模块背面图

参考文献

[1] 沈文,Eagle lee,詹卫前. AVR 单片机 C 语言开发入门指导[M]. 北京:清华大学出版社.
[2] 马潮,詹卫前,耿德根. Atmega8 原理及应用手册[M]. 北京:清华大学出版社.
[3] www.atmel.com.
[4] www.ouravr.com.
[5] www.cypress.com.
[6] www.sl.com.cn.
[7] www.imagecraft.com.